# 爆炸物探测与处置技术

高振儒 陈叶青 张国玉 李裕春  编著
杨 力 丁 文 黄骏逸

国防工业出版社
·北京·

## 内 容 简 介

本书系统论述了爆炸物处置行动中涉及的简易爆炸装置和未爆弹药的基本特征、专业技术方法、行动组织实施、爆炸现场勘查救援等内容；分别对爆炸物探测、爆炸物处置销毁、现场安全防护等技术进行了系统深入的介绍，讲解了爆炸物探测与处置装备器材和新技术发展；突出介绍了爆炸物现场处置方法和行动组织实施。书中内容聚焦各种条件下爆炸物处置任务需求，展示了爆炸物探测与处置技术领域广阔的发展与应用前景，对该学科本科生与研究生的教学以及该领域的实际任务、科研都具有重要的指导和参考价值。

---

图书在版编目（CIP）数据

爆炸物探测与处置技术 / 高振儒等编著. —北京：
国防工业出版社，2023.7（2025.1 重印）
ISBN 978-7-118-12936-6

Ⅰ．①爆… Ⅱ．①高… Ⅲ．①爆炸物-探测-技术 ②爆炸物-危险物品管理 Ⅳ．①TQ560.7

中国国家版本馆 CIP 数据核字（2023）第 116670 号

※

*国防工业出版社*出版发行
（北京市海淀区紫竹院南路 23 号　邮政编码 100048）
北京虎彩文化传播有限公司印刷
新华书店经售

\*

开本 787×1092　1/16　印张 17¼　字数 372 千字
2025 年 1 月第 1 版第 2 次印刷　印数 1501—2100 册　定价 89.00 元

---

（本书如有印装错误，我社负责调换）

| | |
|---|---|
| 国防书店：(010)88540777 | 书店传真：(010)88540776 |
| 发行业务：(010)88540717 | 发行传真：(010)88540762 |

# 前　言

当今世界，局部冲突不断，非常规混合战争形态显现，爆炸袭击活动蔓延，给人类文明、地区和平和国家安全带来严重挑战。简易爆炸装置、战争遗留爆炸物、未爆弹药等爆炸物处置任务复杂而艰巨。爆炸物探测与处置技术是反爆炸袭击和爆炸物处置行动的基础，主要涉及爆炸物探测、安全防护、爆炸物排除、爆炸物销毁等技术方法、装备器材，以及行动实施方法等。通过对爆炸物探测与处置技术的深入研究，认真总结经验教训，对于安全有效地处置爆炸物、防范爆炸袭击事件具有重要的现实意义。

本书全面系统地论述了简易爆炸装置、未爆弹药的基本特性和可探测性可识别特征、爆炸物探测技术、爆炸物处置销毁技术、现场安全防护技术、搜排爆实施方法、爆炸物处置行动、爆炸现场勘查救援等内容；面向军队、特警、安全等部门承担反恐维稳涉爆现场处置、爆炸物排除等实际任务，兼顾了非战争军事行动、特种作战和战场条件下爆炸物处置任务需求；描述了爆炸物处置技术现状和发展情况，对从事爆炸与反爆炸防排爆领域的工程技术人员、学者、指战员等具有重要的参考价值。

爆炸物类型多样、任务背景各异，其探测与处置技术涉及的内容很多，本书主要介绍成熟度较高的实用技术手段，对正在发展的地面爆炸物侦察探测、定向能排爆、非诱爆式销毁等新技术也进行了介绍。本书还突出总结和介绍了爆炸物现场处置的程序方法和行动组织实施。

在本书的编著过程中，作者不仅融入了多年来的教学实践和科研成果，同时结合参加国家重大活动安保、国际维和、国际交流、扫雷排爆行动、弹药销毁处置、部队和公安系统排爆活动等实践经验，还注意吸收了近年来本领域的最新成果和发展趋势，力求能紧密结合实际、突出应用价值。

本书共分 8 章，第 1 章由陈叶青编写；第 2 章由丁文、黄骏逸编写；第 3 章主要由杨力编写；第 4 章主要由李裕春编写；第 7 章由张国玉编写；第 5、6、8 章由高振儒编写。全书由高振儒统稿，陈叶青、张国玉审阅。

本书在撰写过程中得到了各级领导和同行单位的热情支持和帮助，参考了许多文献资料，在这里一并表示衷心感谢！由于编者水平所限，存在的疏谬之处，诚请读者予以指正。

编著者
2023 年 1 月

# 目 录

## 第1章 绪论················································································1
### 1.1 爆炸物相关术语·····································································1
### 1.2 爆炸物探测处置技术现状·······················································3
#### 1.2.1 爆炸物探测技术现状·······················································3
#### 1.2.2 爆炸物处置技术现状·······················································4
#### 1.2.3 爆炸物处置技术发展需求················································4
### 1.3 爆炸物处置任务类型······························································5
#### 1.3.1 反恐防排爆任务······························································5
#### 1.3.2 战争遗留爆炸物处置任务················································6
#### 1.3.3 国际维和爆炸物处置任务················································7
#### 1.3.4 训练未爆弹处置任务·······················································7
#### 1.3.5 战场爆炸物处置任务·······················································7
### 思考题························································································8

## 第2章 爆炸物特性分析································································9
### 2.1 炸药火工品特性·····································································9
#### 2.1.1 常用炸药·········································································9
#### 2.1.2 常用火工品····································································17
#### 2.1.3 非制式炸药与火工品······················································24
#### 2.1.4 液体炸药·······································································25
### 2.2 简易爆炸装置特性································································27
#### 2.2.1 简易爆炸装置特点·························································27
#### 2.2.2 简易爆炸装置结构组成··················································29
#### 2.2.3 简易爆炸装置分类·························································29
#### 2.2.4 简易爆炸装置可探测性特征···········································32
### 2.3 未爆弹药基本特征·······························································35
#### 2.3.1 未爆弹药特点································································35
#### 2.3.2 未爆弹药的分类识别特征··············································36
#### 2.3.3 未爆弹药的外观表现特征··············································43
### 思考题······················································································46

## 第3章 爆炸物探测技术······························································47
### 3.1 炸药探测技术······································································47

3.1.1　痕量炸药探测器 ································································· 47
　　　3.1.2　宏量炸药检测技术 ··························································· 52
　3.2　X射线探测技术 ············································································ 56
　　　3.2.1　X射线探测成像原理 ························································· 56
　　　3.2.2　通道式X射线探测器 ························································· 58
　　　3.2.3　便携式X射线探测器 ························································· 59
　3.3　浅地表爆炸物探测技术 ································································· 61
　　　3.3.1　低频电磁感应探测技术 ····················································· 61
　　　3.3.2　高频复合探测技术 ··························································· 64
　　　3.3.3　冲击脉冲雷达探测技术 ····················································· 66
　3.4　地下未爆弹磁法探测技术 ···························································· 69
　　　3.4.1　基本原理 ········································································· 69
　　　3.4.2　典型装备器材 ·································································· 70
　3.5　爆炸装置谐波雷达探测技术 ························································· 72
　　　3.5.1　基本原理 ········································································· 72
　　　3.5.2　典型装备器材 ·································································· 73
　3.6　地面爆炸物侦察探测技术 ···························································· 75
　　　3.6.1　红外成像探测技术 ··························································· 75
　　　3.6.2　小型无人机侦察技术 ························································ 77
　思考题 ································································································· 78

# 第4章　爆炸物现场处置销毁技术 ·························································· 79
　4.1　遥控装置干扰反制技术 ································································· 79
　　　4.1.1　反制原理 ········································································· 79
　　　4.1.2　频率干扰仪的应用 ··························································· 82
　4.2　爆炸装置解体技术 ······································································· 84
　　　4.2.1　人工排除技术 ·································································· 84
　　　4.2.2　爆炸装置解体器 ······························································· 88
　　　4.2.3　火箭扳手旋卸装置 ··························································· 90
　　　4.2.4　高压磨料水射流切割技术 ·················································· 91
　4.3　机器人排爆技术 ··········································································· 93
　　　4.3.1　陆上排爆机器人 ······························································· 93
　　　4.3.2　水下排爆机器人 ······························································· 95
　4.4　定向能排爆技术 ··········································································· 97
　　　4.4.1　高功率微波排爆技术 ························································ 97
　　　4.4.2　高能激光排爆技术 ··························································· 100
　4.5　现场爆炸法销毁技术 ···································································· 106
　　　4.5.1　药包装药诱爆销毁 ··························································· 107
　　　4.5.2　聚能装药诱爆销毁 ··························································· 112

  4.5.3 聚能装药弱爆炸销毁·······118
  4.5.4 水下爆炸物处置销毁·······121
 4.6 非诱爆式销毁技术·······124
  4.6.1 高热剂燃烧销毁·······124
  4.6.2 聚能水射流销毁·······127
 思考题·······130

## 第5章 爆炸物现场安全防护技术·······131
 5.1 爆炸危害效应分析·······131
  5.1.1 爆炸直接毁伤·······131
  5.1.2 爆炸破片致伤·······132
  5.1.3 爆炸冲击波损伤·······136
  5.1.4 爆炸次生危害·······140
 5.2 快反型防护器材·······142
  5.2.1 防爆服·······142
  5.2.2 防爆容器·······146
  5.2.3 防爆毯·······148
  5.2.4 防爆挡板·······150
 5.3 爆炸销毁现场安全防护·······151
  5.3.1 防爆墙类型·······151
  5.3.2 沙土防爆墙设置·······152
  5.3.3 覆土防护·······154
 思考题·······156

## 第6章 现场搜排爆实施方法·······157
 6.1 爆炸物探测识别方法·······157
  6.1.1 直观识别法·······157
  6.1.2 仪器探测法·······159
  6.1.3 生物探测法·······164
  6.1.4 化学比色法·······167
  6.1.5 液体炸药识别法·······169
 6.2 重点目标安检搜爆·······173
  6.2.1 场地的安检搜爆·······173
  6.2.2 道路的安检搜爆·······174
  6.2.3 交通工具的安检搜爆·······174
  6.2.4 特殊水域的安检搜爆·······175
  6.2.5 人身和物品的安检搜爆·······176
  6.2.6 搜爆现场应急处置·······177
 6.3 简易爆炸装置现场处置方法·······180
  6.3.1 应急处置方法·······180

  6.3.2 专业处置方法 ... 182
  6.3.3 处置流程及措施 ... 184
 6.4 典型爆炸物现场处置 ... 188
  6.4.1 简易爆炸装置分类处置 ... 188
  6.4.2 弹药改制爆炸装置分类处置 ... 197
  6.4.3 自杀式炸弹处置 ... 201
  6.4.4 未爆弹现场处置 ... 203
 6.5 常规弹药销毁处理 ... 212
  6.5.1 地下弹药挖掘 ... 212
  6.5.2 废旧弹药炸毁处理 ... 214
  6.5.3 报废弹药烧毁处理 ... 218
  6.5.4 报废弹药拆解处理 ... 220
 思考题 ... 223

## 第7章 爆炸物处置行动 ... 224
 7.1 行动准备 ... 224
  7.1.1 力量编组 ... 224
  7.1.2 准备工作 ... 225
 7.2 简易爆炸装置处置行动 ... 226
 7.3 训练未爆弹处置行动 ... 228
 7.4 战场未爆弹处置行动 ... 232
  7.4.1 应急行动 ... 233
  7.4.2 处置程序 ... 233
 7.5 战争遗留爆炸物处置行动 ... 234
 7.6 水下爆炸物处置行动 ... 236
 思考题 ... 239

## 第8章 爆炸现场勘查救援 ... 240
 8.1 爆炸现场勘查要点 ... 240
  8.1.1 调查访问 ... 240
  8.1.2 炸点勘查 ... 241
  8.1.3 爆炸作用范围勘查 ... 244
  8.1.4 爆炸残留物勘查 ... 246
  8.1.5 爆炸伤勘验 ... 247
 8.2 爆炸现场分析要点 ... 250
  8.2.1 爆炸类型分析 ... 250
  8.2.2 主爆炸点判定 ... 251
  8.2.3 炸药量估算 ... 252
  8.2.4 爆炸装置构成分析 ... 254
 8.3 爆炸现场抢险救援 ... 255

  8.3.1 抢险救援特种器材 …………………………………………… 255
  8.3.2 抢险救援实施方法 …………………………………………… 256
  8.3.3 工程支援方法 ………………………………………………… 260
 思考题 ……………………………………………………………………… 262
**参考文献** ………………………………………………………………………… 263

# 第1章 绪 论

## 1.1 爆炸物相关术语

爆炸物、爆炸装置、弹药、未爆弹药、简易爆炸装置等相关概念、术语容易混淆，其定义或解释在不同的领域或行业存在一定的差异或学术争议，尚未有一个统一的标准。譬如，一般理解爆炸物是一个广义的概念，应包括各种弹药、爆炸装置、火炸药、火工品等，但我国刑法第125条，将枪支、弹药、爆炸物并列。为了明晰相关概念，试图引用相关权威资料给出较为合理的术语解释。

（1）爆炸物（explosives）。在一定的外界能量作用下，能发生快速化学反应，生成大量的热和气体产物，对周围介质做功的化学物质及其制品。

（2）简易爆炸物（improvised explosives）。利用可爆炸材料、就便发火装置临时制作的爆破器材。（《军事工程百科全书》）

（3）弹药（ammunition/munition）。装有火炸药及其他装填物，能对目标起毁伤作用或实现其他用途的装置或物品，包括枪弹、炮弹、火箭弹、手榴弹、枪榴弹、地雷、航空弹药和舰艇弹药等。（《中国人民解放军军语》）

一种装有炸药、推进剂、烟火剂、点火药，或核、生物、化学材料，用于军事行动的整套装置，包括爆破器材。（《北约术语与定义》）

（4）常规弹药（conventional ammunition）。按装填物类型可将弹药分为常规弹药、化学（毒剂）弹药、生物（细菌）弹药、核弹药4种。常规弹药是指战斗部内装有非生、化、核填料的弹药总称，以火炸药、烟火剂、子弹或破片等杀伤元素或其他特种物质（如照明剂、干扰箔条、弹纤维等）为装填物。

（5）爆炸性弹药（explosive ordnance，EO）。包括含有炸药、核裂变或聚变材料以及生物和化学制剂在内的所有弹药。其中包括炸弹和战斗部、导弹和弹道导弹、炮弹、迫击炮弹、火箭和小武器弹药、所有地雷、鱼雷、深水炸弹、烟火剂、集束炸弹和子母弹箱、弹药筒、推进剂、起爆装置、电动爆炸装置、秘密爆炸装置和简易爆炸装置，以及所有类似或相关性能上属于爆炸物组成部分的物品。（《地雷行动术语、定义和缩略语》、《北约术语与定义》）

含有炸药的常规弹药，但《特定常规武器公约》经1996年5月3日修订后的二号议定书中界定的地雷、诱杀装置和其他装置除外。（《特定常规武器公约》《五号议定书》）

"地雷"是指布设在地面或其他表面之下、之上或附近，并设计成在人员或车辆出现、接近、接触时爆炸的一种弹药。（《修订的二号议定书》）

"诱杀装置"是指其设计、制造、改装旨在致死或致伤，而且在有人扰动、趋近一个外表无害的物体或进行一项看似安全的行动时出乎意料地发生作用的装置或材料。(《修订的二号议定书》)

"其他装置"是指人工放置的，以致死、致伤或破坏为目的，用人工或遥控方式致动，或隔一定时间后自动致动的包括简易爆炸装置在内的弹药或装置。(《修订的二号议定书》)

（6）被弃置的爆炸性弹药（abandoned explosive ordnance，AXO）。在武装冲突中没有被使用，但被一武装冲突当事方留下来或倾弃，而且已不再受将之留下来或倾弃的当事方控制的爆炸性弹药。(《五号议定书》)

（7）未爆弹药（unexploded ordnance，UXO）。已装设起爆炸药、装设引信进入待发状态，或以其他方式准备或实际在武装冲突中使用的爆炸性弹药，此种弹药可能已经发射、投放、投掷或射出，但应爆炸而未爆炸。(《五号议定书》)

未爆弹主要是指炮弹发射后未爆炸的弹丸，通常也称未爆弹药。

（8）战争遗留爆炸物（explosive remnants of war，ERW）。未爆炸弹药和被弃置的爆炸性弹药的统称。(《五号议定书》)

（9）废旧弹药（wasted ammunitions）。包括战争遗留爆炸物和在和平时期的收缴弹药、过期报废弹药、训练或研制过程中遗留的弹药。

（10）制式爆炸装置（authorized explosive device；explosive ordnance）。合法生产用于爆破或爆炸目的的弹药类产品。

（11）非制式爆炸装置（unauthorized explosive device）。起爆装置与炸药按照起爆原理组合而成，或实施简单操作后在初始冲能的作用下可发生爆炸的自制装置，通常称简易爆炸装置。

（12）爆炸装置（explosive device）。用于爆破或爆炸目的的制式爆炸装置和非制式爆炸装置的总称。

（13）简易爆炸装置（improvised explosive device，IED）。IED是一种临时设置或生产的装置，其含有毁坏的、致命的、有毒的、发烟的或纵火的化学物质，旨在造成毁伤或骚扰效应。(联合国简易爆炸装置处置标准)

（14）起爆装置（initiation device）。用于起爆主装药的起爆器材和触发机构的组合。

（15）易制爆危险化学品（explosive hazardous chemicals）。具有燃烧和爆炸性质的氧化性固体、液体或者易燃固体、液体等危险性化学品。易制爆危险化学品种类参见"易制爆危险化学品名录（2011年版）"。

（16）爆炸性弹药处理（explosive ordnance disposal，EOD）。对未爆弹药的探测、识别、现场评估、恢复保险、回收和最终处置的行动或过程。(《地雷军备控制/地雷行动术语汇编》)

（17）爆炸物处置（explosives disposal）。使爆炸物降低或消除爆炸杀伤、破坏作用的专业性处置。

（18）防爆安检（security check of explosives）。以防爆炸为目的，对人身、物品、交通工具、场所和水域等是否藏匿爆炸物进行的安全检查。

（19）搜爆（searching for explosives）。以人的感官检查、器材探测和动物搜索等方式搜查目标范围内是否存在爆炸物的专业性检查。

（20）排爆（explosive device disposal，explosive ordnance disposal）（EOD），improvised explosive device disposal（IEDD）。使爆炸装置解体失效或降低爆炸杀伤、破坏作用的专业性处置。

（21）销毁（destruction）。对废旧弹药或爆炸装置采取烧毁、炸毁、化学分解等过程。

## 1.2 爆炸物探测处置技术现状

爆炸物是各种爆炸性材料与器材的统称，从其探测与处置的技术路线来看，主要是针对军用爆炸物和民用爆炸物的特征、环境和要求等来发展相关的技术和装备。军用爆炸物处置可分为战场环境中的地雷和未爆弹、战争遗留爆炸物、训练未爆弹探测处置，报废弹药处理，废旧弹药销毁等。民用爆炸物包括各种起爆器材、工业炸药、民用爆破器材和烟花爆竹药剂与器材及各种爆炸装置等，对其处置主要是防爆安全检查、收缴和废旧的爆破器材销毁、简易爆炸装置处置等。

爆炸装置是带有起爆装置的爆炸性器材，可分为弹药（制式爆炸装置）和简易爆炸装置处置（非制式爆炸装置）。爆炸装置通常具有弹药结构特征，包括有起爆装置、控制装置、主装药和外壳（包装物）等四大组成部分。爆炸物的探测主要是探测炸药和其他特征性部件（如雷管、电子元件、结构组成等），爆炸物的处置主要是对其进行排爆或销毁。本书主要介绍简易爆炸装置和未爆弹药的探测与处置技术方法。

### 1.2.1 爆炸物探测技术现状

爆炸物的探测主要是识别其特有的目标特征。爆炸物最主要的特征是含有炸药，具有一定的外观形状，起爆组件含有金属或电子器件。简易爆炸装置探测常用的技术途径主要是利用电磁感应原理探测其金属组件，利用谐波雷达探测其电子器件，此外还包括X射线成像探测、光学观察或图像识别等探测手段，以及利用炸药探测器、搜爆犬进行炸药识别等。未爆弹一般具有特定的外观形状和较厚的金属壳体、处于地表、埋设地下或水下，探测的技术途径主要是外观特征识别、电磁回波信号鉴别等。

目前，用于爆炸物探测比较成熟的技术设备主要有壳体材料的电磁感应、磁法探测，起爆装置电子器件的谐波探测，红外成像外观识别、内部结构的X射线成像判别、痕量炸药检测等探测技术设备。可以看出，目前爆炸物的探测多为对其间接特征的探测分析，而对其炸药这一直接特征的探测，还难以做到非接触探测。痕量炸药检测需要取样，成像识别不具唯一性。爆炸物探测目前依然是世界性的难点和热点问题。目前，正在发展的探测技术主要包括炸药中子、核四极矩共振（NQR）、痕迹跟踪等探测技术，毫米波、多光谱、太赫兹波等成像探测技术，以及利用机器人、无人机平台的远距离侦察探测技术，研发专用的汽车炸弹、人体炸弹探测系统等。

实践证明，针对爆炸物的探测目前没有一种技术完全行之有效。未来爆炸物的探测技术主要向多技术复合探测、炸药核物理高技术探测等方向发展。爆炸物探测必将由单一探测技术向复合探测技术方向发展，探测手段必然是由两种或多种探测技术复合的高技术探测手段。例如，可发展手持式金属探测器复合炸药探测器，X射线检测仪复合四极矩共振炸药探测系统，集电磁感应、红外成像、探地雷达、热中子活化4种技术于一体的探测系统，集红外、多光谱、激光等技术的机载远距离探测系统，还包括物理、仿生、化学探测技术的复合等。炸药探测是爆炸物探测最直接最本质的手段，目前研究炸药探测技术主要是利用核物理学技术。其主要有两个研究方向：一是研究炸药气体探测收集法，或称为气味跟踪技术，譬如炸药粒子俘获技术、离子色谱技术、质谱技术和仿生学等；另一种是分析法，是指通过某种手段对炸药内部的成分进行分析的技术，如四极矩共振、核磁共振、远红外辐射、计算机断层分析和中子活化等技术。

### 1.2.2 爆炸物处置技术现状

爆炸物处置主要是对探测发现的爆炸装置进行现场排爆或销毁，是一项十分危险和技术要求很高的工作，须区分任务背景和现场条件，采取防护措施，确保处置安全。爆炸物处置，在战时主要有扫雷破障、未爆弹销毁；在战后主要有人道主义扫雷、战争遗留爆炸物处理；在平时主要有训练未爆弹处置、报废弹药处置、废旧弹药销毁、收缴爆破器材销毁、简易爆炸装置处置等。由于不同环境中爆炸物的目标特征、背景条件、处置要求等不同，处置的装备器材和技术方法运用等也有很大的差别。

未爆弹药的处置方法主要有炸毁法、烧毁法、拆分法、聚能切割法等。对于各种过期、淘汰、退役的报废弹药，因其数量较大，质量相对较好，其弹壳和战斗部装药有一定的回收和利用价值，一般采用转运至销毁站、军工厂等专业机构进行可回收式销毁处理，如利用专用设备拆分、装药倒空、烧毁炉烧毁等处理。对于战争遗留的各种废旧弹药，通常采用原地炸毁或经挖掘后转移至安全地点炸毁的方法处理；对于各类废旧炸药、火具等爆破器材一般采用烧毁法销毁。战场未爆弹、训练未爆弹，由于经历了发射、投放等过程，状态不稳定也不易确定，主要采取就地炸毁的方法。处置程序上要进行未爆弹识别、考虑引信类型、状态、环境等因素，谨慎靠近，诱爆炸毁。本书主要介绍战场或训练未爆弹的销毁技术。

简易爆炸装置多为恐怖犯罪分子使用，结构性能不明，处置方法主要是现场销毁、水炮枪解体、人工排除，或利用机器人或机械手移动或转运至安全地点彻底销毁等。目前的处置技术手段一般需要接近目标，安全风险高，且难以有效对付遥控、感应等技术含量较高的爆炸装置。另外，对于汽车、人体等自杀式炸弹，尚缺乏有效的处置技术和装备，目前主要以预先防范为主。

未爆弹和简易爆炸装置处置技术装备的主要发展方向：一是发展集成侦察、探测、排除于一体的机器人排爆系统；二是发展高功率微波、高能激光等定向能远距离排爆技术；三是发展全频电磁干扰、快反型防护装备；四是研究利用非诱爆式爆炸物现场销毁技术手段。

### 1.2.3 爆炸物处置技术发展需求

总体来看，爆炸物的探测处置技术滞后，处置时的安全事故时有发生。未爆弹，其本身性能极不稳定，受到外界扰动容易发生爆炸。未爆弹处置事故，有挖掘运输时意外爆炸、搬运中跌落爆炸、处置方法不当爆炸的，也有处置人员提前进入现场造成事故等。固然这些事故的原因有对未爆弹危险性认识不足、思想上不重视、操作方法不当、组织指挥有误等，但也存在着技术装备落后、安全处置手段缺乏，处置程序不够规范等问题。

当前，简易爆炸装置也正趋向多样化、专业化、智能化，爆炸袭击手段也不断变化，这些也给防排爆工作带来极大难度。由于简易爆炸装置种类繁多、设置时机和地点复杂，而现有的装备器材由于本身的技术局限难以准确地探测定位，常规的处置方法也还难以有效应对路旁炸弹、汽车炸弹、人体炸弹等袭击手段。因此，简易爆炸装置的反制技术研究已成为非对称作战和反恐怖斗争领域的重要课题。

爆炸物探测处置领域的技术难题很多，我国在此方面的研究起步较晚，目前用于公安特警和民航系统比较先进的防爆安检设备从国外引进较多，配发部队执行任务的搜排爆装备还不成系列、部分装备的技术性能与国外同类装备相比还存在一定差距。随着形势发展和现实需要，近年来我国有关部门加强了爆炸物探测与处置相关技术装备的研发力度，有望在远距离探测、定向能排爆、无人化装备、高效防护等方面取得进展。

## 1.3　爆炸物处置任务类型

爆炸物处置任务，主要包括以简易爆炸装置、未爆弹药为目标的各种处置任务。

### 1.3.1　反恐防排爆任务

反恐防排爆任务主要是以防范和处置爆炸恐怖活动为目的，涉及不同的任务背景。恐怖犯罪分子通常是利用各种简易爆炸装置实施爆炸恐怖袭击。

**1. 简易爆炸装置的袭击形式**

从简易爆炸装置应用的主要特征看，其主要袭击形式有以下 7 种：

（1）箱包炸弹。恐怖分子将自制的各种类型的简易爆炸装置伪装在箱包中，携带至预定目标处并设置为待发状态，从而实施爆炸袭击。箱包炸弹是一种最为常见的爆炸袭击手段。

（2）汽车炸弹。恐怖分子驾驶装有炸药的车辆直接撞向目标实施自杀式强行攻击；或者将装载炸药的汽车停在目标附近，然后用定时或遥控方式引爆。汽车炸弹的主要特点是装药量大，破坏威力大，机动性强，成功率高，难于处置和防范。

（3）人体炸弹。可分为主动式和被动式两种，主动式是指恐怖分子身上捆绑爆炸装置伺机自主引爆；被动式是指爆炸装置被捆绑在人质身上由恐怖分子操纵引爆。人体炸弹的主要特点是极端残忍，隐蔽性很强，难以发现，成功率高。

（4）邮件炸弹。将爆炸装置预设在书刊、信封、包裹等邮件中，寄送给暗害对象，当收件人开启即发生爆炸。

（5）漂浮炸弹。分为空飘和水漂炸弹两种，空飘炸弹是指将爆炸装置设置在气球、航模、小型无人机上，控制其飞到预定场所上空引爆。水漂炸弹是指利用水中漂浮物携带爆炸装置，控制其接近预定目标引爆，炸毁桥梁、隧道、港口、码头及水上重要目标。

（6）设雷炸弹。模仿地雷的设置方式，可分为两种，一是恐怖组织将爆炸装置预埋在攻击对象将要通过的道路中，当车辆通过时，触压引爆。二是将爆炸装置预设在目标通过的道路旁，当车辆通过时，自动触发或由恐怖分子伺机引爆。设雷炸弹一般装药量大或具有定向杀伤能力。

（7）弹药改制炸弹。恐怖组织利用非法获取的制式弹药或战场遗留未爆弹药，增加起爆组件改制成简易爆炸装置。多见于战乱和冲突地区。

当前，自杀式汽车和人体炸弹，遥控、定时起爆方式，以及连环爆炸是国际恐怖组织发动爆炸袭击最主要的手段。随着科学技术的发展和普及，爆破器材和起爆技术不断发展更新，恐怖分子使用的简易爆炸装置趋向多样化、技术化、智能化，手段不断变化，行动更加诡秘。

**2. 反恐防排爆任务特点**

反恐防排爆主要包括国家重大活动安保、重要公共场所防爆安检、涉爆涉恐犯罪打击防范、国家政要保卫等活动中相关的爆炸物处置任务，涉及不同的活动背景、组织对象、目标要求、区域空间等多维因素，往往需要多种力量支持配合。

以国家重大活动安保为例，其中的地面任务主要有各种场所的搜排爆、重要场所的核生化监测与应急处置、重要目标的安全警卫、群体性突发事件的应急处置和反恐维稳、重大袭击发生后的工程支援和抢险救援、人员和交通设施的安全检查等。水域任务主要有濒海区域外围海上安全、水中可疑船只和目标的追踪识别、重点水域的水下探测和清扫。空中任务主要有飞行管制、低慢小目标防范与处置、空中侦察巡逻、空中运输。信息主要是指信息化指挥控制系统建立、情报支持、通信和电磁频谱管制。

搜排爆分队领受任务，到达现场后进行现场勘查、分析任务，根据受检目标和范围，明确任务分工。事先组织清场，搜查时对安保封围线内所有的场地、地井、车辆、设施、室内房间、物品进行彻底检查。工作结束后签署安检责任表，场地交由被检目标安保团队进行封控。搜查过程中发现的可疑物品，应辨别真伪进行交接；如发现疑似爆炸物，应立即停止作业、逐级报告，并采取适当的应急处置措施，请求排爆攻坚队到达现场进一步甄别，如果确定为爆炸物，按照处置程序进行专业处置。

### 1.3.2 战争遗留爆炸物处置任务

战争遗留爆炸物所处地点位置不明，发现困难。无论是空投的航弹、发射的炮弹、埋设或抛撒的地雷等，多数钻入或埋入地下土中，或沉落于江河淤泥之中，经日晒雨淋或水流冲刷，地表已发生变化，所处地点位置无明显特征，或者雷场文件缺失，难以探测、定位、清理和收集。严重威胁当地人民群众的生命财产安全，处置前必须进行详细探测，以判明其具体地点和位置。未爆弹药的挖掘难度大，处置作业危险性极高。战争遗留的未爆弹药，多数是由于引信内部故障（如保险未解脱或击发机构被卡等）所引起，经历长时间的地下埋藏、水流冲蚀、弹体腐蚀等不稳定环境的影响，一旦保险装置失去作用或击发机构偶然击发，弹药随即爆炸。尤其是当未爆弹药位于密集居民区、重要建筑设施附近时，需要将其挖掘运至安全地点再行销毁，挖掘运输过程危险性极大。因其性能不稳定，状态不易判别，安全威胁大，销毁处理最为棘手。我国境内的战争遗留弹药，多是抗日战争或解放战争期间的产物，在国家基础设施建设施工中，经常会挖掘出大量的未爆弹药。这些遗留的未爆弹药，在地下或江河之中埋藏数十年之久，经过长期腐蚀，锈迹斑斑，弹药类型鉴别困难，其性能极不稳定，仍有可能具备爆炸能力，严重威胁人民群众生命和财产安全。

### 1.3.3　国际维和爆炸物处置任务

我国派遣维和部队维护地区和平是落实习主席在联合国倡导的"构建人类命运共同体、实现共赢共享"全球治理理念的具体行动，也是联合国常任理事国应尽的义务。维和部队在战乱地区面临着地雷和未爆弹药等战争遗留爆炸物以及冲突各方设置的简易爆炸装置的威胁，需要采取合适的处置和应对措施，减少对当地人民的危害，保护联合国机构和维和官兵自身的安全。目前，地雷场等战争遗留爆炸物通常由专门的任务部队、商业组织按照计划和标准程序进行清除，总体安全风险可控。然而，由于 IED 具有构造的不确定性、设置的临时性、作用的短期性、目标的随机性和处置的危险性等特征，需要受威胁地区的组织和人员特别是维和部队具有应急处置和防范的基本能力。目前，维和部队根据任务需要编配爆炸物处置分队，主要装备探扫雷器材、爆破器材、排爆机器人和搜爆犬等。因此，分队主要具备地雷、未爆弹等战争遗留爆炸物的处置能力，对遥控、定时、汽车、人体等简易爆炸装置处置能力不足。随着我军参与国际维和行动等境外任务的拓展，地区形势的变化，可能面临更多的恐怖爆炸威胁，需要进一步加强反爆炸恐怖力量的建设。

### 1.3.4　训练未爆弹处置任务

实弹射击演练、新型弹药试验中出现的训练未爆弹，虽然数量较少，但安全风险极高。近年来，多次发生处理不当或当地群众误入未爆弹药区域而引发的爆炸事故。训练未爆弹处置的主要问题：一是发现困难，有的甚至钻入地下探测挖掘难度大；二是处置风险高，其经过射击或投掷，一般情况下引信保险已经解除，任何震动、撞击都有可能使其发火爆炸；三是处置工作量大，训练靶场范围大，需要花费大量的人力、物力实施探测、挖掘和销毁处理。

### 1.3.5　战场爆炸物处置任务

未来基本战争样式是信息化条件下的局部战争，兼具混合战争形态，交战或冲突各方可能使用简易爆炸装置等各种爆炸物进行滋扰、袭击或破坏活动，美军曾在伊拉克和阿富汗战争中深受其害，目前叙利亚、利比亚等地区的简易爆炸装置问题尤为突出。我军虽然目前没有介入地区冲突作战任务，但周边安全形势不容乐观，应做好未来战争中各种威胁的应对措施。IED 根据使用情况，其部署和使用过程包括 IED 使用动机、情报、募集资金、招募制造人员并进行训练、制造 IED、寻找目标、招募 IED 设置人员并进行训练、设置 IED、瞄准目标及观察、引爆、评估、对结果作出反应等环节。根据这个生命周期，作战人员可以在各个环节进行有效控制来减少 IED 的出现及爆炸。伊拉克战争中，美军根据平时反制 IED 的经验编写了《反制 IED 手册》，为作战人员反制 IED 提供了较为全面的技术支持。另外，加强远距离探测预警手段，增强感知能力，及时发现爆炸物是避免遭受袭击和实施有效处置的前提，预警感知在反爆炸袭击中具有先导作用，处置是最后且被动的行动。我们应以信息系统的体系作战能力建设为依托，建立情报、侦察、防范、应急四位一体的实战体系，形成对抗IED威胁能力。在体系框架下，以联合指挥信息系统为纽带，充分融合多维度信息资源，优化集成各兵种的能力资源，构成具备预测、感知、阻止、探测、规避、失效、减弱、防护等要素能力的IED对抗体系。同时，也要研究战场敌方未爆弹（如子母弹未爆子弹）的应急处置和安全排除技术和装备，面向未来战争，具备战场未爆弹处置能力。

## 思 考 题

1. 未爆弹药的定义是什么？
2. 未爆弹药的处置方法主要有哪些？
3. 从简易爆炸装置应用的主要特征看，其主要袭击形式有哪些？
4. 未爆弹药处置存在的主要问题是什么？
5. 你认为爆炸物现场处置技术装备下一步的发展方向是什么？

# 第 2 章　爆炸物特性分析

## 2.1　炸药火工品特性

炸药、火工品的种类非常多，应用范围也非常广泛，涉及的知识内容很多，本节主要介绍与爆炸装置相关的炸药、火工品的一般特性。

### 2.1.1　常用炸药

炸药是一种相对不稳定的物质，在外界能量作用下，能够自行发生急剧的化学变化，在极短的时间内突然释放出大量能量，产生气态爆炸产物快速向周围膨胀，产生强冲击波，造成对周围介质的破坏。广义上，炸药指能发生化学爆炸的物质，包括化合物和混合物。火药、烟火剂、起爆药都属于炸药的范畴，但技术上只将用于爆破目的的物质称为炸药，又称猛炸药，这是炸药的狭义概念。现在技术界常以"含能材料"一词代替广义的火炸药。

**1. 炸药分类**

炸药的品种很多，它们的组成、物理化学性质及爆炸性质各不相同，将它们进行适当的分类是必要的。炸药的分类方法主要有两种：一种是按照炸药的组成成分及分子结构的特点分类，另一种是按照炸药的用途进行分类。

1）按照组成分类

按炸药的组成，可将炸药分成单质炸药和混合炸药两大类。前者为单一化合物，后者则由多种组分构成。

(1) 单质炸药。单质炸药是爆炸化合物，它是一种单成分的炸药。属于这类炸药的有：硝化甘油、太安、梯恩梯、黑索今、特屈儿、硝化棉、苦味酸、雷汞和氮化铅等。

(2) 混合炸药。混合炸药种类繁多，其含有两种或两种以上的成分，通常由单质炸药和添加剂，或由氧化剂、可燃剂和添加剂混合而成。

① 氧化剂：它是一种含氧丰富的成分，其本身可以是非爆炸性的氧化剂，也可以是含氧丰富的爆炸化合物。常用氧化剂有硝酸盐、氯酸盐、高氯酸盐等。

② 可燃物：它是一种不含氧或含氧较少的可燃物质。其本身可以是非爆炸性的可燃物，也可以是缺氧的爆炸化合物。常用可燃剂有木粉、金属粉、炭、碳氢化合物等。

③ 附加物：它是为了某些目的而加入的物质，例如加入某些附加物用以改善炸药的爆炸性能、安全性能、成型性能、机械力学性能以及抗高低温、抗潮湿性能等。附加物本身也可以是非爆炸性物质或爆炸性物质。常用附加物有胶黏剂、增塑剂、敏化剂、钝

感剂、乳化剂、防潮剂、交联剂、表面活性剂等。

混合炸药主要包括军用和民用两个大类。

① 军用混合炸药：用于装填各种武器弹药，能量水平高，安全性和相容性好，感度适中，生产、运输、储存过程较为安全，且装药性能良好。此外，低易损性也是20世纪70年代以来对军用炸药提出的普遍要求。军用混合炸药主要包括钝化炸药、熔铸炸药、高聚物粘结炸药、含金属粉炸药、燃料-空气炸药、低易损炸药、分子间炸药等几个大类。

② 民用混合炸药：也称工业炸药，是以氧化剂和可燃剂为主体构成的混合爆炸物，可用于矿山开采、地质勘探、爆炸加工等众多领域，其成本低廉、制造简单、使用方便。

混合炸药的威力虽然主要取决于其组成中单质炸药的性质，但是它可以通过改变组成的种类及比例等来调节，从而改善炸药的性能和装填工艺，扩大炸药的应用范围和原料来源，使炸药满足各种战术技术要求。因此混合炸药在军事应用上日益扩大，地位越来越重要。当前国内外混合炸药的研究进展很快，种类繁多。

2）按照用途分类

按照炸药在实际应用中的作用可将炸药分为起爆药、猛炸药、火药及烟火剂四大类。

（1）起爆药。起爆药是用以起爆猛炸药的药剂。它是炸药中对外界作用最敏感的一类药剂，在比较小的外界作用（如撞击、针刺、摩擦、火焰、电热等）下就能引起起爆药发生爆炸变化。它的变化速度在很短的时间内即增至最大值。由于其爆炸增长速度很快，起爆猛炸药所用药量很小，因此起爆药常用以装填各种起爆器材和点火器材，如雷管、火帽等。

起爆药由于被用来引起其他炸药的爆炸，故有时又称为初级炸药、一次炸药、主发炸药或第一类炸药。常用的单质起爆药有氮化铅、雷汞、斯蒂酚酸铅、特屈拉辛、二硝基重氮酚等。

（2）猛炸药。猛炸药爆炸时对周围介质产生强烈的冲击作用，用以作爆炸装药，装填各种弹丸和爆炸性器材，如炮弹，航弹，鱼雷，水雷，地雷等。在爆破工程、爆炸焊接和爆炸成形等方面也有大量的应用。猛炸药的威力比起爆药大，感度比起爆药小，只有在较大的外界作用下才能发生爆炸，在实用上通常用起爆药来引爆。因此猛炸药有时又称为次发装药、高级装药、二次装药或第二类装药，有时也称为破坏药。

在爆破实践中为了使用方便，通常把猛炸药大致分为高级炸药、中级炸药和低级炸药3种。高级炸药通常包括黑索今、奥克托今、太安等炸药；中级炸药通常包括梯恩梯、62%胶质炸药等；低级炸药通常包括硝铵炸药、40%胶质炸药等。

常用的猛炸药有梯恩梯、黑索今、太安、奥克托今、硝铵炸药、胶质炸药、塑性炸药等。混合军用猛炸药的代表有梯恩梯-黑索今熔铸炸药和以黑索今为主体、聚合物为黏结剂的高聚物粘结炸药等。

（3）火药。火药能在没有外界助燃剂（如氧气）参加下进行有规律的快速燃烧，产生高温高压的气体，对弹丸做抛射功，因此火药常装在炮弹、子弹的药筒里或迫击炮弹的尾部（发射药），以及用于火箭发动机内（推进剂），也有用作点火药和延期药（如黑火药)。常用的火药除黑火药外,用得最多的是由硝化棉、硝化甘油为主要成分,外加部分添加剂胶化而成的无烟火药。

火药分为黑火药、单基火药、双基火药、三基火药、高分子复合火药几大类。单基火药是以硝化纤维为主要能量组分,并加入适量其他添加剂的火药。单基火药能量较低,烧蚀小,主要品种有我国的单芳发射药、法国的 B 发射药、美国的 FNH 发射药等,广泛应用于各种枪械和大口径、低装药量的火炮。双基火药是以硝化纤维素和二元醇或多元醇的硝酸酯为主要能量组分组成的火药。其能量范围大,烧蚀较大。用于大口径火炮和迫击炮发射药装药时,称双基发射药;用于固体火箭发动机时称为双基火箭推进剂。三基火药是由硝化纤维素、硝化甘油(或其他硝酸酯)和另一种固体含能材料为主要能量组分组成的火药。属于非均质火药,具有相同能量下爆温低、烧蚀小、火焰小的特点,适用于弹丸初速高、烧蚀小的大口径、高膛压火炮装药。

(4)烟火剂。烟火药是燃烧能产生光、热、烟、声或气体等不同烟火效应的混合物。通常由氧化剂、可燃剂及少量黏结剂组成。军事上用于装填特种弹药和器材;民间用于制造烟火、爆竹和其他工业制品。按能量分为动能、光能、热能、声能等类型的烟火剂;其中动能的有气体发生剂、弹底排气剂、烟火推进剂;光能的有照明剂、摄影闪光剂、曳光剂、发光信号剂、红外诱饵剂;热能的有燃烧剂、点火药;声能的有模拟剂、消音剂等。

**2. 常见军用炸药**

1)梯恩梯

代号 TNT,化学名 2,4,6-三硝基甲苯,是 20 世纪初代表性单质炸药。分子组成式 $C_7H_5N_3O_6$,结构式为

梯恩梯呈淡黄至黄色鳞片,鳞片平均厚度不大于 0.64mm。凝固点 80.75℃,晶体密度 1.654g/cm$^3$,铸装密度 1.55~1.59g/cm$^3$,堆积密度 0.9g/cm$^3$。爆发点 475℃/5s(分解),撞击感度 4%~8%,撞击功 15N·m,摩擦感度 4%~6%、353N(压柱负荷),枪击感度 4%。密度 1.56g/cm$^3$ 时爆速为 6825m/s(压装)和 6640m/s(铸装),密度 1.64g/cm$^3$ 时爆速 6920m/s,密度 1.63g/cm$^3$ 时爆压 19.1GPa。猛度 16mm(铅柱压缩值),有毒。

梯恩梯是目前应用最广泛的一种猛炸药,可单独使用,也可与其他炸药组成混合炸药使用。主要用于制造工业炸药,也可在工程爆破中使用。工业梯恩梯主要为鳞片状结晶,制式梯恩梯药块主要有带雷管孔的直径 3cm 的 75g 圆柱体、2.5cm×5cm×10cm 的 200g 长方体、5cm×5cm×10cm 的 400g 长方体以及 2.5kg、5kg 带塑料壳的长方体装药等,如图 2-1 所示。

2)太安

太安代号 PETN,化学名季戊四醇四硝酸酯,分子组成式 $C_5H_8N_4O_{12}$,结构式为

(a) 400g 制式梯恩梯装药　　(b) 200g 制式梯恩梯装药

(c) 75g 制式梯恩梯装药　　(d) 其他制式梯恩梯装药

图 2-1　制式 TNT 装药

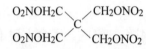

太安是白色结晶粉末，如图 2-2 所示。熔点 141℃，晶体密度 1.778g/cm³，溶于丙酮、乙酸甲酯。爆发点 225℃/5s（分解），撞击感度 100%，撞击功 3N·m，摩擦感度 92%、59N（压柱负荷），枪击感度 100%。密度 1.74g/cm³ 时爆热 6280kJ/kg，爆容 758L/kg，爆温约 3900℃。密度 1.77g/cm³ 时爆速 8600m/s，密度 1.77g/cm³ 时实测爆压 34.0GPa。比能 1338kJ/kg，做功能力 523cm³，威力 TNT 当量 145%（弹道白炮试验），猛度 TNT 当量 125%。太安可用作导爆索、雷管、传爆药、混合起爆药和击发药组分。水中爆炸时，释放出的能量很高，是一种有效的水下装药。钝化后可装填小口径炮弹。因感度问题，除少数例外，太安现已不再作为制式炸药。

图 2-2　太安炸药

3）黑索今

代号 RDX，化学名环三亚甲基三硝胺，是 20 世纪中期代表性单质炸药，当代最重要炸药之一。分子组成式 $C_3H_6N_6O_6$，结构式为

黑索今是一种用途广泛的炸药，为粉末状白色结晶，如图 2-3 所示。熔点 202～203℃，晶体密度 1.82g/cm³，堆积密度 0.8～0.9g/cm³。爆发点 260℃/5s（分解），撞击感度 80%，撞击功 7.4N·m，摩擦感度 76%、118 N（压柱负荷），枪击感度 100%。密度 1.70g/cm³ 时爆热为 6320kJ/kg（液态水），爆容 890L/kg，密度 1.80g/cm³ 时爆温约 3400℃。密度 1.767g/cm³ 时爆速为 8640m/s，爆压 33.8GPa。比能 1354kJ/kg，做功能力 475cm³（铅柱扩孔值），威力 TNT 当量 150%～

图 2-3　黑索今炸药

161%（弹道臼炮试验），猛度 24.9mm（铅柱压缩值），猛度 TNT 当量 150%。有毒。可用作传爆药、雷管装药、A 炸药、B 炸药、C 炸药和含铝炸药等混合炸药主要组分，还可用作无烟药组分。

4）黑梯熔铸炸药

熔铸炸药是以某个组分处于熔融状态时，再加入其他固态炸药、钝感剂和附加剂，以提高爆炸能量，降低感度，改善流动性、均匀性和安定性等。目前应用的大多数熔铸炸药是以 TNT（熔点约 80℃）为基的熔铸混合物。其特点是能适应各种形状药室的装药，综合性能较好，可用于装填多种弹药，是当前最广泛应用的一类制式混合炸药。

常用的熔铸炸药黑梯炸药是由黑索今和梯恩梯组成的熔铸混合炸药，有 B 炸药和赛克洛托两种类型。B 炸药（钝黑梯-1）组成为黑索今 60%、梯恩梯 40%、蜡 1%（外加），外观为蜡黄色板片状结晶，如图 2-4 所示。密度 1.68 g/cm$^3$ 时爆速 7800 m/s，威力 TNT 当量 116%，猛度 TNT 当量 116%，撞击感度 40%。主要用于装填破甲弹、榴弹的战斗部等。

5）聚黑炸药

高聚物粘结炸药以粉状高能炸药（如 RDX、HMX 等）为主体，加入黏结剂、增塑剂、钝感剂或其他添加剂制成。聚黑炸药是一种典型高聚物粘结炸药。

常用的聚黑-2 炸药，代号 JH-2，原 8701，组成为黑索今、聚乙酸乙烯酯、地恩梯（二硝基甲苯）、硬脂酸和硬脂酸钙等。外观为白色至黄色颗粒，无肉眼可见机械杂质，如图 2-5 所示。粒度 4.00～0.315mm。密度 1.722g/cm$^3$ 时爆速 8425m/s，威力 TNT 当量 153%，猛度 TNT 当量 134%，撞击感度不大于 56%，摩擦感度 28%，爆发点 300℃/5s（缓慢分解不爆炸），用作破甲弹装药。

图 2-4　B 炸药

图 2-5　8701 炸药

6）含铝炸药

含铝炸药是由炸药和铝粉组成的混合炸药。主要组分为单质猛炸药和铝粉，有时还含有少量的钝感剂、黏结剂等。铝粉含量通常为 10%～35%，外观为灰色或黑灰色。含铝炸药的特点是铝粉能与炸药爆炸产物（$CO_2$、$H_2O$ 等）产生二次反应并放出大量热，因此爆热和做功能力提高，但爆速、爆压和猛度降低。主要用于装填水雷、鱼雷、深水炸弹、对空武器、反坦克穿甲弹和爆破弹，也可在工程爆破和地质勘探中使用。

常用的熔梯铝炸药，由梯恩梯、铝粉熔铸而成。外观为灰色片状，无明显分层，外形为长度不大于 40mm、厚度不大于 12mm 的不规则片状，如图 2-6 所示。密度≥1.7g/cm$^3$。密度 1.745g/cm$^3$ 时爆速 6756m/s，威力 TNT 当量 115%，猛度 TNT 当量 98%～99%，撞击感度 22%～30%，摩擦感度 0%～2%，爆发点 297℃/5s。适用于空中和水下武器的装药。

7）塑性炸药

（1）C-4炸药。组成为黑索今、聚异丁烯、癸二酸二辛酯、马达油等。外观为白色可塑性颗粒，密度≥1.5g/cm³。密度1.63g/cm³时爆速8092 m/s，威力TNT当量116 %，猛度TNT当量118%，爆发点281℃/5s，撞击感度34%。-57℃变硬，77℃渗油，100℃40h放气量0.26cm³/g。主要用于破甲弹、定向地雷等装药，特别适用于严寒地区使用。

（2）塑黑-4炸药（塑-4炸药）。组成为黑索今、聚异丁烯、癸二酸二辛酯、变压器油等。外观为白色或黄色具有可塑性的颗粒，允许有部分药粉，如图2-7所示。密度1.476g/cm³、1.60g/cm³、1.66g/cm³时爆速分别为7586m/s、8000m/s、8159m/s，威力TNT当量123.2%，猛度TNT当量119.3%（弹道摆法）。撞击感度40%，摩擦感度40%。-40℃时仍具有很好的可塑性。主要用于破甲弹、定向地雷等装药，特别适合于严寒地区使用。

图2-6 熔梯铝炸药

图2-7 塑黑-4炸药

8）硝化棉

代号NC，化学名硝化纤维素，分子组成式为$[C_6H_{10-x}O_5(NO_2)_x]_n$，结构式为

外观为白色纤维，如图2-8所示，熔点分解，溶于丙酮。撞击功3N·m（13.3% N），摩擦感度353N（压柱负荷），做功能力420cm³（13.3% N），密度1.2g/cm³时爆速为7300m/s（13.45% N），威力TNT当量125%（13.45% N）。硝化棉用硝硫混酸酯化（硝化）短棉绒制得，含氮量从8%～14%，分为弱棉、仲棉、强棉、混合棉等5种，分别用于制造炸药、无烟药、推进剂等。

图2-8 硝化棉

9）硝化甘油

学名丙三醇三硝酸酯，代号NG，分子组成式$C_3H_5N_3O_9$，结构式为

$$\begin{array}{l} H_2C—ONO_2 \\ HC—ONO_2 \\ H_2C—ONO_2 \end{array}$$

外观为无色透明的油状液体，工业品为淡黄色或黄褐色，其中有水珠存在时呈乳白色，如图 2-9 所示。凝固点为 13.2℃（不稳态凝固点为 2.2℃），硝化甘油有甜味，其黏度比水大 2.5 倍。它不吸湿，不溶于甘油，但能溶于水，能与很多有机溶剂及硝化乙二醇、硝化二乙二醇任意混合，能溶解 TNT 和二硝基甲苯，是硝化棉的良好溶剂和胶化剂。

图 2-9 硝化甘油

硝化甘油爆热 6766kJ/kg（液态水），爆温 4330℃，爆容 715L/kg，爆速 7700m/s，做功能力 520cm$^3$，猛度 24～26mm（铅柱压缩值），威力 TNT 当量 140%，爆发点 220℃/5s，撞击感度 100%，摩擦感度 100%。硝化甘油的液态和固态混合物的撞击感度比单纯液态高，冻结硝化甘油开始熔化时（半冻结状态）的撞击感度更高。主要用于制备胶质火药和胶质炸药。由甘油硝化制得。

10）黑火药

黑火药是混合火药中最具代表性的一种。黑火药能量低、威力小、燃烧时产生大量固体残渣（有烟），所以在发射及爆破方面已逐渐被各种现代火药和猛炸药代替。然而，黑火药物化安定性好、火焰感度高、火焰传播速度快、燃速高、压力指数低、燃烧性能稳定、工艺简单及成本低等，因此至今仍在广泛地用作点火药、传火药、抛射药、延期药和导火索芯药及烟花爆竹药等。

作烟火或爆竹引线的芯药的燃速要求比导火索芯药的燃速大，一般为 1.5～3cm/s。作烟火的黑火药要求具有较高的燃速和一定的冲力。常见烟花爆竹用黑火药配方如表 2-1 所列。

表 2-1 常见烟花爆竹用药的组成（单位：%）

| 类 型 | 硝酸钾 | 硫磺 | 木炭 | 铝或镁 | 硝酸锶 | 其他色素 |
|---|---|---|---|---|---|---|
| 烟火药 | 75 | 9.0 | 9.5 | 3 | 2 | 1.5 |
| | 65.8 | 12.5 | 20.5 | | | 1.2 |
| 魔术礼花药 | 68 | 8.0 | 14 | 3.5 | | 6.5 |
| | 55 | 12 | 18 | 5 | 2 | 8.0 |
| 爆竹药 | 60 | 18 | 22 | | | |
| | 66 | 14 | 20 | | | |

黑火药的组分配比对黑火药的燃速及性能有很大的影响。无硫黑火药由 80% KNO$_3$、20%木炭或 70% KNO$_3$、30%木炭组成，主要用作发射烟火剂的黑火药和无硫炮药。

粒状黑火药表面光滑有光泽，呈灰黑或黑色。相对密度为 1.65～1.90g/cm$^3$，堆积密度为 0.9～1.05g/cm$^3$，水分含量不超过 1%。若含水量超过 2%，不但燃速和能量降低，而且点火困难。若含水量超过 15%，则因 KNO$_3$ 析出而失去燃烧性。

粉状黑火药发火点约 290℃、粒状药约 300℃，黑火药对撞击、摩擦、静电火花等敏感度高，这些冲量中最敏感的是火焰冲量。黑火药燃速受许多条件影响，当火药组分、密度和初温一定时，燃速主要受压力影响。

**3. 工业炸药**

工业炸药又称民用炸药或商业炸药，是以氧化剂、可燃剂及添加剂等按氧平衡的原理制成的爆炸混合物。品种类别按其配方和存在形态划分，主要有铵梯炸药、铵油炸药、水胶炸药、乳化炸药和含火药炸药等。规格通常按药卷尺寸和重量划分，有$\phi$32mm/150g（药卷直径32mm，药卷质量150g）、$\phi$32mm/200g、$\phi$35mm/200g及散装药等。主要技术要求：除组分、水分、密度、爆速、猛度、做功能力和感度等项目与制式炸药相同外，还对殉爆距离、炸药有效期、炸药爆炸后有毒气体含量，煤矿许用炸药可燃气体安全度、抗爆燃性能和抗煤尘爆炸性能等有专门的要求。

由于安全性要求，工业炸药一般按使用场合分为三大类，即露天炸药、岩石炸药和煤矿许用炸药。露天炸药是指只能在露天工程爆破中使用的炸药，习惯上，这类炸药不做爆炸后有毒气体含量的要求，也不做可燃气、可爆矿尘安全性的要求。岩石炸药可用于露天爆破，也可用于井下无可燃气、矿尘爆炸危险的场合，如金属矿山等；在安全指标上控制爆炸后有毒气体的含量，但不控制可燃气、可爆矿尘的安全度。煤矿许用炸药可用于前两种场合，同时也可按安全级别的要求用于有可燃气或矿尘爆炸危险的场合。使用上，不同类的炸药是不可以任意替换的。

1) 硝化甘油炸药

硝化甘油炸药一般分为胶质硝化甘油和粉状硝化甘油炸药，是工业炸药历史上使用时间最长的品种，第一代工业炸药代那迈特即为硝化甘油炸药。由于硝化甘油本身是极其敏感的单质炸药，其生产、使用的安全风险都相对较大，因此，目前能制造这种炸药的企业比较少，用于露天、水下或无沼气矿尘爆炸危险的爆破工程。

2) 铵梯炸药

铵梯炸药有熔铸态和粉状机械混合物两种形态，这里所指的是工业粉状铵梯炸药。铵梯炸药在20世纪90年代开始逐渐被乳化炸药、无梯硝铵炸药替代，其主要组成为硝酸铵、木粉、梯恩梯。由于梯恩梯是有毒的单质炸药，故铵梯炸药是已淘汰品种，国内已经停止生产。

3) 铵油类炸药

由硝酸铵、燃料油、木粉等为主要成分制成的工业炸药通称为铵油类炸药。这类炸药包括：粉状铵油炸药、膨化硝铵炸药、多孔粒状铵油炸药、乳化铵油炸药（重铵油炸药）、铵松蜡炸药、铵沥蜡炸药、铵磺炸药等。

4) 水胶炸药

以硝酸甲胺为主要敏化剂，加入氧化剂、可燃剂、密度调节剂等材料，经溶解、混合后，悬浮于有凝胶剂的水溶液中，再经化学交联而制成的凝胶状工业炸药称为水胶炸药。水胶炸药分为岩石、煤矿许用和露天3种类型。水胶炸药是优良的煤矿许用炸药品种，易于做成高安全等级煤矿许用炸药。

5) 乳化炸药

（1）膏状乳化炸药。用乳化技术制备的油包水（W/O）乳胶型抗水工业炸药，是以氧化剂水溶液的微细液滴为分散相，悬浮有分散气泡或空心玻璃微球或其他一些多孔材料的似油类材质构成连续介质，形成的一种油包水型的特殊乳状液体系。乳化炸药可分为岩石型、煤矿许用型、露天型三大类，其中包括1号岩石乳化炸药、2号岩石乳化炸药；一级、二级、三级煤矿许用乳化炸药；露天有雷管感度乳化炸药和露天无雷管感度乳化炸药。

（2）粉状乳化炸药。是在乳化炸药的基础上将其喷雾造粉所得到的均匀粉状炸药。其特点是在造粉过程中除掉了乳化炸药中的部分水分，且产品由膏状变成粉状。这种乳化炸药具有较好的抗水性能。岩石粉状乳化炸药适用于露天及无可燃气或矿尘爆炸危险的工程爆破；煤矿许用粉状乳化炸药可用于有可燃气或矿尘爆炸危险的爆破工程，按煤矿安全规程分级选用。

### 2.1.2 常用火工品

**1. 火工品概述**

1）定义

火药和炸药只有受到一定的外界能量作用后才会发生爆炸变化。火工品就是一种用以激起火药和炸药发生爆炸变化的专用制品。它主要用来点燃发射装药和起爆爆炸装药。由于近代科学技术的发展，火工品也被广泛应用到其他领域中，作为达到某种目的的手段。

2）火工品的用途

火工品在弹药中的应用，大致可分为以下几个方面：

（1）在各种弹药中的应用（枪、炮和火箭弹），用于点燃各种发射装药。

（2）在照明弹、燃烧弹、宣传弹和跳雷中，用于点燃抛射装药。

（3）在引信中，作为控制引信作用时间的元件。

（4）在引信中，还用于起爆传爆药柱或直接起爆爆炸装药。

（5）在工程爆破中，用于传爆或起爆爆炸药包。

3）火工品的分类及要求

根据火工品作用时产生的爆炸变化的不同形式，火工品可分为点火器材和起爆器材。

在外界激发冲能作用下，释放出火焰冲能的火工品称为点火器材。点火器材用于点燃其他可燃对象。属于点火器材的火工品有火帽、时间药剂、电点火具、拉火管和导火索等。

在外界激发冲能作用下，释放出爆轰冲能的火工品称为起爆器材。起爆器材用于起爆爆炸装药。属于起爆器材的火工品有引信雷管、工程雷管（火焰雷管、电雷管、导爆管雷管、延期雷管和毫秒雷管）、导爆索等。

**2. 点火器材**

1）拉火管

拉火管由拉火帽（内装发火药）、管壳（纸或塑料）、拉火丝、摩擦药、拉火杆等组成，其外观和结构分别如图 2-10、图 2-11 所示。用 98N 的拉力应能可靠点燃军用导火索。

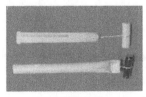 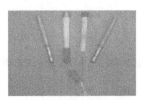

(a) 纸拉火管　　　　　　　(b) 塑料、铅拉火管

图 2-10　拉火管

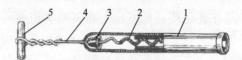

1—塑料管壳；2—摩擦药；3—火帽；4—拉火丝；5—拉火杆。

(a) 塑料拉火管

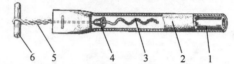

1—倒刺；2—纸管壳；3—摩擦药；4—火帽；5—拉火丝；6—拉火杆。

(b) 纸拉火管

图 2-11 拉火管结构

拉火管主要用于点燃导火索。导火索长在 5cm 以内时，拉火管有可能直接喷燃雷管，要采取适当措施，如用胶布包缠等。在特殊情况下，也可直接引爆雷管以起爆炸药，或直接引燃黑火药药包，必须远距离拉发，以确保安全。根据《民用爆破"十一五"规划纲要》的要求，国内于 2008 年 1 月停止生产导火索、火雷管和铵梯炸药。2008 年 3 月停止民用。因此，拉火管的应用也受到影响。

2) 导火索

导火索是一种延时传火、外形如绳索的制品，是索类火工品的一种。导火索按用途分为军用导火索和工业导火索。按其包缠物种类不同分为全棉线导火索、三层纸工业导火索及塑料导火索等。军用导火索中还有手榴弹用导火索，其外径及药芯尺寸稍有不同。主要性能：外径：5.2~5.8mm（手榴弹用产品为 5.6~6.0mm）；药芯直径：≥2.2mm（黑火药粉 6g/m，手榴弹用产品为 ≥2.5mm）；燃速：在正常状态下应为 100~125s/m；喷火强度：有效喷火距离不小于 50mm。其外观和结构分别如图 2-12、图 2-13 所示。

(a) 棉线普通导火索　　　(b) 塑料导火索　　　(c) 军用导火索

图 2-12 导火索

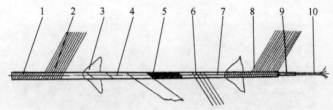

1—涂料；2—外层线；3—外层纸；4—中层纸；5—防潮层；
6—中层线；7—内层纸；8—内层线；9—药芯；10—芯线。

图 2-13 棉线普通导火索结构

导火索主要用于传递火焰,以引爆(经一段时间的延期)火焰雷管,也可直接引燃(爆)黑火药包。可用作手榴弹、爆破筒、礼花弹等爆破器材的引爆延期体。导火索是一种廉价的点火器材,适用于无爆炸性气体和粉尘的爆破工程。

3)电引火头

电引火头由脚线、电桥丝、塑料塞及引火药组成,其结构如图 2-14 所示。脚线为单芯塑料皮铜线两根。电引火头的药头一般都做成水滴状,即在引燃药中加入黏结剂直接涂在桥丝上形成滴状,使药剂紧密地贴在桥丝上,有利于电引火头的点燃,其外观如图 2-15 所示。引火药主要由氯酸钾、硫氰化铅、硝棉漆等按一定配比制成,实际滴状引火药常分为两层或三层,内层为较易点燃的药,外层为点火能力较强的药,有时为了防潮和增加强度,还用防潮剂作为第三层。电引火头电阻值为 2.0～4.0Ω,串联 40 发(不按电阻值分组),通以直流电 1A,应全部发火。

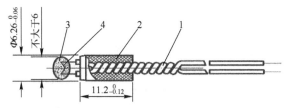

1—脚线;2—塑料塞;3—引火药;4—电桥丝。

图 2-14 电引火头结构

(a) 常见各种电引火头

(b) 烟火用电引火头

图 2-15 电引火头

**3. 起爆器材**

1)雷管

雷管是一种能产生爆轰冲能并引爆炸药的装置。雷管广泛应用于各种弹药的引信中。用以引起猛炸药的爆轰。在各种工程爆破中,也大量地使用雷管以引爆炸药。因此,雷管是炸药爆炸不可缺少的器材之一。按用途可分为工程爆破用的工业雷管和弹药中用的引信雷管。引信雷管一般尺寸较小,如图 2-16 所示。按引起爆轰的激发冲能的形式分为火焰雷管、针刺雷管、电雷管。按作用时间分为瞬发雷管和延期雷管(秒延期和毫

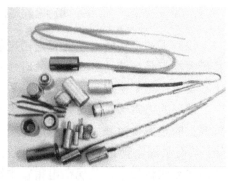

图 2-16 各种引信雷管

秒延期）两大类。

（1）工业火雷管。工业火焰雷管简称火雷管，有时也简称为雷管。它用于导火索点火时起爆装药，主要用于工程爆破中，个别情况下也有用于弹药中。工业雷管有军品和民品之分，按起爆冲能的形式不同，又可分为工业火焰雷管与工业电雷管两大类，火雷管与电雷管在结构上相似，只是电雷管中多一个电引火头，其他部分的结构组成完全一样。

火雷管由管壳、加强帽、绸垫和装药（起爆药和猛炸药）等组成，其结构和外观分别如图 2-17、图 2-18 所示。管壳用来装填药剂，以减少其受外界的影响，同时可以增大起爆能力和提高震动安定性。管壳材料为紫铜、铝或纸等。加强帽用以"封闭"雷管药剂，减少其受外界的影响，同时可以增大起爆能力和提高震动安定性。管壳内径为 6.15~6.40mm；加强帽传火孔直径不小于 1.9mm；管壳空位深度不小于 10mm（金属壳）或 15mm（非金属壳）。雷管中装有起爆药和猛炸药，起爆药装在雷管的上部，猛炸药在雷管下部。主装药为黑索今或太安，6 号雷管装药量不低于 0.4g，8 号雷管装药量不低于 0.6g，允许外加适量添加剂；起爆药（副装药）为二硝基重氮酚、D·S 共沉淀、K·D 复盐、叠氮化铅等，其药量必须保证使雷管主装药完全爆轰。

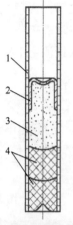
(a) 非金属壳火雷管

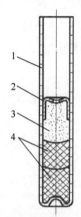
(b) 金属壳火雷管

1—管壳；2—加强帽；3—起爆药；4—炸药。

图 2-17 火雷管结构

(a) 盒装形式图

(b) 外观比对图

图 2-18 铝、铁、铜、纸壳工业火雷管

（2）工业电雷管。电雷管是由电能作用而发生爆炸变化的火工品。与火雷管相比，其最大优点是能够达到作用的瞬时性和便于自动控制；在爆破作业中，可远距离点火，比较安全；可一次爆破大量药包，效率高；便于采用爆破新技术。

常用的电雷管是由灼热式电发火装置与火雷管组成。灼热式电发火装置是由焊在两脚线上的金属桥丝和引燃药组成。当通过电流时，桥丝灼热，加热引燃药，使引燃药燃烧，从而引爆雷管。这类电雷管电阻比较低（通常从几欧姆到几十欧姆），其工作电压低，性能参数比较稳定，是现在电雷管中比较安全，使用最广的一种。根据电雷管的用途和延期时间，工程（工业）电雷管的分类如图 2-19 所示。

工业电雷管用于电起爆装药。常用的是 8 号工业电雷管,简称 8 号电雷管。电雷管按电桥丝材料分,有镍铬丝和康铜丝两种,目前常用镍铬丝电雷管。电雷管按发火时间分为瞬发和延期两种。瞬发电雷管由火雷管、电引火头及塑料密封塞等组成,其结构和外观分别如图 2-20、图 2-21 所示。主装药用黑索今,6 号雷管装药量不少于 0.4g,8 号雷管不少于 0.6g。镍铬桥丝,铁脚线全电阻不大于 6.3Ω(通常为 3.5~5.1Ω),铜脚线全电阻不大于 4.0Ω(通常为 2.2~3.2Ω)。安全电流:0.18A(直流电)。单发发火电流:不大于 0.45A(直流电)。发火冲量:不大于 $8.7A^2·ms$。串联准爆电流:1.2A(直流电,串 20 发)。

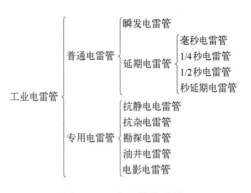

图 2-19 电雷管的分类

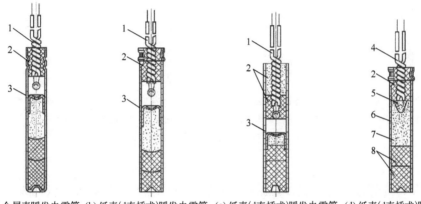

(a) 金属壳瞬发电雷管　(b) 纸壳(d直插式)瞬发电雷管　(c) 纸壳(d直插式)瞬发电雷管　(d) 纸壳(d直插式)瞬发电雷管
1—电引火头;2—封口塞;3—火雷管;4—脚线;5—电桥丝;6—纸管壳;7—起爆药;8—炸药。

图 2-20 瞬发电雷管结构

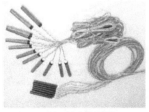
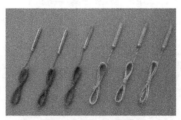

(a) 纸、铁壳电雷管　　(b) 铝合金、纸壳电雷管

图 2-21 瞬发电雷管

(3)延期电雷管。普通延期电雷管简称延期电雷管,是指装有延期元件或延期药的电雷管。根据延期时间的不同,延期电雷管又分为秒延期电雷管、半秒延期电雷管、1/4 秒延期电雷管和毫秒延期电雷管。

延期电雷管和瞬发电雷管的主要区别在于延期电雷管在点火元件与火雷管之间安置

有延期元件或延期药,其基本结构组成如图 2-22 所示,秒延期电雷管外观如图 2-23 所示。延期电雷管的作用原理是:电雷管通电后,桥丝电阻产生热量点燃电引火头,电引火头发火后火焰引燃延期元件或延期药,延期元件或延期药按确定的速度燃烧并在延迟一定时间后将雷管引爆。

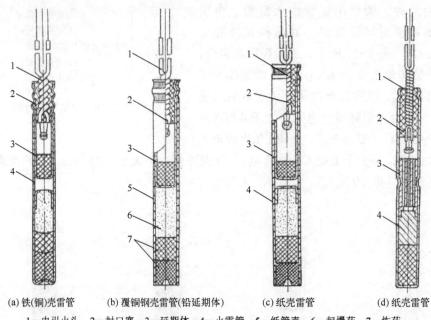

(a) 铁(铜)壳雷管　　(b) 覆铜钢壳雷管(铅延期体)　　(c) 纸壳雷管　　(d) 纸壳雷管
1—电引火头;2—封口塞;3—延期体;4—火雷管;5—纸管壳;6—起爆药;7—炸药。
图 2-22　毫秒延期电雷管基本结构图

2)导爆索

导爆索是传递爆轰波的索状传爆器材。它以太安或黑索今作药芯,以棉线、纸条、沥青以及塑料或铅皮作包缠物而制成。导爆索按其每米装药量划分为普通导爆索和煤矿导爆索。有 1 号、2 号、3 号、4 号、5 号、6 号 6 个型别,其每米装药量分别为 1.5g、3g、5g、8g、11g、25g;震源导爆索有 1 号、2 号两个型别,其每米装药量分别为 38g 和 58g。根据其外层包缠物和用途的不同分类,如图 2-24 所示。

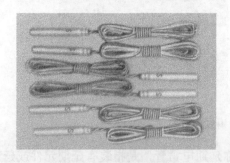

图 2-23　秒延期电雷管　　　　　图 2-24　导爆索的分类

普通导爆索是目前使用最多的一种导爆索,按装药的不同分为太安导爆索和黑索今导爆索两种。外径 5.2~6mm;爆速不低于 6500mm/s。棉线普通导爆索结构如图 2-25

所示。常见的棉线和塑料导爆索，其外观如图 2-26 所示。

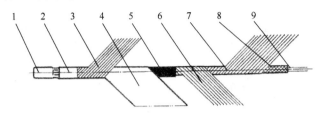

1—防潮帽或防潮剂；2—涂料；3—外层线；4—导火线纸；
5—沥青；6—中层线；7—内层线；8—黑索今或太安；9—芯线。

图 2-25　棉线普通导爆索结构

(a) 军用棉线导爆索　　　　(b) 塑料普通导爆索

图 2-26　导爆索

普通导爆索用 8 号雷管引爆，用于引爆单个药包或同时引爆药包群。导爆索起爆法具有许多优点，首先是导爆索不受地下杂散电流和空中雷电感应等的影响，而电雷管在杂散电流作用下有自爆的可能。其次是由于导爆索的爆速高，因此，在用导爆索沿炮孔装药全长敷设起爆时，装药完成爆炸的时间大大缩短，使爆炸功率增加，从而提高了爆破效果。普通导爆索适用于无沼气、无粉尘爆炸危险的场所。它除用于引爆药包外，也可用于金属切割、爆炸成型、爆炸焊接等。

3）塑料导爆管

导爆管是塑料导爆管的简称。它是导爆管起爆系统的主体元件，用来传递稳定的爆轰波。普通导爆管是一根内壁涂有薄层高能混合炸药粉末的空心塑料软管，其结构如图 2-27 所示。外径约 3mm，内径约 1.4mm。混合炸药为黑索今或奥克托今 91%，铝粉 9%，药量 14~16g/m。按其爆速划分有 1 号、2 号、3 号、4 号 4 个型别，其爆速分别为 1650m/s、1750m/s、1850m/s、1950m/s。每卷长度 500m，外观呈白、黄、红等多种颜色，如图 2-28 所示。管心是空的，使用时不能有异物、水、断药和堵死孔道的药节等。

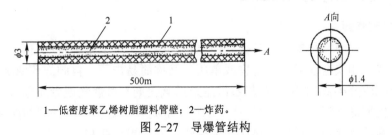

1—低密度聚乙烯树脂塑料管壁；2—炸药。

图 2-27　导爆管结构

图 2-28　导爆管

4) 导爆管雷管

导爆管雷管是专门与导爆管配套使用的一种雷管，它是导爆管起爆系统的起爆元件。

导爆管雷管由导爆管、封口塞、延期体和火雷管组成，其结构和外观分别如图 2-29、图 2-30 所示。根据延期体延期时间不同，现在生产的导爆管雷管主要有 4 种，即瞬发导爆管雷管、毫秒延期导爆管雷管、半秒延期导爆管雷管、秒延期导爆管雷管。

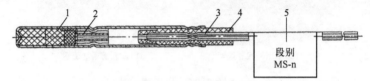

1—8 号工业（金属壳）火雷管；2—延期元件；
3—塑料导爆管；4—卡口塞；5—段别标志。

图 2-29　导爆管雷管结构

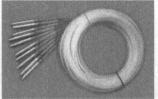

图 2-30　导爆管雷管

导爆管雷管由导爆管中产生的爆轰波引爆，而导爆管可用电火花、火帽等引爆。导爆管雷管具有抗静电、抗杂散电流的能力。使用安全可靠，简单易行。主要用于无沼气粉尘爆炸危险的爆破工程。目前，已逐渐被数码电子雷管取代。

### 2.1.3　非制式炸药与火工品

**1. 非制式炸药**

非制式炸药，通常是指利用易得就便原料，经过简单工艺、就地自行加工制造，具有一定炸药威力和安全性能的混合物或单质。又称简易炸药、自制炸药或土炸药。和工业炸药的组成成分类似，非制式炸药通常是采用氧化剂和可燃物或者还包含一些添加剂，通过简单的机械混合组成。非制式炸药的爆炸一般是在一定强度的外界初始冲能激发下，通过混合体系的氧化还原反应放热而产生爆炸。同军用炸药和工业炸药相比，非制式炸药通常具有威力小、安全性差、可靠性差等特点。

根据组成成分的不同，常见的非制式炸药的基本类型主要包括硝铵型、黑火药型、烟火型、氯酸盐型以及高氯酸盐型等。

**2. 非制式火工品**

非制式火工品，又称自制火工品，是利用就便器材，经简单组合装配，自行加工制造的具有一定点火起爆能力的起爆器材，又称简易起爆具或土火具。非制式火工品通常具有安全性差、可靠性差、点火能力普遍不足的特点，总体来说，是一类制作不规范，使用不安全的自制元件。

非制式火工品的基本作用原理通常是燃烧转爆轰。其组成原则通常是包含外界能源、点火药、扩焰药、起爆药几个主要部分。非制式火工品的起爆能量可以来自外界的机械能、热能、爆炸能、化学能等。要实现燃烧转爆轰，压力是一个最重要的条件。压力大燃速快，放出气体多，这又会使压力继续增大，又加速燃烧，因此循环上升，直至爆轰。

常见非制式火工品的主要类型包括燃转爆型、电点火型、化学能型以及自制雷管型。

### 2.1.4 液体炸药

液体炸药是一种常温下呈液态的炸药，是炸药的主要品种之一，由于其流动性好、便于输送、易于装填、易于伪装、密度均匀、爆轰性好、勤务处理安全、军民应用广泛等特点，受到人们越来越多的关注。近几年来恐怖分子利用液体炸药制备简单、易于伪装、不易检测等特点，选择液体炸药以实施爆炸恐怖活动，使得液体炸药再次成为炸药界和安全部门关注和感兴趣的对象。

**1. 液体炸药的特性**

液体炸药可以是纯物质，或是相互混溶的混合物，包括水溶液、浆状炸药以及液氧炸药，它们与固态凝聚炸药相比，具有以下特点：

1）流动性好

由于液体炸药流动性这一特点，使得大部分液体炸药都可以泵送、喷射、浇注和渗透，而容易装填任何形状的药室。在军事上对于装药量大的战斗部、地雷、水雷、航弹来说，如果改用适当的液体炸药，将极大简化装药工艺、改善劳动条件，带来明显经济效益。黏度较小的液体炸药可以渗入土壤或岩石缝隙，为采矿和军事爆破带来便利。

2）爆轰性能优良

与固体混合炸药不同，液体炸药各组分之间为分子混合物，有理想的分散性和均匀性，是连续的均一爆炸体系。

首先，液体炸药爆热高，能量密度大。常用的液体炸药，爆热一般都在 1200kcal/kg[①] 以上，由于爆热大，尽管它们的密度较低，但其体积能量普遍超过了常用的 TNT 炸药。

其次，液体炸药爆速高。高爆速是液体炸药爆轰性能方面的突出特点，通常它们的

---

① 1cal=4.18J。

爆速均在 6000m/s 以上，多数在 8000m/s 左右。

此外，液体炸药威力、猛度大，高爆液体炸药的威力可以达到 TNT 的 1.8 倍以上，美国人称他们的肼基炸药是"威力最大的非核炸药"。另外，液体炸药爆轰感度高、临界直径小，普遍具有良好的起爆传爆性能。例如，某混合液体炸药可在 0.3mm 下传爆。液体炸药临界直径很小这一突出特点，在现代工业技术中，被广泛应用于裂隙网爆破，表面微量爆破及大面积平爆。最后，有些液体炸药还具有稳定的低速爆轰特性。研究发现，用弱强度的起爆源起爆液体炸药可以获得稳定的低爆速。这种低速爆轰能产生较低而持续的压力，而被用作火炮、火箭的发射药，还可用于波型控制、延时引信等。

3）增塑性良好

许多单质液体炸药具有很好的增塑性，例如硝化甘油、偕二硝基缩醛、叠氮硝胺等，对于硝化棉具有良好的胶化作用，使得制造特种高能量军用混合炸药（压伸、浇铸、柔性炸药等）成为可能。

4）制造简便

大部分液体炸药的原料均可以人工合成，有些原料则是石油工业、煤焦油工业的中间体、副产物，因此来源广泛、价格低廉。多数二元或多元液体炸药可以现场配制，不需要工厂、车间就可实现生产。由于混合前是非爆炸性物质，混合后才具有爆炸性，因而也减少了储存、运输的危险性。液体炸药的这个特点也是其容易被恐怖分子利用实施恐怖爆炸袭击的重要原因之一。

**2. 液体炸药的分类**

液体炸药分为单质和混合两大类，硝化甘油、硝化乙二醇、硝化二乙二醇和 1，2，4-丁三醇三硝酸酯等都是单质液体炸药，由于它们的机械感度大，特别是其中含有气泡时感度更大，因此不能单独使用。混合液体炸药根据其组分的不同有许多品种，具有不同的爆炸性能和使用性能。液体炸药的特点是装药密度均匀，流动性好，便于输送装填，可用于掩体爆破，水下爆破和装填弹丸。

1）混合液体炸药

混合液体炸药依据其主要组成进行分类，主要包括硝酸肼系列、高氯酸脲系列、高氯酸系列等十几个系列百余种之多。此外还有以特性分类的钝感液体炸药、耐热液体炸药及乳化液体炸药等。

2）单质液体炸药

单质液体炸药是凝固点较低，在常温下呈液态的高能化合物，与混合液体炸药有所不同的是因其本身含有能量基团而具有很高的爆炸性能，感度较上述混合液体炸药高，在一定的外界的刺激如摩擦、撞击及冲击波作用下即可爆炸或燃烧。

单质液体炸药的制备工艺较为复杂，对技术、原料、设备及场地等要求也比较高，从而导致成本较高。单质液体炸药因为组成单一，化学稳定性较好，还具有优良的物理性能，因此被用作增塑剂、燃料或氧化剂，在推进剂、发射药、高能炸药及空间技术中有较广泛应用。

## 2.2 简易爆炸装置特性

近年来,国际社会稳定持续受到 IED 影响,美国已将其威胁定位从"局部战术滋扰"提升为"全面战略威胁",在我国境内的爆炸案件也时有发生。IED 已经成为国际社会公害,可能是一种持久的全球性威胁。

### 2.2.1 简易爆炸装置特点

相对于制式爆炸装置而言,IED 的制造手段相对原始,构造简单。低成本、不易侦测、材料取得容易是其广泛使用的主要原因。IED 可以由军用、民用或自制炸药和火工品、军用制式弹药和火工品、商用电子元器件等原材料制得。海湾战争时期,伊拉克士兵获得了丰富的诱杀装置和 IED 使用经验,盟军遭遇了大量的诱杀装置和 IED 的袭击,图 2-31 为应用较多的由杀伤榴弹改装的电控起爆 IED。IED 通常布设在公路的两侧,如图 2-32 所示,通过绊线绊发或无线电遥控起爆等方法起爆。这类爆炸装置威力大,具有一定的欺骗性和伪装特征,常常能逃避探测和检查,从而对目标形成有针对性的杀伤或摧毁。

图 2-31 杀伤榴弹改成的电起爆 IED     图 2-32 隐匿在道路涵洞管道内的 IED

IED 在非常规战争中常被弱方或"恐怖组织"作为非对称作战手段,用于袭击破坏对方各类目标包括平民目标,达到作战目的或使对方屈服。IED 也多见于战乱、冲突或矛盾激化地区,被恐怖犯罪分子常用于制造恐怖活动。因此,IED 的应用方式和背景,决定了 IED 的类型非常多样。IED 按照采用的起爆方式,主要包括直接起爆、触发起爆、遥控起爆、延时起爆等,其变化后的引爆方式高达数十种。图 2-33 给出了一些国内外实际见到的 IED 图片。

从 IED 对作战行动的影响角度考虑,其主要特点如下:

(1)制作简单。IED 通常由主装药和起爆装置构成,主装药大部分来自于炮弹、地雷、手榴弹或民用炸药等;起爆装置可以采用制式引信、定时装置或遥控装置等。由于其取材广泛、成本低廉、技术含量相对较低,所以成为全球爆炸性恐怖活动的主要手段。

(2)隐蔽性强。IED 很难用肉眼直接发现,有的藏于日用品内,有的藏于地下,有的则加以伪装遮蔽,这使得 IED 难于被探测、发现,袭击成功率较高。

(a) 地雷改制IED　　(b) 轮胎设置的IED　　(c) 自制手雷
(d) 钢管炸弹　　(e) 塑料桶IED　　(f) 水管头IED
(g) 手机遥控IED　　(h) 电子定时IED　　(i) 钟表定时IED

图 2-33　实际的部分 IED 图片

（3）毁伤率高。IED 在军事行动中主要是对付敌方的保障车辆和人员；在恐怖袭击中主要针对的是重要的标志性建筑、政府机关和聚集性人群等。从伊拉克战争和阿富汗战争来看，IED 主要被部署在供应线和交通要道沿线。由于 IED 不是制式装备，其装药量或装药形式灵活可调，以保证毁伤效果。

（4）战术奇袭性。实施手段不断变化，行动更加诡秘。在实施爆炸袭击时，通常根据破坏对象及现地情况，利用地形、地物、天候、人群等条件作掩护，进行爆炸破坏。常采用自带自炸、定时爆炸、声控爆炸、光电爆炸、开启爆炸、遥控爆炸、设雷暗炸、漂浮爆炸、动物代炸、汽车炸弹等方式。IED 瞬间突然爆炸使被袭击者弄不清其具体位置，战术奇袭性强。

（5）战略影响性。IED 没有技术规范，其样式、种类、使用方式多样，空中、陆地、水中随处都有 IED 出现的可能性，防不胜防。由于 IED 较强的杀伤性、较高的隐蔽性、难以预测的不确定性使得其不但可对有生力量造成直接杀伤，更能对心理造成强大的压力，打乱被攻击方机动部署、增加实施机动的综合成本，甚至影响到行动决策。恐怖分子将 IED 爆炸现场制作成录像带，在网络或电子媒体上传播，其杀伤作用和血腥场面对民众将造成巨大的心理冲击，影响作战人员士气和反恐战争的意志与决心。

### 2.2.2 简易爆炸装置结构组成

IED 的种类繁多，尽管形状和式样各不相同，但无论 IED 的外观形状、重量、大小等如何变化，其内部构造基本上是相同的。IED 一般由开关、电（能）源、引爆器、装药、容器等 5 个部分组成，如图 2-34 所示。

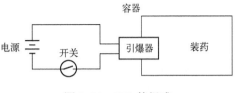

图 2-34　IED 的组成

（1）电源。对于常见的电起爆 IED，电源一般采用普通电池、电池组、汽车蓄电池或者电容器组。电池技术发展快速，其体积可以做得很小，但电量惊人，完全可以引爆小型到中型的爆炸装置。

（2）开关。开关是 IED 的核心，包括保险开关、控制电路和发火开关等。开关的控制方式决定了 IED 的引爆方式，主要有 3 种：①受害者触发。有很多受害者启动开关，只是用了最简单、最机械的诡计原理。拉发：这是最普通的开关形式，是根据开门或打开一个包裹这样的人体物理运动来启动的。压发：比如将炸弹埋藏在地下，等车辆或者人员经过时引爆。松发：比如利用捕鼠器作为控制机构制作的 IED。另外，一个非常简单的是通过受害人启动的开关装置，如水银开关等。②定时器。定时自动开关的目的是在经过一段时间延期后引爆 IED，有非常多的定时装置可供选择，通常有机械定时开关、电子定时自动开关和自制定时电路。③指令控制。指令起爆方式使暴乱分子能够选择其理想的精确引爆时间，用线路或者遥控系统传达命令以引爆装置。这些方法被证明比其他方式更加有效，因为目标物在恐怖分子的监控之下，恐怖分子可以选择最适合的地点、最有利的时间制造爆炸。

（3）引爆器。引爆器一般指雷管，其初始冲能有热能、机械能、化学能和电能。雷管，可采用军用雷管、工业雷管或自制雷管。通过点火管引爆装药的方式已基本被淘汰，当前选择新的方式激发雷管较为常见，如电能和化学能。

（4）装药。IED 使用的爆炸装药可以是军用炸药、自制炸药或自制燃烧剂等，有时装药的传爆序列中还有扩爆药。由于美国主导的反恐战争涉及世界主要与宗教联系敏感的地区，美军自推翻萨达姆、塔利班、卡扎菲等统治的国家政权后，伊拉克、阿富汗、利比亚等国家在较长的一段时期内基本处于无政府状态，导致了大量的军用弹药和爆炸物丢失或被恐怖组织抢夺，从而为制成大量的、危害极大的 IED 提供了物质基础。

（5）容器。爆炸装置必须装载在容器或壳体内，这个容器可以是液化气罐、灭火器、军用弹药、微波炉用品盒、自杀背心，也可以是一台汽车。容器各种各样，其种类不胜枚举。

### 2.2.3 简易爆炸装置分类

简易爆炸装置的使用场合、外观形状、内部结构、起爆方式、材料组成等各不相同，可谓五花八门、种类繁多，难以有一个能被各方一致认可的科学的分类方法。随着科学技术的发展，其科技含量也越来越高，外现形状的隐蔽性更加巧妙，内部结构原理也越来越复杂，因而也带来了分类的复杂性。从学术角度看，许多分类方法还存在概念混淆、类型交叉、不具有唯一性等问题。下面给出几种分类方法供参考，可从应用背景、识别处置、现场勘查等不同角度选择使用。

**1. 按发火方式分类**

按发火方式对 IED 进行分类。

（1）撞发爆炸装置。某些投掷的爆炸装置在撞击到物体或地面后，机械体的击针撞击火帽而发火。有的爆炸装置使用感度极高的炸药或火药，当受到撞击而爆炸，如用氯酸钾、雄黄、赤磷配制的炸药。为了提高这种炸药的感度，在炸药中还掺有玻璃粉、瓷渣等多棱角的坚硬杂物。

（2）拉发爆炸装置。以拉发机构作为触发机构的爆炸装置，包括：

① 拉火管式。用拉火管、导火索、火雷管和炸药组合而成的爆炸装置。

② 机械拉发式。类似于地雷的机械拉发引信，引信保险孔内插有保险销或拉环，当拉出保险销或拉环后，引信体内的击针在弹簧张力作用下打击火帽发火。

③ 拉线开关式。用拉线开关作为起爆电路的开关。

④ 触点拉发式。电路中设置两个触点，一个是固定触点，另一个是活动触点并带有拉线（环），当拉动活动触点上的拉线（环）时，活动触点与固定触点接触，接通起爆电路。

⑤ 绝缘物拉发式。电路的两个触点用绝缘片隔开，当绝缘物被拉出后，便接通起爆电路。

（3）松发爆炸装置。以松发机构作为触发机构的爆炸装置，包括：

① 控制线松发式。控制线与引信相连接，处于拉紧状态，当控制线被剪断后，引信体内的击针便失去控制而打火。

② 减压松发式。这种爆炸装置设置后，处于捆绑或挤压状态，使起爆装置不能发火。当捆绑物被解除或将挤压物取掉时，起爆装置的机械体失去束缚或失去压力后发火。

③ 电气松发式。此种起爆装置的电路接点在挤压或拉伸的情况下处于断开状态，当失去挤压或拉力时，电路闭合接通。

（4）压发爆炸装置。以压发机构作为触发机构的爆炸装置，包括：

① 直接触压式。类似于地雷的机械压发引信，爆炸装置设置好以后，将保险销去掉，此时引信内的击针只靠弹簧支撑。当引信的顶部受到一定的压力后，击针便撞击火帽而发火。

② 钢珠式。引信体上部用钢球控制弹簧呈压缩状态，并控制击针不能发火。当压帽或压杆受压后，钢珠便移离原位，使弹簧和击针失去控制，在弹簧张力作用下击针打击火帽而发火。

③ 切断销式。引信体内有一个易断的保险销，用以控制击针和弹簧不能撞击火帽，当引信的压帽或压杆受到一定压力后，保险销被切断，弹簧失去控制而造成击针撞击火帽发火。

④ 电气压发式。利用压发开闭器、压发开关等作为电起爆装置的触发机构，设置好后起爆电路处于断开状态，装置受压，电路闭合，起爆电路导通发火。

（5）定时爆炸装置。以定时机构作为触发机构的爆炸装置，包括机械定时、化学定时、电气定时等发火方式。

（6）遥控爆炸装置。利用无线遥控组件、无线通信工具作为遥控触发机构，构成的电起爆爆炸装置。

（7）光电爆炸装置。利用各种光电元件、光电传感器、接近开关等作为电起爆爆炸装置的敏感器件或触发机构。

（8）反能动爆炸装置。包括利用金属自由体、水银开关、振动开关、人体感应装置作为触发机构，构成的反移动、反振动、反接近电起爆爆炸装置。

**2. 按处置特征分类**

由于简易爆炸装置无技术指标，变化多端，难以穷尽。从利于特征识别和处置的角度，参考地雷爆破分队军事训练大纲，常见简易爆炸装置一般可分为投掷类、触发类、延时类、遥控类、多元类、反能动类等。

（1）投掷类IED。投掷类IED类似手榴弹、手雷，其特点是材料来源广泛，制作简单，动作可靠，有多种引爆方式。

① 点燃型。这种装置一般由导火索（线）与火雷管构成，对外壳没有特定要求。

② 松发型。采用无柄手榴弹引信或军用松发地雷引信。投掷时，一手握住弹体与保险握片，一手顺着保险销的轴线方向拉脱保险销，用力投向目标。击针撞击火帽座，火帽发火，点燃延期雷管，雷管引爆炸药。

（2）触发类IED。触发类IED，类似于触发引信地雷，因外力扰动引起IED爆炸，常见类型包括压发型、松发型、拉发型、断发型。

（3）延时类IED。可分为延期型和定时型，延期型有物理延期型与化学延期型，定时型有机械定时型与电子定时型。电子定时型应用比较普遍，通常是电子定时装置的定时控制开关预定在某一时刻，当到达预定时刻，产生时标信号并被引入到放大电路中产生直流电，继电器工作，开关触点闭合，电点火电路产生电流，电雷管引爆。

（4）遥控类IED。遥控类可分为无线遥控、有线控制方式，应用都比较普遍。

① 无线遥控。通常利用手机、对讲机等通信工具，或遥控玩具、遥控门锁、遥控器件、遥控模块等进行改装，实现无线遥控起爆，其战术意图是在保证动作可靠同时实现隐蔽逃逸。

② 有线遥控。通常由装药、雷管、导线、电源构成。设置者在有限距离控制导线回路的闭合，引爆雷管，起爆装药。

（5）多元类IED。将两种以上发火方式组合设置在同一爆炸装置上，只要满足一种发火条件就会发火。这类爆炸装置一般结构复杂，可靠性较高，一经设置便很难排除。例如，由电子定时和衰竭电路组成的起爆系统，不但可以执行定时起爆还可以执行衰竭电路延期起爆。

（6）反能动类IED。反能动类一般设计为诱杀、诡计等反排装置，难以排除，可利用水银开关、平衡装置、感应探头等进行制作。

（7）其他。按照处置特征，还包括弹药改制类IED、汽车炸弹、人体炸弹等类型的IED。

**3. 三级分类方法**

IED 按照触发方式一级可分为控制类、定时类、触发类等 3 类，二级按控制原理分为不同类型，三级可按控制的具体方式细分，其分类方法如图 2-35 所示。以上分类方法实际已经包含了基本的构造和起爆原理。

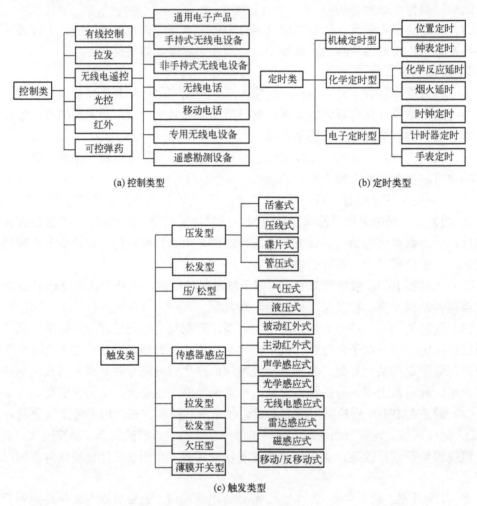

图 2-35 IED 的分类

## 2.2.4 简易爆炸装置可探测性特征

爆炸物目标探测主要是探测炸药和其他特征性部件（如雷管、引爆装置等），弹药和 IED 探测目标的特征和目的有所不同，探测的技术方法和装备也有所不同。弹药探测主要是针对地雷、未爆制式炸弹的探测，其探测目的主要是探明爆炸物在战场上的位置或在战后行动中对其精确定位，标明危险区域，保障部队的机动作战和战后行动的开展。战场上几乎所有爆炸物外壳都含有金属成分并具有相对规则的几何形状，因此弹药探测技术大多是针对其外壳或金属零部件的信号特征来实施探测的，通常采用电磁感应、雷达或红外成像等探测技术，并可结合外观形状图像识别。由于 IED 种类繁多、伪装方式和设置的时机地点复杂,目标特征多变,即在探测过程中无法预知目标的具体形状、大小、尺寸和形态,因此需要针对 IED 的多个特征采取多种技术手段来进行探测识别。目前,常用的技术手段主要有电磁感应探测金属部件、X 射线成像探测其组件性状、谐波雷达探测电子器件、光学成像识别等间接探测手段,以及利用炸药探测器或搜爆犬进行炸药成分识别等方法。

简易爆炸装置具有的目标可探测识别性特征,包括炸药火工品的直接特征、结构形状特征、所含金属电子器件或组件的性能特征等,其中炸药火工品的特征见 2.1 节。

**1. IED 结构形状识别特征**

1) 外观形状特征

尽管 IED 种类多样,但根据其使用的场景和情报预判,在确定其基本类型的情况下,其外观形状也具有一定的特征,如图 2-36～图 2-40 所示。从罐体、箱包、连接电线物品、可疑汽车、可疑人体等,可借助望远镜、无人机、机器人视频侦察,进行外观识别。

图 2-36 各种箱包炸弹

图 2-37 小型 IED    图 2-38 有线遥控爆炸装置    图 2-39 人体炸弹

2) 结构组件形状特征

IED 除了容器,组件一般还包括电源、雷管、炸药、控制电路、连接导线等,这些组件的形状特征为 X 射线探测图像识别、利用窥镜观察识别提供了依据。图 2-41 所示为一个 IED 的 X 射线图像，据此可以分析其结构原理。

图 2-40　汽车炸弹

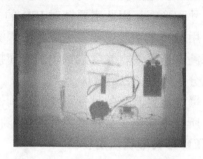
图 2-41　IED 的 X 射线图像

**2. IED 组件性能可探测特征**

1）金属特征

IED 一般由起爆装置、炸药、包装物等组成，或多或少都含有金属部件，如雷管、电线、电路、铁质外壳等。许多 IED 为增加杀伤效应，在装药中添加铁钉、螺丝帽等金属物品，如图 2-42 所示。所以，对 IED 的探测多数情况也可认为是对金属的探测。

2）非线性节点特征

针对使用电子元器件制造的定时、遥控类 IED，可利用非线性节点探测器（谐波雷达）进行探测，在搜查区域内发出高频基波，激发各种定时、遥控器及窃听器的非线性节点上的产生自激回波，捕获分析各种震荡回波，以定位搜查电子器件。IED 中常用的遥控器件如图 2-43 所示。

图 2-42　具有定向杀伤的小型 IED

图 2-43　IED 中常用的遥控器件

3）定时器的声学特征

定时 IED 大多使用钟表、定时器等机械走动装置或者采用电子定时器制作，如图 2-44、图 2-45 所示。这些具有均匀节奏的音频和振荡频率信号靠人耳是难以听到的，可利用类似于窃听器的电子听音器探测这些声学特征信号，以发现定时装置。

**3. IED 存在的间接特征**

IED 的存在，周围环境会有一定的变化，通过环境变化的蛛丝马迹或可疑迹象来发现并确定 IED 的存在，如图 2-46 所示，这种情况可能更适合使用无人机等空中平台进行侦察探测。譬如被翻动的土壤和被压倒的植被，有时候可能暗示着 IED 的存在。由于 IED 是比土壤更好的热绝缘体，埋藏有 IED 的地方的土壤温度变化幅度与其周围的土壤之间存在着差异，由此产生可探测的温差，这种温差可以被被动毫米波辐射测量传感器探测到。在现有技术条件下，更现实也更常见的方法是为车辆配备可视化的光学感知系统，帮助作战人员在行进中扫描能够预示 IED 存在的迹象，也能够在安全的防区外检测可疑的目标。

图 2-44　闹钟制作的定时装置

图 2-45　电子定时器爆炸装置

(a) 路旁轮胎可疑目标

(b) 异常伪装目标

图 2-46　布设有 IED 的可疑迹象

## 2.3　未爆弹药基本特征

广义上的未爆弹药包括两层含义：一是指弹药已被解除保险、起爆、点火或以其他方式准备使用或已经使用的爆炸性弹药，但因各种原因可能在点火、投掷、发射、埋设后由于引信失效、功能失灵、设计缺陷、超过使用期限、勤务处理中受潮霉变生锈、破裂受损或其他原因而没有爆炸的弹药；二是指在武装冲突中没有被使用，但被武装冲突当事方留下来或遭集中遗弃、丢失、掩埋，而且已不再受其控制的爆炸性弹药。前者通常已经装入起爆炸药、引信而进入待发状态；后者可能未装入起爆炸药或引信，处于相对安全状态。

### 2.3.1　未爆弹药特点

由于未爆弹的引信保险机构已部分或完全解除，当再次受到外界力或电磁等作用时，极易发生爆炸，因此未爆弹药具有潜在的高危险性。

（1）演训产生的未爆弹安全隐患大。在和平时期部队组织军事训练、演习或新型弹药试验过程中，也会出现发射后不发生爆炸的未爆弹药，此类未爆弹药数量虽然很少，但潜在安全风险极高。这是因为在和平时期人们的警惕性和安全意识往往不高，当地群众容易误入未爆弹药区域或捡拾后处理不当而引起爆炸事故，处置此类未爆弹药的主要问题在于发现非常困难，转运难度很大，经过射击、投掷的弹药，虽未正常爆炸，一般情况下弹药引信的保险已经解除，任何震动、撞击都有可能使其发火爆炸，需要花费大量的人力、物力来实施安全挖掘、运输和销毁处理。

（2）战争遗留未爆弹药种类繁多。我国所遇到的未爆弹药，多是抗日战争或解放战争期间遗留的产物，在国家基础设施建设和城建工程中进行土工作业时，经常挖掘出大量的未爆弹药，主要有日军和美军在我国境内投掷的大量制式弹药，其中航空炸弹主要有爆破弹、燃烧弹、杀伤弹，陆军弹药主要有炮弹、地雷、手榴弹、水雷、手雷、火箭弹、导弹或其他特种弹药，还有一些难以判明的非制式弹药或疑似爆炸物，在湖南长沙、湘潭、常德等地，还发现有日军遗弃的化学弹药。这些遗留的未爆弹药种类繁多，其性能不一，且在地下或江河之中埋藏数十年之久，经过长期腐蚀，锈迹斑斑，弹药类型鉴别困难且性能极不稳定，仍具备爆炸可能，处置难度高，严重威胁人民群众生命和财产安全。

（3）地下/水下的未爆弹药搜寻困难。未爆弹药所处地点、位置不明，搜索发现困难。无论是空投的航弹、发射的炮弹、埋设或抛撒的地雷等出现的未爆弹药，多数钻入或埋入地下土中，或沉落于江河淤泥之中，经日晒雨淋或水流冲刷，地表已发生变化，所处地点位置无明显特征，或者雷场文件缺失，难以探测、定位、清理和收集。严重威胁当地人民群众的生命财产安全，处置前必须进行详细探测，以判明其具体地点和位置。

（4）定位挖掘及处置作业风险高。未爆弹药的挖掘难度大，处置作业危险性极高。战后遗留的未爆弹药，多数是由于引信内部故障（如保险未解脱或击发机构被卡等）所引起，经历长时间的地下埋藏，水流冲蚀，弹体腐蚀等不稳定环境的影响，一旦保险装置失去作用或击发机构偶然激发，弹药随即爆炸。尤其是当未爆弹药位于密集居民区、重要建筑设施附近时，需要将其挖掘运至安全地点再行销毁，挖掘运输过程危险性极大。因其性能最不稳定，状态最不易判别，对人民群众的生命安全与财产安全威胁也最大，进行销毁处理最为棘手。

（5）收缴的违规弹药来路不清。这类未爆弹药和爆炸物主要是公安机关在历次清缴行动中收缴的散失遗弃在民间的子弹、炮弹、地雷、土炸弹、私配炸药和各类违禁烟花爆竹、烟火制剂等。此类未爆弹药及爆炸物种类繁多、状态多样，性能不一，通常情况下不易鉴别。在全国范围内，每年都有为数众多的爆炸物销毁处置任务，相关安全事故也时有报道，其危害性已引起有关部门和社会的高度重视。

## 2.3.2　未爆弹药的分类识别特征

弹药按照不同种类，一般具有特定的结构、形状、尺寸、标志等特征，可探测性主要是指金属/非金属壳体探测和外观形状识别。衡量弹药尺寸的参量通常有口径或重量。口径单位早期用英寸表示，目前通常用毫米表示。有些弹药则用重量表示，如爆破装药和航空炸弹等，重量单位为磅或千克。弹药壳体金属含量较高，形状特定，为远距离地面布设弹药的侦察以及地下未爆弹药的探测提供了依据。通过对弹药的形状尺寸等物理特征以及色带标记特征进行外观识别，基本就可以确定弹药的类别和状态。

弹药按照投射方式可分为空投式、发射式、投掷式和布设式 4 种弹药类型。

**1. 空投式弹药特征**

空投式弹药是从飞机上布撒或投放的，这类弹药可分为航空炸弹、子母弹和子弹药 3 种。

1）航空炸弹

通常有很多形状和尺寸，但总地来讲，炸弹都具有相同的基本构造，包括一个金属容器、悬挂装置、稳定装置和引信等部分（图 2-47）。金属容器（弹体）中填充有炸药或战剂，弹体可以由一个整体或多部分组成。

（1）长度范围为 900～2000mm。

（2）直径范围为 120～900mm。

（3）弹体头部通常为斜锥形、卵形或钝头形，弹尾通常有尾翼和（或）降落伞，尾翼形状主要有箭羽式、圆筒式、方框式、方框圆筒式、双圆筒式和尾阻盘式等。

（4）引信位于炸弹头部、尾部或头尾均有，引信一般带有旋翼。

2）布撒器

和航空炸弹一样，布撒器（图 2-48）也是由飞机携运的，分为投放式布撒器和附着式布撒器。

（1）大多数具有与航空炸弹相同的外形特性。

（2）内装大量子弹或小炸弹。

（3）布撒器的壳体可能有供开仓的切割装置。

（4）引信一般位于子母弹头部。

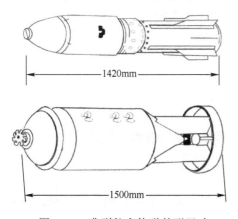

图 2-47 典型航空炸弹外形尺寸

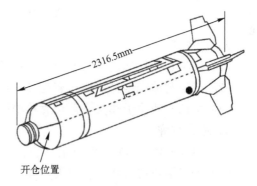

图 2-48 典型布撒器外形尺寸

3）子弹药

子弹药可分为小炸弹和地雷两种（图 2-49）。

（1）子弹有多种外形和尺寸，头部可能为锥形、半球形、平头形等。

（2）子弹外形可能是圆球形、卵头形或圆柱形等。

（3）子弹可能带有尾翼、飘带、降落伞或绊线。

（4）引信一般位于子弹头部或中央位置。

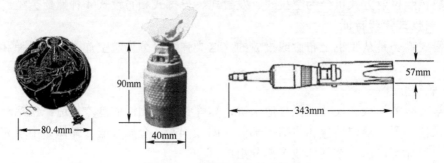

图 2-49　典型子弹药外形结构

**2. 发射式弹药特征**

所有被发射的弹药均由某种发射器或枪、炮管发射出来。这类弹药又可以分为枪（子）弹、枪榴弹、迫击炮弹、炮弹（榴弹、坦克炮弹、无坐力炮弹等）、火箭弹、导弹等种类。

1）枪弹

枪弹口径范围为 5.6～20mm，警用催泪弹和发烟弹口径 38mm，由弹壳（装有发射药和底火）和弹丸构成（图 2-50）。

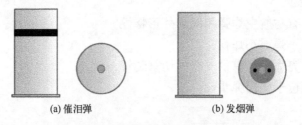

(a) 催泪弹　　　　　　(b) 发烟弹

图 2-50　警用弹外形结构

2）枪榴弹

（1）用于步枪加挂的榴弹发射器发射的弹药（图 2-51）。

（2）外形与迫击炮弹相似，有尾翼，但尺寸较小。

（3）引信一般位于弹头（反坦克枪榴弹引信起爆组件在弹体装药后端）。

3）迫击炮弹

（1）口径范围为 45～280mm。

（2）大多数迫击炮弹带有尾翼，其外形有水滴形、海豚形和大容积形 3 种，弹头一般为锥形（图 2-52）。

（3）引信位于弹头。

（4）迫击炮弹体的定心部上有若干条环形闭气槽。

（5）迫击炮弹为半定装式弹药。

4）后装炮弹。

（1）口径范围为 20～407mm，长度范围为 50～1250mm。

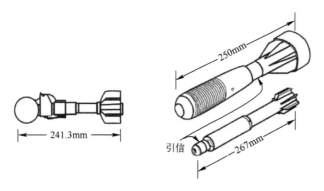

图 2-51 枪榴弹外形尺寸

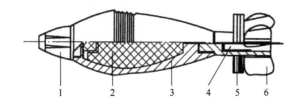

1—引信；2—炸药；3—弹体；4—基本药管；5—附加装药；6—尾翼。

图 2-52 迫击炮弹外形结构

（2）弹体上有弹带或弹尾带有尾翼（图2-53）。

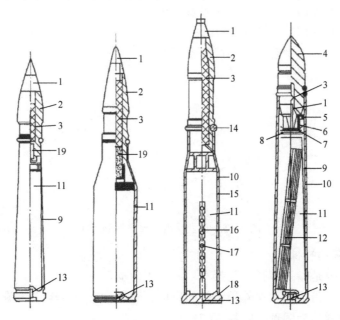

1—引信；2—弹体；3—炸药；4—弹头；5—紧塞盖；6—纸筒；7—纸垫；8—除铜剂；9—护膛剂；10—药筒；
11—粒状发射药；12—管状发射药；13—底火；14—弹带；15—衬纸；16—传火管；17—传火药；18—底座；19—曳光管。

图 2-53 后装炮弹外形结构

（3）弹体上一般有定心部。
（4）大多数炮弹弹头为卵形，部分弹体带有风帽。

（5）引信位于弹头部或弹尾部，少部分动能穿甲弹无引信。

（6）炮弹分为定装式炮弹、半定装式炮弹和分装式炮弹。

5）火箭弹

（1）口径范围为37～380mm。

（2）弹体后部连接有火箭发动机（有可见喷管或喷口）（图2-54）。

（3）弹体可能带有尾翼或无尾翼。

（4）引信一般位于弹头。

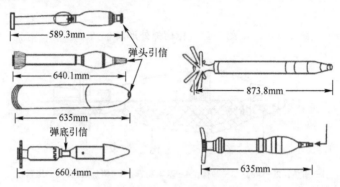

图2-54　火箭弹外形尺寸

6）导弹

（1）与火箭弹外形相似，带有火箭发动机。

（2）头部有制导部件（图2-55）。

（3）部分导弹末端带有导引功能的金属线。

（4）多数带有尾翼。

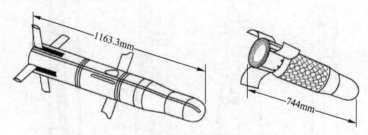

图2-55　典型反坦克导弹外形尺寸

**3. 投掷式弹药特征**

这类弹药主要是指手榴弹，包括军用和警用两类。

（1）由弹体、带拉环和保险销组件的引信、装填物三部分组成（图2-56）。

（2）大多数弹体为圆形、圆柱形或卵形。

（3）尺寸较小，由单兵单手完成投掷动作。

（4）弹体外有保险销或保险螺盖。

（5）引信含有延期组件。

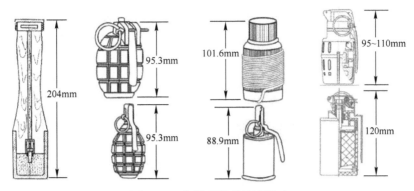

图 2-56 典型手榴弹外形尺寸

**4. 布设式弹药特征**

这类弹药包括爆破器材（相关组件）、地雷和水雷等。

1）爆破器材

包括雷管、军用导爆索、爆破药块、穿孔器、炸坑器、破障器等。典型的爆破器结构形状如图 2-57 所示。

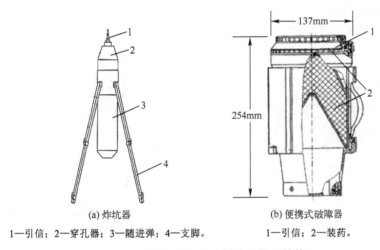

(a) 炸坑器　　　　　　　　　　　(b) 便携式破障器

1—引信；2—穿孔器；3—随进弹；4—支脚。　　1—引信；2—装药。

图 2-57 常见爆破器外形结构

2）地雷

地雷包括防步兵地雷、防坦克/反车辆地雷、反侧甲地雷等。

防步兵地雷尺寸较小，雷体一般为圆柱形、方形或圆弧形，雷壳一般为金属或塑料材料；引信通常位于雷体内部或外部，有的带有绊线，个别防步兵地雷采用遥控引信。

防坦克/反车辆地雷与防步兵地雷相比，体积较大，雷体一般为扁圆柱形，壳体通常采用金属或塑料材料；引信通常位于雷体内部或外部，采用外部引信时，可能带有副引信结构。

地雷装药的形状通常采用集团、条形、聚能（球缺形、半球形和圆锥形）和平板形等。目前应用最广泛的是集团装药和聚能装药（图 2-58）。集团装药通常采用圆柱形结构，其形状分为扁平圆柱形和高圆柱形。扁平圆柱形装药结构简单合理，炸药利用率高，目前多用于炸履带防坦克地雷。对于高圆柱形装药，通常采用沿轴心方向起爆，利于爆炸产物向侧方飞散，多用于破片型防步兵地雷。聚能装药，减少了装药量，还利用聚能效应增大了地雷对金属目标的穿透和切割威力，多用于炸车底和炸侧甲的防坦克地雷。

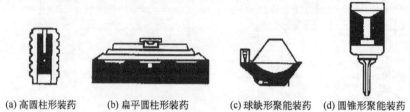

(a) 高圆柱形装药　　(b) 扁平圆柱形装药　　(c) 球缺形聚能装药　　(d) 圆锥形聚能装药

图 2-58　地雷装药形状

常见地雷外形尺寸如图 2-59 所示。

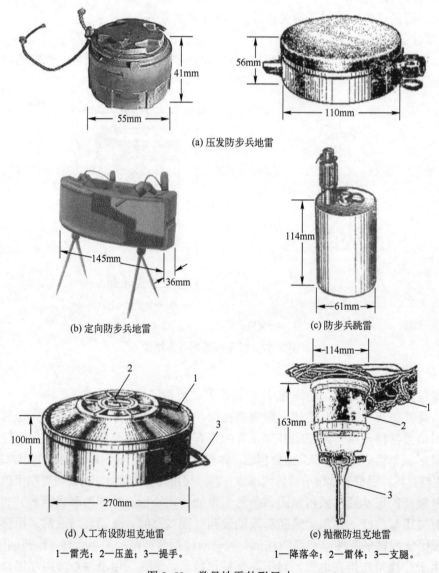

(a) 压发防步兵地雷

(b) 定向防步兵地雷

(c) 防步兵跳雷

(d) 人工布设防坦克地雷
1—雷壳；2—压盖；3—提手。

(e) 抛撒防坦克地雷
1—降落伞；2—雷体；3—支腿。

图 2-59　常见地雷外形尺寸

反侧甲地雷，又称路旁雷，利用反坦克火箭技术，在路旁水平设置伏击。采用激光、红外、震动、声、毫米波测控技术及其组合式复合引信，用火箭筒发射有串联战斗部的火箭弹，增大了作用距离并可对付爆炸反应装甲，如图 2-60 所示。

此外，还有反顶甲智能地雷，其采用多传感器探测、跟踪、识别目标，利用抛射出的带有传感器和爆炸成型弹

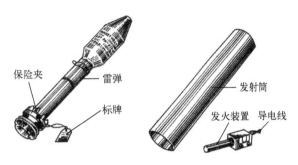

图 2-60 反侧甲地雷

丸（explosively formed penetrator，EFP）战斗部的弹丸从上空击穿坦克顶甲，攻击半径为 100m 内的目标。反顶甲地雷的出现使地雷成为对坦克实施全方位攻击的武器。

3）水雷

水雷有漂浮水雷、沉底水雷等，雷体通常为球形、半球形或圆柱形，其中沉底水雷体积较大。常见水雷外形尺寸，如图 2-61 所示。

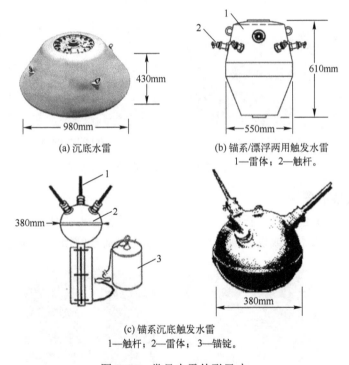

(a) 沉底水雷

(b) 锚系/漂浮两用触发水雷
1—雷体；2—触杆。

(c) 锚系沉底触发水雷
1—触杆；2—雷体；3—锚锭。

图 2-61 常见水雷外形尺寸

## 2.3.3 未爆弹药的外观表现特征

实战或演训活动中遇到的未爆弹药，可能不是完整的弹药，弹体有可能残缺不全或仅发现弹体一部分，如果是战争遗留下来的废旧弹药，一般弹体锈蚀严重，这些都将给

准确识别和处置未爆弹带来一定难度。实际中的未爆弹，从其外观表现看有以下特征：

**1. 外观大小各异**

未爆弹中大的航弹重达几吨、弹长几米、弹径几十厘米，而小型未爆弹如子母弹中的子弹药、防步兵地雷的外径一般只有几厘米、重量仅几十克，如图 2-62 所示。

(a) 大型未爆航弹　　　　　　　　(b) 小型未爆子弹药

图 2-62　开挖清理未爆弹现场

**2. 新旧锈蚀不一**

一般作战训练中的未爆弹较新，弹体没有锈蚀；而战争遗留下来的废旧未爆弹经过多年侵蚀，金属壳体严重生锈，标示模糊难以辨认，如图 2-63 所示。

(a) 训练未爆弹　　　　　　　　　(b) 废旧未爆弹

图 2-63　未爆弹现场

**3. 弹体残缺不全**

弹药经历武器平台发射、投掷、落地、或撞击目标等外力作用后，实际中的发现的未爆弹往往弹体残缺不全或仅发现弹体的一部分，识别难度增大，如图 2-64 所示。

(a) 未爆迫击炮弹残体　　　　　　(b) 未爆火箭弹残体

图 2-64　未爆弹残体

## 4. 位置环境各异

战场或战争遗留未爆弹，有时所处位置紧邻民房、道路等目标，不利于原地销毁，如图 2-65 所示。

(a) 半侵入道路的未爆弹　　　　　　　(b) 紧邻民房的未爆弹

图 2-65　未爆弹现场

## 5. 落地姿态不同

有的未爆弹裸露在地面，有的侵入或半侵入地下，有的落入密林或水下，其入土深度、倾斜角度各不相同。根据入土姿态，可分为地表未爆弹、浅层地表未爆弹和钻地未爆弹，如图 2-66 所示。

(a) 地表未爆弹　　　　　　(b) 浅层地表未爆弹　　　　　　(c) 钻地未爆弹

图 2-66　未爆弹姿态

地表未爆弹裸露或半裸露于地面，视觉可见、易于寻找、便于处置，主要是手榴弹、枪榴弹、火箭筒弹、无后坐力炮弹等投掷或单兵平射武器平台发射的重量轻、壳体薄、初速低、不旋转、动能小、结构强度低的薄壳类弹药。

浅层地表未爆弹是指钻入土壤在 1m 范围以内，主要是水滴形、大容积形迫击炮弹等。这些弹药弹头大弹尾长，弹体着靶速度较低，弹重较轻，弹药微旋或不旋，弹药动能小，弹药依靠自身动能只能钻入地表浅层土壤。一些带有尾翼的弹药，尾翼有时还伸到地表，暴露在外，这类弹药采用一般的工兵探雷器，结合人眼视觉，能够探测或观察到，也易于判定弹药位置和姿态。

钻地未爆弹是指弹药着地后钻入地下深度大于 1m，这些弹药着地时存速高、弹体重（30～50kg）、动能大，加之弹形呈前尖后粗流线形，弹药入地角度一般在 45°～90°，能够钻入深层土壤。这类弹药主要是中大口径的榴弹弹丸，其弹壁较厚、结构强度大、穿透能力强，具备较强的钻入深层土壤能力。这类弹药的装药量也大，一旦在排除操作过程中发生意外爆炸，波及范围大，危害程度高。

## 思 考 题

1. 简述简易爆炸装置一般的结构组成。
2. 画出两种反能动爆炸装置结构简图，并说明其动作原理。
3. 简述实际任务中未爆弹药的外观表现特征。
4. 未爆弹药的成因有哪些？
5. 简易爆炸装置和未爆弹药种类都很多，从便于安全处置的角度，你认为如何进行分类？

# 第 3 章 爆炸物探测技术

根据爆炸物目标的可探测识别特性，研究爆炸物探测技术和设备，目前主要有炸药探测、X 射线探测、电磁探测等技术。本章主要分析基本的探测技术原理和探测设备的主要技术性能。

## 3.1 炸药探测技术

炸药是爆炸物最直接的特征，炸药探测技术有很多种，主要分为痕（微）量和宏量（块体）炸药探测技术两类。痕量炸药探测是指被检测炸药的数量很小，属于痕迹量，是微量级的，包括微量（很难肉眼看到）炸药蒸气或者粒子进行采集和化学分析。痕量检测的主要方式有两种：炸药的蒸气检测和炸药的微粒检测。块体炸药探测是指探测可见数量的炸药，通常包括 X、γ 射线成像技术、中子元素分析检测技术和其他电磁波探测技术。X、γ 射线都是高能电磁波，当它们遇到物质时，会发生透射、吸收、散射或反向散射，可以确定出物质的密度、原子序数等特征量。炸药探测技术的分类如图 3-1 所示。目前，炸药探测实用化的设备大多是基于痕量炸药取样式的检测方式，已有多种痕量炸药探测器可供选择；但对于远距离非取样式炸药探测，还没有特别有效的方法和实用产品。

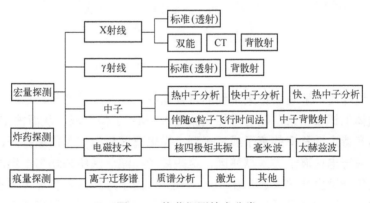

图 3-1 炸药探测技术分类

### 3.1.1 痕量炸药探测器

痕量炸药探测器一般需要取样或近距离进行检测，按原理主要有离子迁移谱探测器、荧光聚合物探测器、拉曼光谱探测器等。

## 1. 离子迁移谱炸药探测器

1）基本原理

很多化学物质（如炸药、毒品等违禁物品）会散发出蒸气或颗粒，这些蒸气或颗粒会被与之接触的材料表面吸附或粘附，而这些痕量物质可通过真空吸附或表面擦拭的方式收集起来，送入离子迁移光谱仪中，通过加热的方法将这些化学物质从其颗粒上解吸下来，汽化后的物质被离子化。然后让离子在一弱电场中产生漂移，并测量出离子通过电场所用的时间，根据离子所用的漂移时间可以计算出离子的迁移率（迁移率是指在单位电场强度作用下离子的漂移速度）。由于在一定的条件下，各种物质离子的迁移率互不相同，漂移速度取决于离子的结构和大小，在有效控制电场强度的情况下，每种离子都有一个特定的速度。这样，炸药物质变成离子，就可以根据离子漂移时间的测量来间接达到对样品的分离和检测。

一个基本的离子迁移谱（IMS）系统，主要由迁移管和外围的控制电路组成。迁移管是离子形成和漂移的场所，是 IMS 中最重要的组成部分，其基本结构如图 3-2 所示，包括样品载气入口、离化源、反应区、迁移区、离子门栅和电荷收集极（法拉第盘）等部分。外围的控制电路提供了 IMS 工作的环境和条件，对工作过程进行控制以及进行信号探测和数据处理。

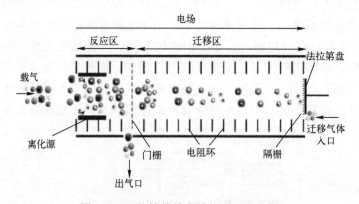

图 3-2　迁移管的基本结构原理示意图

采集样品进样后，解吸器把采集到的试样加热，使其变成蒸气，这些目标物微粒便可从吸附的物体上解吸出来，随着进样气流进入 IMS 工作区域，从而被 IMS 的离化源电离，形成具有特定迁移率的离子或离子群。当电离区后的控制门栅打开，带有爆炸物的负电荷离子或正电荷离子进入漂移区，这些离子在漂移区所加均匀电场的作用下聚集起来，并向收集极发生迁移（通常在 10~20ms）。由于形成的各种离子大小和结构均不相同，它们的迁移速度（离子迁移率）也各不相同，仪器便可根据离子迁移率甄辨原物质的属性，整个分析过程只需 2~8s。在单次分析中进行一次或者多次的 IMS 工作区电场极性反转，在正极性下进行正电荷的爆炸物离子检测，在负极性下进行负电荷的爆炸物离子的检测，实现单次分析同时进行爆炸物的检测。

离子的迁移时间是离子电荷、质量和体积的函数，一般为毫秒数量级。以时间记录在金属靶放电产生的电流，所得电流—时间图谱即为 IMS 谱，谱图上不同的峰代表不同的离子。不同质量的 3 种离子（$X$，$Y$ 和 $Z$）以不同的离子迁移率到达收集极，其显示的迁移谱如图 3-3 所示。

特定物质的离子迁移时间是精确测试得到的，已输入仪器的数据库中。测试时，系统会时刻监测谱图的动态变化，只要发现出现的离子峰位置与数据库中预设的某种物质的特征峰位一致并达到预设强度，仪器就立即发出报警提示，并显示所检测到的可疑物质的名称。

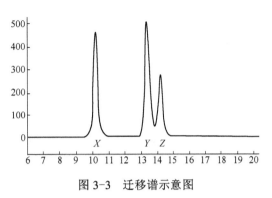

图 3-3　迁移谱示意图

离子迁移谱是作为化学实验室分析技术而发展起来的分子检测技术，日臻完善，目前国内外已有成熟产品应用于多个领域，包括军事领域的化学战剂监测，安全部门的炸药探测，海关和机场安检部门对毒品、麻醉剂等违禁物品的监测，以及环境监测部门对有毒有害气体的监测。IMS 的探测极限一般都在 $10^{-10}$g 左右，探测的时间 10s 之内。

2）性能特点

以基于离子迁移谱技术国产的 SIM-MAX E2008-Ⅱ型炸药探测器为例，主要由主机、采样工具等组成，主机结构如图 3-4 所示，可以快速、准确地判断痕量炸药的存在和种类。

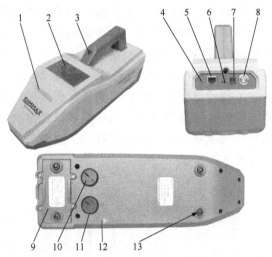

1—采样纸插槽；2—液晶显示屏；3—软件烧写辅助按钮；4—复位按键；5—网络接口；6—USB 接口；7—电源接口；8—电源开关；9—锂离子电池；10—净化管 1；11—净化管 2；12—进气孔；13—仪器脚垫。

图 3-4　主机结构示意图

主要技术性能：

灵敏度：纳克级；采样方式：擦拭取样和气体取样；可探测样品种类：梯恩梯、黑索今、太安、硝化甘油、硝酸铵、黑火药、二硝基甲苯、特屈儿、奥克托今、苦味酸、吉纳、C4、塞姆汀、TATP、HMTD、EGDN、硝酸脲等，并能根据需要添加新样本；报警方式：声光和可视报警，显示炸药与毒品种类，也可选择隐蔽报警；误报率：不大于1%；分析时间：不大于 8s；预热时间：冷启动不大于 20min，热启动不大于 2 min；供电方式：交流电源、内置电池、DC12V 汽车点烟器；重量：3.7kg。

**2. 荧光聚合物炸药探测器**

1）基本原理

荧光聚合物炸药探测器，采用荧光聚合物传感技术，基于某些炸药分子对一些特殊荧光聚合物的荧光淬灭效应，此类炸药分子吸附到聚合物表面，导致聚合物发射的荧光瞬间变暗，通过检测聚合物的荧光强度变化，探测识别炸药。

聚合物传感材料对于荧光聚合物传感技术发展具有重要作用，分子链荧光聚合物目前被认为是灵敏度最高的，为制备新型高灵敏度化学和生物传感器带来了希望。分子链荧光聚合物一般为导电高聚物，或者是有机半导体，其体内形成导带和价带，当聚合物被激发光照射时，价带的电子就会受激跃迁到导带，并在分子链内运动，一段时间后就会退激跃迁回价带，发出荧光。当有 TNT 分子作用到聚合物时，就会在其导带和价带之间形成一个能量陷阱，这个陷阱会捕获导带上的电子，使得电子不能直接从导带跃迁回价带。这样就使得聚合物发出的荧光变弱，也就是发生淬灭。分子链上任何一个重复单元与目标物受体分子结合都会导致整个聚合物分子所有发光单元的荧光淬灭，即具有"一点接触、多点响应"特点，使得其荧光淬灭信号对目标分子的存在十分敏感，表现出极高的淬灭灵敏度。这就像一个房间里有很多的电灯泡，所有灯泡都串联在一起，当一个灯泡的灯丝被打断，那么所有的灯泡都熄灭了，房间内的亮度变化很大。

荧光聚合物传感器一般由 6 个模块构成，即传感模块、荧光检测模块、计算分析模块、自动采样模块、电池供电模块、外壳支架结构模块。其中，传感模块由石英基片上制备的聚合物薄膜或聚合物纳米膜/TiO$_2$ 纳米球、ZnO 纳米线构成，是探测器的核心，聚合物传感材料的选择决定了探测器能够探测什么物质；荧光检测模块由激发光源、激发单色系统、发射单色系统和光电倍增管等光学器件组成，是聚合物荧光强度变化的检测平台；计算分析模块承担信号采集、处理和自动控制；自动采样模块采集样品并送入传感模块。传感器的结构如图 3-5 所示。

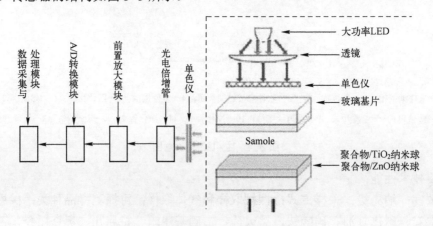

图 3-5 荧光聚合物传感器结构示意图

激光二极管（LED）发射的光经过透镜、单色仪形成单色的平行光束，照射到聚合物传感材料上，激发聚合物发射荧光。由于石英基片上聚合物薄膜的光波导效应，聚合物发射的荧光由断面出射，经单色仪滤波，照射到检测荧光强度的光电倍增管，由光电倍增管检测特定波段的荧光强度值。采样泵将空气吸入，流经聚合物薄膜表面的空气中如果含有目标分析物分子，这些分子会淬灭聚合物发射的荧光，光电倍增管检测到的荧光强度值发生改变，形成检测信号，经前置放大、A/D 转换等信号处理形成报警信号。当荧光强度改变值超过某一阈值时，系统报警，表明探测到目标物质。

2）性能特点

目前，荧光聚合物传感技术主要用于对 TNT 等芳硝基化合物类炸药进行检测，这类炸药一般都具有较强的受电子能力。一旦有受体分子（如 TNT 分子）与受激发的荧光聚合物分子结合，在结合点会形成一个能量陷阱，聚合物的荧光被受体分子淬灭了。根据荧光强度的变化，可以推断是否有目标分析物存在。

1996 年，美国麻省理工学院发明了分子链荧光聚合物传感技术，并与 Nomadics 公司合作开发用于痕量炸药探测的 Fido 系列产品。Fido X、Fido XT 的检测灵敏度用质量表示达到 $10^{-15}$g，现已列装。将 Fido XT 的探测头与排爆机器人组合形成搜爆机器人，可进行远距离搜爆；与闸机装置组合，接触过炸药的人手上会沾染炸药微粒，就会沾染卡片，当卡片被置入闸机时，探测到卡片上沾染的炸药成分，发出报警。

我国已研制成功荧光聚合物痕量炸药探测器。以西安思迈尔电子科技有限公司产品 HAWKEYEⅢ探测器为例，如图 3-6 所示，质量 1.1kg；无放射源，不需要炸药图谱数据库，技术更新快捷；双电池续航大于 10h；采样方式：擦拭或抽气；冷启动时间<3min，检测时间≤10s，自清洗时间≤10s，检测灵敏度<0.1ng。

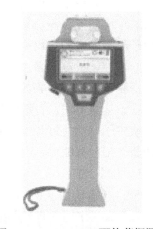

图 3-6 HAWKEYEⅢ炸药探测器

**3. 拉曼光谱炸药探测器**

1）基本原理

用一定频率的激发光照射物质分子，散射光中大部分是频率和入射光相同的弹性散射，有微量的散射光由于受到分子振动的影响，频率发生了变化，这种与入射光频率不同的散射光被称为拉曼散射，原理如图 3-7 所示。拉曼散射是一种分子对入射光子的非弹性散射效应，散射光频率的变化很大程度上反映了物质的结构信息，对拉曼散射光进行光谱分析，可以获得物质分子构成信息，因此拉曼光谱也被称为"分子指纹"。

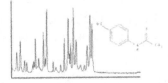

图 3-7 拉曼散射原理

2）性能特点

目前，国内外已有便携式激光拉曼光谱探测仪产品，可用于炸药非取样式检测，其主要特点如下：

（1）特征性强。绝大多数化学物质都有特定的指纹拉曼谱作为化学组成和晶体结构的唯一表征，检测物质种类多，检测准确度高。

（2）采用表面增强拉曼散射技术，所需检测样品少，检测灵敏度高，可获得千倍以上的信号增强，可以测得 $10^{-6}$ 甚至 $10^{-9}$ 级别。

（3）可隔着透明容器直接检测，在非接触、不破坏的情况下直接获取检测信息，检测速度快，尤其适用于无损、高效探测危化品（如炸药）现场分析。

### 3.1.2 宏量炸药检测技术

宏量炸药即装药或爆炸物，目前主要采用 X 射线成像技术、中子技术、核四极矩共振技术等。X 射线成像探测技术非常成熟，检测爆炸物主要是根据炸药或爆炸装置的结构，与其他物质的密度、原子序数等特征进行分析判别，但识别准确率低。20 世纪 80 年代，国外就开始利用中子检测隐藏爆炸物方面的研究，并取得较大进展。

**1. 炸药中子检测技术**

中子是电中性的粒子，通过物质时的行为主要取决于中子与原子核的相互作用。如果是慢（热）中子，停留在原子核内的时间较长，就更容易发生核反应，因而反应截面较大。常用的核探测器只对带电粒子和γ光子敏感，所以中子检测要分两步：第一步利用中子与核的某种作用来产生带电粒子或γ光子；第二步探测分析这些带电粒子或γ光子。炸药中子检测技术主要是利用加速器中子源产生的中子对检测区域物质进行照射，通过探测分析中子与物质元素作用所辐射的粒子或γ光子，进而对炸药元素进行识别。炸药中子检测方法，主要有热中子法（TNA）、快中子法（FNA）、脉冲快中子法（PFNA）、脉冲快中子与热中子结合（PFTNA）、快中子散射法（FNSA）、伴随α粒子法/中子飞行时间法（API/TOF）等。

1）基本原理

（1）热中子法（TNA）。热中子分析方法，即待测元素与热中子发生（n，γ）反应，通过测量产生的特征γ射线强度来进行元素含量分析。炸药中 $^{14}N$ 元素相对含量一般高于日常物品，因此可将 $^{14}N$ 元素作为炸药检测的"指标元素"。空气中的 $^{14}N$ 元素相对含量也很高，但空气密度与炸药相差太大，相同质量的 $^{14}N$ 元素对测量的影响可以忽略不计。此外，（n，γ）反应截面与中子能量成反比，即能量越小，俘获概率越大。对于一定体积的炸药，其内部中子场分布并不均匀，在一定距离内，越靠近中心位置，热中子数量越多，$^{14}N$ 元素发生俘获反应的概率就越大。$^{14}N$ 元素发生（n，γ）反应产生的特征γ射线能量高达 10.8MeV，在以轻元素为主的物品中穿透力极强，因此在对具有一定体积的物品进行检测分析时，选用 $^{14}N$ 的 10.8MeV γ射线作为探测对象具有显著优势。

利用加速器中子源产生快中子，通过快中子与含氢材料的多次弹性散射慢化后得到热中子，热中子打到 N 上发生热中子俘获，通过测量 $^{14}N$ 的 10.8MeV 俘获γ谱来检测分析炸药元素含量，基本原理如图 3-8 所示。这个 10.8MeV 的 γ 射线就表征了被检物中 $^{14}$N 的存在，在一定强度的热中子照射下，γ 射线的强度与物品中氮的含量成正比。为了提高探测效率，同时使用多个探测器，通过探测这种 γ 射线的强度就可以确定物品中的含氮量，以判定炸药成分。

$$n + {}^{14}N \rightarrow {}^{15}N + 10.8MeV\ \gamma$$

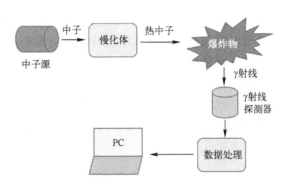

图 3-8 热中子检测爆炸物原理

（2）快中子法（FNA）。与 TNA 技术相似，不同的是 FNA 使用由氘氚反应产生的 14MeV 快中子与被测物的 N、C 和 O 三种元素发生非弹性散射：

$$n + {}^{14}N \rightarrow {}^{14}N + n'\ 5.11\,MeV\ \gamma$$
$$n + {}^{12}C \rightarrow {}^{12}N + n'\ 4.43\,MeV\ \gamma$$
$$n + {}^{16}O \rightarrow {}^{16}O + n'\ 6.13\,MeV\ \gamma$$

通过测量这 3 种元素的特征 γ 射线，从而确定物品中 C、N 和 O 三种元素的含量。这 3 个反应的 γ 射线能量很高，易于探测。因此通过测量快中子引起的非弹性散射 γ 射线，就可以确定物品中的 C、N 和 O 三种元素的含量，比热中子检测法有更强的识别爆炸物的能力。

（3）脉冲快速中子法（PFNA）。衣服、塑料、炸药等都含有 C、N、O 和 H 等成分，虽然炸药所含的 C/O 和 C/N 的比例与一般物品有显著不同，但仅看某物质含氮量（或含氧量）的多少不能判定其是否为爆炸物。PFNA 是 FNA 技术的发展，它采用准直脉冲中子源对被检物进行扫描，通过探测器阵列对快中子引起的 C、N 和 O 三种元素的特征 γ 射线脉冲信号与快中子脉冲发射时间的关系，和快中子飞行时间（TOF）就可以确定中子的飞行距离，从而确定 C、N 和 O 在检测区中的空间坐标，给出 3 种元素含量比的空间分布图。这种方法具有较高的空间分辨本领、较强识别能力。

（4）脉冲快速/热中子法（PFTNA）。该技术同时结合 PFNA 和 TNA 两种技术的优点。热中子除了能测定物品中氮的含量外，还可以测量物品中氢的含量，其反应式为

$$n + {}^{1}H \rightarrow {}^{2}H + 2.33MeV\ \gamma$$

利用脉冲宽度为微秒量级、脉冲间隔约为 100μs 的氘氚脉冲中子管产生的脉冲快中子与连续热中子同时照射行李箱，在快中子脉冲宽度内测量快中子引起的 C、N 和 O 非

弹性散射γ射线，可确定物品中的 C、N 和 O 含量；在两脉冲间隔内测量热中子引起的 N 和 H 俘获γ射线，就可以确定物品中的 N 和 H 含量，由物品中 C、N、O 和 H 四种元素的含量比就可以识别爆炸物。

（5）快中子散射法（FNSA）。快单能中子照射样品时，被照样品核素的信息就包含在散射的中子场中，通过在不同的散射角诊断不同能量的弹性和非弹性散射中子，就可以确定核素的位置和数量。

（6）伴随α粒子法/中子飞行时间法（API/TOF）。氘氚反应产生的 14MeV 中子及其伴随α粒子的飞行方向相反。因此，只要用α位置灵敏探测器测定α粒子的飞行方向就可以确定中子的飞行方向；只要测定α粒子和中子引起的γ射线随时间的变化，由中子飞行速度就可以确定中子的飞行距离。由中子的飞行方向和距离就可以确定被测区域元素的空间分布。因此，利用伴随粒子法可给出 C、N 和 O 三种元素含量的空间分布图的特点，从而可有效地识别任意形状的爆炸物，具有相当高的空间分辨本领和最强的识别爆炸物的能力。

2）技术特点

（1）热中子法检测爆炸物特点：N 元素的热中子俘获特征γ射线能量较高，干扰较少，便于测量；热中子能量低，屏蔽防护相对简单，体积小，有利于人员的现场操作；检测时间短。

（2）快中子法检测爆炸物特点：利用 C、N、O 的比值来确定是否为爆炸物，可以确定爆炸物的种类；但是周围物质干扰较强，中子能量和中子产额都较高，辐射防护比较复杂，适合远距离控制，或有专门的屏蔽室，不适用于人员现场操作。

（3）伴随α粒子法的特点：中子能量高（14MeV），利用 C、N、O 的比值来确定是否为爆炸物，可以利用α粒子位置探测器降低本底干扰、确定爆炸物的位置，适合于未知位置的隐藏爆炸物检测。辐射防护复杂，适用于远程控制。

目前而言，还没有一种中子检测技术是完美的，许多新的检测技术仍处在不成熟的阶段，漏报率与误报率或多或少始终存在，并且对于核检测技术而言，高灵敏度对应的高能量源与相应的屏蔽措施造成的设备体积过大是一对需要解决的矛盾。现在的检测设备都在向着小型化、高灵敏度、多方位、可移动等方向发展。事实上，隐藏爆炸物的检测技术中没有一种是万能的，不同场合、不同目标需要不同的技术，或者联合几种技术，以达到较好的检测效果。

中子探测隐蔽爆炸物具有非侵入和非破坏性，穿透性强、速度快、准确度高等特点，越来越受到人们的关注。中子检测爆炸物装置的研制，是一项复杂度较高的系统工程，有赖于中子源、核辐射探测器、谱图的特征射线提取与定量，经验积累和判明真伪的能力提升。目前，国际上只有少数几个国家研制成功了基于中子技术的爆炸物检测装置，如美国的国际科学应用公司（SAIC）、美国安科公司（Ancore Corp.）、HiEnergy Technologies 公司；法国的 SODERN 核研究与制造有限公司；德国的布鲁克·道尔顿公司（Bruker Daltonics）；俄罗斯的联合核研究所与 ASPECT 公司、镭研究所等。国内也有中国工程物理研究院、清华大学和中国原子能科学研究院等进行了这方面的研究，研制出了利用热中子法（TNA）、快中子法（FNA）、和伴随α粒子法（API-TOF）检测爆炸物的样机。

**2. 炸药电磁探测技术简介**

1）核四极矩共振（NQR）技术

NQR 类似于核磁共振，但更优，如检测时不需要磁场、同一种原子核在不同的化学环境中具有不同的核四极共振频率等。由于原子核周围的电场是由其周围的带电粒子所决定的，故不仅不同原子核的电四极矩共振频率不同，即使同一种原子核处在不同的分子中时，也会因分子内部结构的不同而使得电四极矩共振频率不同。因此检测到电四极矩共振信号，不但可以判定是哪种原子核，而且可以判定是哪种分子，核四极矩共振技术的这一特性使其应用到炸药探测中成为可能。

大多数有机炸药都是由碳（C）、氢（H）、氮（N）、氧（O）等元素组成的，其中的氮（N）含量较大（10%～40%），如 TNT 含氮量为 18.5%，RDX 含氮量为 38.0%。氮原子的电荷分布不对称，具有核电四极矩。用低强度、低频调谐无线电脉冲照射被检物体，使被检物中原子量为 14 的氮原子核发生核磁共振，受激后的氮核被分裂和破坏，当每个原子核返回常态时会辐射出特定频率的无线电波。根据这种无线电波可以检测到被检物含氮量的比例及其特征，并确定是否在炸药的范畴之内。

NQR 可以检测大部分的固体炸药，如梯恩梯（TNT）、黑索今（RDX）和太安（PETN），探测灵敏度、识别能力强，虚警率低；不受壳体、植被、自然地形的影响；无损探测，无电子辐射，作业系统安全。主要缺点：易受无线电频率干扰，特别是 20kHz 以内商业调幅电台及电磁噪声源的干扰；探测系统体积和功耗较大。

2）太赫兹探测技术

太赫兹辐射，通常是指频率 0.1～10THz（1THz=$10^{12}$Hz）、波长 3mm～30μm 之间的电磁波，属于远红外和亚毫米波范畴。太赫兹辐射与其他波段的电磁波相比有其独特的性质：

（1）瞬态性。太赫兹脉冲的典型脉宽在皮秒量级（$10^{-12}$s），使得太赫兹成像技术不但可以对各种材料（包括液体、半导体、超导体、生物样品等）进行时间分辨的研究，而且通过取样测量技术，能够有效地抑制背景辐射噪声的干扰。

（2）宽带性。太赫兹波频谱较宽，单个脉冲的频带可以覆盖从吉赫兹至几十太赫兹的范围，便于在大的范围里分析物质的光谱性质。

（3）相干性。太赫兹的相干性源于其产生机制。太赫兹技术的相干测量技术能够直接测量电场振幅和相位，可以提取样品的折射率、吸收系数，有利于成像分析。

（4）低能性。太赫兹光子的能量只有毫电子伏，不会因为电离而破坏被检测的物质，因而可用于人体影像检查和武器装备的无损检测。

许多炸药在太赫兹波段具有不同的特征吸收峰，具有"指纹"特性，且太赫兹波具有生物分子的强吸收和谐振特性，时域频谱信噪比高，适于成像，有望实现几十米以上人体炸弹目标的探测。太赫兹波可通过调谐有选择地穿透部分物质，如衣物、信封、纸盒等，利用反射信号进行成像，从而实现远距离、开放环境、非接触对过往行人的安检。太赫兹成像探测系统包括太赫兹波发射源、太赫兹波探测器、光学延迟器、光谱成像分析部分等，目前技术尚不成熟，如小体积太赫兹光源功率小、探测器灵敏度低等问题。

## 3.2 X射线探测技术

X射线探测技术比较成熟，应用领域非常广泛。在安全检查领域，针对地面上的可疑目标，普遍采用X射线探测器对物品进行安检，通过X图像识别目标的内部结构、组成部件、物质特性等爆炸物构成的形状特征，以发现隐藏在物品中的爆炸物等危险物品。X射线探测器，按使用方式可分为通道式、便携式，按X射线发射接收原理可分为透射式和背散射式。

### 3.2.1 X射线探测成像原理

电离辐射是一切能引起物质电离的辐射总称，其种类很多，高速带电粒子有α粒子、β粒子、质子，不带电粒子有中子、X射线、γ射线。电离辐射的特点是波长短、频率高、能量高，能使物质发生电离现象的辐射，即波长小于100nm的电磁辐射。X射线和γ射线的性质大致相同，是不带电波长短的电磁波，不受电场和磁场影响，也称为光子，两者的穿透能力极强，要特别注意辐射防护。

**1．X射线穿透作用**

X射线，是由于原子中的电子在能量相差悬殊的两个能级之间的跃迁而产生的粒子流，1895年被德国物理学家伦琴发现。X射线管真空中的阴极产生电子，电子经加速后撞击阳极金属靶，电子突然减速，其损失的动能（10%）以光子形式放出，形成X射线。X射线源如图3-9所示。X射线照在物体上时，可能出现3种情况：X射线透过物体、X射线被物体吸收、X射线遇物体发生散射，部分X射线经由原子间隙而透过，表现出很强的穿透力。X射线的穿透力与物质密度有关，利用差别吸收这种性质可以把密度不同的物质区分开来。

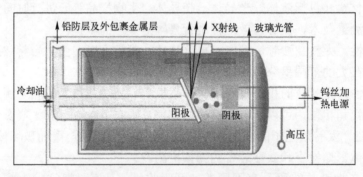

图3-9　100kV/120kV X射线发射源示意图

**2．辐射伤害和防护**

X射线照射到生物机体时，可使生物细胞受到抑制、破坏甚至坏死，表现为脱发、皮肤烧伤、视力障碍、白血病等。X射线辐射不会残留在体内，但是造成的损伤会累加，长期接触放射线会引起中性粒细胞百分率降低和染色体畸变。

吸收剂量，是指单位质量的受照物质吸收电离辐射的平均能量，1Gy（戈瑞）=1J（焦耳）/kg。直接测量吸收剂量比较困难，但可以通过仪器测量照射量来计算被辐照物体的吸收剂量。不同种类的射线不同照射条件下，即使吸收剂量相同，对生物体产生的辐射损伤程度也可能是不同的，为了统一衡量评价不同类型的电离辐射在不同照射条件下对生物体引起的辐射损伤危害，引入当量剂量这一物理概念，表示被照射人员所受到的辐射。当量剂量，是用辐射权重因子修正后的吸收剂量，1Sv（希沃特）=吸收剂量×权重系数，对于X射线、γ射线，通常把权重系数设为1。

当量剂量：1Sv=1000mSv=1000000μSv。目前，国际上公认的个人安全剂量限值为2000μSv/年。1次骨密度检查的辐射剂量为1μSv，1次胸透拍片为100μSv，1次全身CT为10000μSv，1次腰脊X光摄影为1500μSv。相关从业人员的个人安全剂量限值为5000μSv/年，放射科医生都会佩戴个人剂量仪，每3个月要送去检测机构一次，每年都必须做职业病检查。

射线防护的基本要素是时间、距离和屏蔽。时间防护：在辐射场内的人员所受照射的累积剂量与时间成正比，尽量减少人体与射线的接触时间。距离防护：在辐射源强度一定的情况下，辐射场中某点的照射量、吸收剂量均与该点和辐射源的距离的平方成反比，应尽量增加人体与射线源的距离。屏蔽防护：一定厚度的屏蔽物质能减弱射线的强度，常用的屏蔽材料是铅板、混凝土墙，钡水泥（添加硫酸钡的水泥）墙。

**3. X射线成像技术**

X射线穿越物体时，由于产生光电子及光子散射等物理过程，相当部分的入射光子被物质吸收，测得吸收衰减后的X射线强度和其他物理量，可得到该物质层面各部位的吸收系数、物质密度等信息，经计算机快速处理，可使这些信息还原为反映这一层面内部情况的图形，并将所测得的数据与预存的爆炸物有关数据进行比较，就可确定行包中是否含有爆炸物。此外，根据各位置测得的数据，由计算机处理后自动地为不同形状和密度的有机材料或金属材料加上不同的"伪彩色"，并对某些有特定密度、尺寸和形状的物品给予提示，发出警报。

X射线成像最初是荧光成像方式，X射线源发射一个X射线脉冲，其持续时间仅0.01s，某些物质被X射线照射后，发出荧光，能使某些物质起化学作用，可使胶片感光。目前，常用的X射线成像技术主要包括：

（1）单能X射线成像技术。使用单一能量的X射线，X射线在穿过物质时被吸收，强度衰减。衰减强度与每种物质的衰减系数以及该物质的密度、厚度有关。所以最终成像反映的是被测物体对X射线的吸收程度，它对探测炸药等高密度物质尤其有效。

（2）双能X射线成像技术。同一原子序数的物质，对低能和高能X射线的吸收程度不同，采用高、低两种能量的X射线对被检物进行扫描时，高原子序数物质在两种能量水平下的成像都呈现暗色，而低原子序数物质则在低能X射线照射下的成像呈现较暗的颜色。炸药的主要组成元素为碳（C）、氢（H）、氮（N）、氧（O）、氟（F）、氯（Cl）、磷（P）、硫（S）等，其原子序数分别为6、1、7、8、9、17、15、16，即组成炸药的主要元素有机物的原子序数较小（低Z），而常见金属元素无机物的原子序数较大（高Z）。

通过低能和高能两个不同能量的 X 射线的吸收系数（实际对应图像的灰度）的比较与运算，就可以从两种不同物质组成的、不同厚度产生的或相互重叠的图像中将不同种类的物体区分出来。

（3）计算机断层技术（CT）。该技术是由医学上的 CT 成像技术发展而来的，X 射线穿过物体后被探测，得到在某个方向上的图像。然后不断地旋转 X 射线源和探测器重新得到一系列的二维图像，经计算机进行数字图像处理后合成三维图像。由于 CT 采用的是交叉片段成像，因此可以有效地识别隐藏的物体，但系统更复杂、处理速度较慢。X 射线安检 CT 设备研发的难点与医疗 CT 存在较大的差异：一是被检物品种类复杂，密度不同，形状各异，对图像重建方法要求更高；二是安检需以成像为主，同时还需关注图像质量及违禁品的识别；三是安检具有实时快速性要求；四是系统必须具有智能分析及报警功能，以降低人工判图的工作量，提高安检效率。欧盟托运行李法令中明确要求欧盟所有成员国机场托运行李检查仪全面进入 CT 时代。

（4）X 射线背散射成像技术。X 射线遇到不同物质会发生不同的散射，遇到低原子序数物质时散射相对较强。利用 X 射线飞点发生器产生的 X 射线束，沿出射扇面绕射线源中心连续旋转扫描被检物，完成飞点扫描探测，与射线源同侧的背散射探测器，接收散射光子并由光电管转变为电信号放大输出，计算处理后成像显示。背散射成像优点：物质的原子序数越小，密度越大，与探测器的距离越小，背散射的信号越强。绝大多数炸药是有机物质，具有较小的原子序数和较高的密度。背散射图像能凸显低原子序数的有机物，特别是液体炸药、塑性炸药等；射线源与背散 X 射线飞点扫描照射剂量小、辐射量小，可用于人体表面探测，密度大的物质（塑料、炸药、金属）反射的 X 射线所产生的影像要比人的皮肤产生的影像更深，从而判断出危险品。另外，背散探测器在被测物的同一侧，便于实施探测。缺点是射线穿透能力差，图像分辨率低，不能自动对被测物进行有效原子序数分类。

### 3.2.2　通道式 X 射线探测器

**1. 工作原理**

通道式 X 射线探测器在机场、车站等固定安检场所应用非常普遍。利用小剂量 X 射线照射备检物品，通过计算机分析透过的射线，根据透过射线的变化获得物品的体积密度、有效原子序数等信息，再生成相应的图像。双能 X 射线成像技术能有效检测出被检物的有效原子序数信息，并对被检物自动进行分类。原子序数低于 10 为有机物（橙色），10 到 18 之间为混合物（绿色），大于 18 为无机物（蓝色）。

输送带将物品送入 X 射线检查通道，阻挡检测传感器，检测信号被送往系统控制部分，产生 X 射线触发信号，X 射线源发射 X 射线束。一束经过准直器的扇形 X 射线束穿过输送带上的物品，X 射线被物品吸收，透射的 X 射线轰击探测器接收屏，把 X 射线转变为信号。这些很弱的信号被放大，并送到处理机箱进一步处理，最终在显示屏上显示出计算机模拟的颜色图像，如图 3-10 所示。

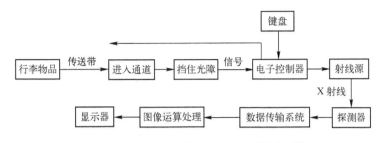

图 3-10 通道式 X 射线探测器工作原理图

**2. 识别违禁品**

违禁品就是通常所说的"三品",易燃易爆品、腐蚀性物品、管制刀具和枪械。不同物品会呈现不同的颜色、形状。一般金属显示蓝色,有机物显示橙色,化工类物品大部分显示绿色。

**3. 辐射危害**

国家标准 GB 15208.1—2005 规定,X 射线探测器的单次检查剂量不应大于 $5\mu Gy$,同时在距离设备外表面5cm的任意处(包括设备入口、出口处)X 射线剂量应小于 $5\mu Gy/h$,此标准与美国 FDA 的标准相同。通道式 X 射线探测器的辐射剂量要远小于医用 X 射线诊断,因为物品 X 射线安检的图像并不需要达到医疗诊断级别的分辨率,且已经做了充分屏蔽。

### 3.2.3 便携式 X 射线探测器

便携式 X 射线探测器操作简单、性能稳定、图像清晰,可对小件物品做快速检查,适用于机动分队执行搜排爆任务。通过控制变压器产生高电压加速电子,高能电子撞击阳极靶材放出初级 X 射线,照射物品,产生电子跃迁,放出次级 X 射线,透过被检物品后在便携式 X 射线接收屏上形成 X 射线透视图。便携式 X 射线探测器主要由 X 射线发射源、X 射线接收屏、便携式计算机、控制转接盒等部分组成,如图 3-11 所示。X 射线发射源有脉冲和恒流两类,接收屏成像方式主要有闪烁屏 CCD、线阵列扫描、平板探测器、动态平板探测器几种。

图 3-11 FoXray X 射线探测器

**1. 闪烁屏 CCD**

为避免 CCD 直接被 X 射线照射,通常需要通过一面 30°～45°角的镜子反射稀土荧光屏上的图像,因此接收屏较厚,探测面积也不能太大。另外,由于闪烁屏射线吸收率低，要经过反射和信号转换，因此射线能量利用率低，表现为穿透力差，分辨率最高只能达到 0.4mm；图像灰度级差、对比度较低，应用逐步减少。

**2. 线阵列扫描**

通道式 X 射线探测器多采用线阵列扫描方式成像，其内置的线阵列探测器像素大小为 1.6～2.5mm。便携式 X 射线探测器采用线阵列扫描探测器，像素大小为 0.8～0.4mm，灰度级 16 位，图像对比度更高，可分辨有机物。采用线性二极管阵列探测器组成一长条探测器，在检测时 X 射线源发射射线，线阵列探测器像扫描仪一样横向移动进行机械扫描，其接收到的信号进行光电转换和数据处理后就可形成图像在电脑上显示，原理如图 3-12 所示。接收屏模组可拼接，因此探测面积更大。相对采用面阵的平板探测器，线阵成本较低，但由于需要机械扫描结构，平板相对较厚，而且机械扫描一次才能成像，需要 10s 左右时间。

北京紫方启研公司生产的便携式 X 射线探测器 PORTX4665 型，采用线阵列扫描成像机制，恒流 X 射线源，如图 3-13 所示。成像尺寸：460mm×650mm；分辨率：0.4mm；图像灰度：16bit。

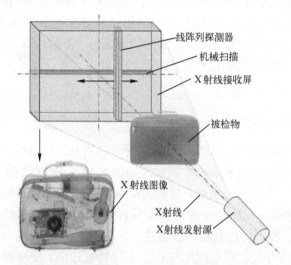

图 3-12 便携式 X 射线探测器原理

图 3-13 线阵列扫描 X 射线探测器

**3. 平板探测器**

平板探测器是基于薄胶片半导体探测器，组成二维阵列，以像素表示，当 X 射线曝光时，每个像素采集和存储信号，通过发光二极管进行光电转换，每个像素被数字化，形成二维图像，如图 3-14 所示。

因采用高密度集成电路，这种平板探测器的优点是图像的空间分辨率高，探测器像素可达 0.1mm，尺寸薄重量轻。其缺点是生产成本高，单个平板探测器难以做得很大。探测屏比较脆弱，一旦损坏难以维修。

**4. 动态平板探测器**

平板探测器的改良型，使用动态高帧频半导体芯片进行光电转化，处理速度快，图像采集和处理速度达到微秒级，晶体采集效率高，无延迟效应，可以达到 60 帧/秒的采集速度，像摄像机一样进行动态成像。在结构方面，一般采用 U 形臂和连杆结构，可实时采集，通过移动设备可以探测大件物体，还可以通过连接排爆机器人实现远程探测。

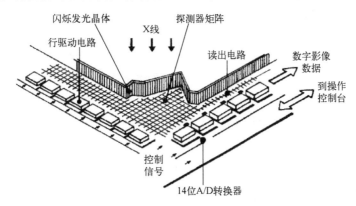

图 3-14 非晶硅平板探测器原理图

北京紫方启研公司生产的动态平板 X 射线探测器 PS-RTFS 型，如图 3-15 所示。成像面积：13cm×13cm；接收屏厚度：不大于 65mm；像素：0.1mm；图像灰度：14bit；视频成像速度：30 帧/秒；整套重量：不大于 7kg。当接通电源，按下启动按钮，整机便开始工作。由主控器发出的脉冲信号，经功率放大，倍压产生高压给 X 射线管阳极，同样主控器发出的脉冲信号经放大给 X 射线管灯丝，使 X 射线管产生 X 射线。此时被测物体放在 X 射线源与像增强器之间，显示屏显示出被透视物的图像。

图 3-15 动态平板 X 射线探测器

## 3.3 浅地表爆炸物探测技术

浅地表爆炸物，主要是指预先埋设或伪装设置在浅层地表的地雷或简易爆炸装置，探测技术主要包括低频电磁感应金属探测技术、高频复合探测技术、冲击脉冲雷达成像探测技术等。

### 3.3.1 低频电磁感应探测技术

**1. 基本技术原理**

低频电磁感应探测技术，是利用金属在电磁波作用下的电磁感应特性探测爆炸物的金属壳体或部件。对于浅地表设置的金属目标，电磁法所涉及的主要参数有电导率、磁导率和介电常数，低频时（$f<10^4$Hz）介电常数不发生变化，可不考虑其影响，因此低频电磁感应探测是以土壤和金属物体间电导率和磁导率的差异为基础。

低频电磁感应探测的基本原理是电磁感应定律，如图3-16所示。发射线圈以交变电流在周围空间建立一次场，当探测区域内有金属物体时，由于电磁感应作用产生涡流效应并形成二次场或异常场，利用接收线圈接收二次场或一次场与二次场的总和场，即可通过对二次场或总和场变化规律的分析，达到探测金属目标的目的。

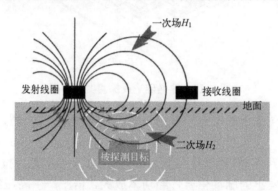

图3-16 低频电磁感应探测原理图

基于低频电磁感应原理的金属探测器材，技术成熟，广泛应用于防爆安检领域。其优点是轻便、灵敏、操作简单、机动性强，只要在一定的距离范围内有金属或含有金属制品存在时，金属探测器都可报警。但是金属探测器通常其只能区分金属与非金属，不能准确辨别物体的大小和形状，当金属探测器材报警时，只能说明有金属存在，并不能表示已经发现了爆炸物，因此金属探测器只是一种爆炸物的辅助探测器材。常用的金属探测器包括手持式金属探测器、金属探测门（安全门）、金属探雷器等。

**2. 典型装备器材**

1）安检金属探测器

利用低频电磁感应原理的安检探测器材主要包括手持式金属探测器、金属探测门等。

手持式金属探测器通常由手柄、机芯、探测环三部分组成。一般工作原理：探测环内的探测线圈与机芯内的其他元件组成一个振荡器，其振荡频率与机芯内的另一振荡器（可称作参考振荡器，或比较振荡器）是同频率的，这时金属探测器没有报警输出，处于平衡状态。当金属物品进入探测线圈中时，就改变了探测线圈的电感量，改变了探测振荡器的参数而使其振荡频率发生变化。这样就与参考振荡器的振荡频率有了差异，该信号经过放大就会引起报警器（声音、灯光）报警，两个振荡器频率差异越大，就说明进入探测环内的金属越大或金属离探测环越近，其输出的差别信号的频率就越高，所以听到的声音就越尖，指示灯闪烁也越快。因此，通过报警音调、灯光、振动等可判断金属的大小或探测金属物品的远近。

手持式金属探测器重量轻、体积小、灵敏度高、操作简便、应用广泛，其种类多，形状各异，但性能相近，主要用于对人身、物品的检查，可以检测到隐藏在衣物内或包裹内的金属物品。

金属探测门，也称安全门，广泛应用于机场、车站、会场等需要安检的场所，其基本原理是基于电涡流效应等电磁感应原理的金属探测技术，对于探测人体藏有金属外壳的炸弹、手榴弹及其他含有金属制品的爆炸物，是十分有效的。但是，对于无金属部件或只含有微量金属的制品来讲，难以奏效。因此，金属探测门也需与其他检查器材、检查手段配合使用。

2）金属探雷器

金属探雷器通常是指供单兵携带使用的探雷装备，又称单兵探雷器，是以地雷中金属壳体、金属撞针等金属零部件为探测对象，通常采用低频电磁感应探测技术，通过检测地雷中的金属涡流效应来发现目标，探测原理如图3-17所示。

在实际应用中，低频电磁感应探雷方法有多种，包括平衡法、阻抗变换法、脉冲感应法等。金属探雷器一般由探头、探杆、主机（控制盒）、耳机和配套件组成，如图3-18所示。

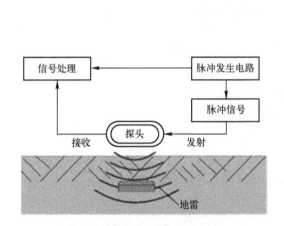

图 3-17　电磁感应金属探测原理

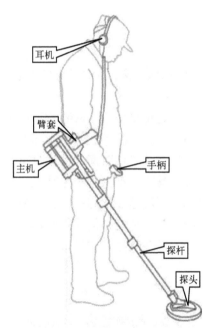

图 3-18　探雷器结构组成

目前，我国研制的单兵探雷器、双频金属探雷器，澳大利亚的 F3 系列、德国的 VALLON 系列、美军的 AN/PSS 系列探雷器都是低频电磁感应探雷器的代表器材。

我国研制的双频金属探雷器，其结构组成如图3-19所示，主要用于单兵探雷作业，也可以作为道路探雷车的配套设备，提高道路探雷车的探测能力。双频金属探雷器克服了传统的单频金属探雷器在海水、磁性土等导电、导磁探测环境中难以使用的缺点，具有较高的探测灵敏度和分辨率，可实现"静态"精确定位，并能在高热、严寒等不同气候条件和海水、淡水、红土、黏土、磁性土、海滩土等多种背景环境中进行探雷作业，满足了全地域作业的需要。探雷器所采用的智能化设计，使该探雷器的操作更为简便。

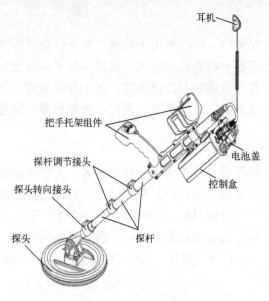

图 3-19 双频金属探雷器

双频金属探雷器主要性能指标。

(1) 探测距离：对塑料防步兵地雷≥12cm（高灵敏度挡），对塑料防坦克地雷 ≥13cm（高灵敏度挡）。

(2) 定位精度：≤4cm（定位点与地雷边缘的距离）。

(3) 平均探测率：不小于 97%。

(4) 连续工作时间：持续供电时间不小于 24h（锂电池）。

(5) 具有自动欠压报警功能。

(6) 环境温度范围：-40~+55℃（不含电池）。

(7) 防水性能：能在 1m 的浅水中正常工作。

(8) 探头直径：$\phi$250mm。

(9) 探杆可调长度范围：750~1450mm。

(10) 单机工作重量：≤2.9kg（配锂电池），≤3.2kg（配 LR20 电池）。

### 3.3.2 高频复合探测技术

**1. 基本技术原理**

高频探测技术是利用电磁近场原理检测目标与其背景的介电常数突变点，电磁波频率一般在数百兆赫至一千兆赫左右，其实质是一种异物探测技术。高频探测通常采用平衡发射与接收天线的方法实现对目标与背景（土壤）交界处介电常数突变的检测，可以探测金属、非金属或其他地下埋入目标。高频探测技术的典型产品是探雷器，其工作原理：工作时探雷器向土壤发射交变电磁场，如果土壤中无异物，则在小范围内是一种均匀的电介质，接收天线接收到的感应电动势是相等的，一旦土壤中出现地雷等异物时，由于地雷等异物与土壤的介质常数不同，接收天线就会接收到一个变化了的感应电动势，探雷器会输出一个电压信号，该信号表明，土壤中存在地雷或其他异物。

高频探雷器一般由高频信号源、平衡收发天线、异物检波器、可变放大器、报警电路及耳机等组成,如图3-20所示。高频非金属目标探测在地表较为平整的区域,探测效果较好,如果地表受到严重破坏,或地面高低起伏,则探测效果不太理想。

图3-20 高频探雷器组成原理框图

复合探测技术是将高频探测技术与低频电磁感应探测技术有效地综合在一起,克服单一原理探雷器的原理性干扰,实现降低虚警、提高探测性能的目的,在探雷器材中已得到广泛的应用。因地雷含有金属零部件而具有金属特征,又因与土壤存在着介电常数差异而具有异物特征(又称非金属特征),因此地雷同时具有金属特征和非金属特征,能够同时被金属和非金属地雷探测器探测到。将金属地雷探测技术与非金属地雷探测技术复合于一体,克服因单一特征信号干扰而产生的原理性虚警,从而达到降低地雷探测虚警率的目的。代表器材有美国AN/PRS-8型高频探雷器、我国130型复合探雷器、俄罗斯ΠP-505型复合探雷器等。

**2. 典型装备器材**

1) AN/PRS-8型探测雷器

AN/PRS-8型高频探雷器(图3-21)是一种便携式动态探测器材,采用300~600MHz宽频带扫描工作方式,通过探测土壤介质的变化点发现目标。

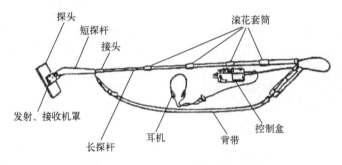

图3-21 AN/PRS-8型高频探雷器

2) 复合探雷器

我国研制的复合探雷器(图3-22)是一种将电磁感应技术和超高频非金属探测技术综合应用于一体的探测器材,该探雷器兼有金属和非金属探雷器的功能和优点,能有效抑制金属碎片、空穴、树根和石块等干扰,具有背景土壤自适应能力和探测方式自动转换功能。

复合探雷器主要性能指标。

图3-22 复合探雷器

(1) 探测距离:对塑料防步兵地雷≥8cm,对塑料防坦克地雷≥11cm。
(2) 抑制虚警能力:单个面积小于$1cm^2$的金属碎片及空穴、石块等干扰物不报警。

(3) 探测方式：复合、金属、非金属。
(4) 土壤适应性：对典型土壤具有自适应能力，可以自动调整灵敏度。

### 3.3.3 冲击脉冲雷达探测技术

**1. 基本技术原理**

冲击脉冲雷达探测是通过发射频谱丰富的无载频毫微秒窄脉冲，对不同介质的电磁散射和反射进行分析和识别来探测目标，可以探测深层、中层和浅层埋入目标。其主要特点是距离分辨率高，能穿透树叶、植被、地面和墙壁，可探测伪装掩体、地层结构、冰河断面和地下目标等，抗干扰能力强，在民用和国防领域得到广泛的应用。

冲击脉冲雷达探测原理如图 3-23 所示。冲击脉冲信号发生器产生满足一定宽度要求的冲击脉冲，经功率放大后向探测区域发射，冲击脉冲被埋入目标反射后产生回波，通过将回波信号接收、放大、处理，显示判别目标。

一套完整的探地雷达系统由冲击脉冲发生器、功率放大设备、低噪声放大设备、接收机、收发天线、主机、信号处理设备、图像识别和显示设备等组成，通过向地面发射无线电波，接收信号回波，根据电磁波在地下介质中的波形变化，由计算机信号处理系统分析返回的信号，对地下目标进行探测、定位和识别，如图 3-24 所示。

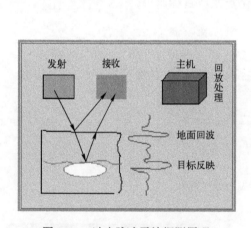

图 3-23 冲击脉冲雷达探测原理

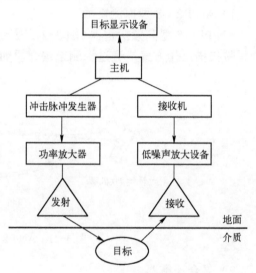

图 3-24 探地雷达系统原理图

假设：大气的介电常数 $\varepsilon_0$、磁导率 $\mu_0$、电导率 $\sigma_0$；土壤层的介电常数 $\varepsilon_1$、磁导率 $\mu_1$、电导率 $\sigma_1$；目标的介电常数 $\varepsilon_2$、磁导率 $\mu_2$、电导率 $\sigma_2$。

探地雷达的接收功率可以描述为

$$P_r = \frac{P_t G_t L_T S_0 L_R G_R L_P \lambda^2}{(4\pi)^3 R^3} e^{-2\alpha R} \tag{3-1}$$

式中：$P_t$ 为发射功率；$G_t$ 为发射天线增益；$L_T$ 为发射天线与大地的耦合损耗；$S_0$ 为地下目标的雷达反射截面；$L_R$ 为接收天线与大地的耦合损耗；$G_R$ 为接收天线增益；$L_P$ 为

地下电波传播损耗；$R$ 为天线与目标之间的距离；$\lambda$ 为雷达工作波长；$\alpha$ 为衰减常数。

在探地雷达应用中，电磁波在地层中的衰减常数 $\alpha$、相位常数 $\beta$、传播速度 $v$ 与土壤的介电常数 $\varepsilon_1$、磁导率 $\mu_1$、电导率 $\sigma_1$ 以及频率 $\omega$ 的关系为

$$\alpha = \omega \left[ \frac{\mu_1 \varepsilon_1}{2} \left( \sqrt{1 + \left( \frac{\sigma_1}{\omega \varepsilon_1} \right)^2} - 1 \right) \right]^{1/2}$$

$$\beta = \omega \left[ \frac{\mu_1 \varepsilon_1}{2} \left( \sqrt{1 + \left( \frac{\sigma_1}{\omega \varepsilon_1} \right)^2} + 1 \right) \right]^{1/2} \quad (3-2)$$

$$v = \frac{\omega}{\beta} = \sqrt{\frac{2}{\varepsilon_1 \mu_1}} \left( \sqrt{1 + \left( \frac{\sigma_1}{\omega \varepsilon_1} \right)^2} + 1 \right)^{-1/2}$$

当 $\frac{\sigma_1}{\omega \varepsilon_1} \ll 1$ 时，即 $\sigma_1$ 很小或者 $\varepsilon_1$、$\omega$ 很大，则

$$\alpha \approx \frac{\sigma_1}{2} \sqrt{\frac{\mu_1}{\varepsilon_1}}$$

$$\beta \approx \omega \sqrt{\mu_1 \varepsilon_1} \left[ 1 + \frac{1}{8} \left( \frac{\sigma_1}{\omega \varepsilon_1} \right)^2 \right] \quad (3-3)$$

可见，衰减常数 $\alpha$ 几乎与频率无关，此时的土壤媒介称为弱损耗媒介，适于探地雷达的工作。

**2．典型装备器材**

1）LTD-2000 型探地雷达

LTD-2000 型探地雷达由中国电子科技集团公司第 22 研究所研制，可用于探测埋藏的爆炸物、武器等。系统主要由探头、探杆、主机和综合电缆四部件组成，如图 3-25 所示。

探头由发射机、接收机、雷达天线、测距装置、滚动轮等部件组成，如图 3-26 所示。探头的功能：产生雷达脉冲信号，并通过发射天线向外辐射信号；接收雷达回波信号，等效采样后，转换成低频回波信号；通过滚动轮移动探头，并测量移动距离。主机包括 ARM 子系统、信号采集处理电路、步进控制电路、彩色 LCD 显示屏、

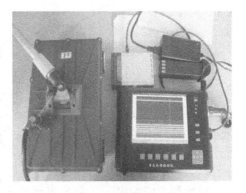

图 3-25 探地雷达系统组成

面板按键电路、锂电池、电源电路等部件。主机主要功能：控制探头产生发射脉冲和接收回波信号；A/D 采样接收雷达回波信号，接收并处理测距信号；处理雷达回波信号数据，实时显示单线扫描的垂直剖面图像；事后处理完成对选定区域内的多条单线扫描数据，进行水平剖面成像；完成按键操作和信息显示；保存探测数据；提供以太网（10M

有线或无线)、USB、SD 卡等多种数据接口。

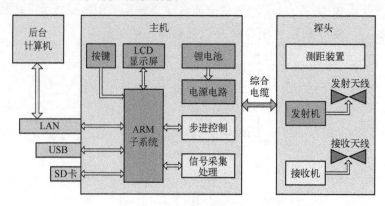

图 3-26 探地雷达原理框图

主要性能指标。

(1) 探测深度：对于体积 1000～3000cm$^3$、对应埋藏深度 10～50cm 的金属目标或介质差异明显的非金属目标，埋设环境为砖结构或钢筋混凝土结构，从探测图像能够显示出有异常，并标示出其深度。

(2) 探头质量：≤2.8kg。

(3) 连续工作时间：≥4h。

(4) 工作环境温度：-10～+40℃。

利用该设备进行测试试验，在室内楼板上设置一个木板，对比在没有设置目标物、在木板下设置两个模拟金属壳地雷和 1 个塑壳地雷、楼板地面等 3 种工况下进行测试，试验设置如图 3-27 所示。选用天线频率为 900MHz，试验图像如图 3-28 所示。

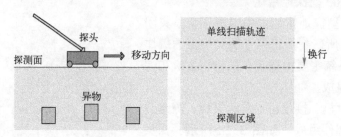

图 3-27 探测实验设置示意图

2) 车载探地雷达

以色列 ELTA 电子工业公司研制 EL/M-2190 型车载式探地雷达（图 3-29），探测深度为 0.3～15m，通常用于探测和标示地雷、未爆弹药、危险的废弃物、电缆、地下管道、掩体等。雷达探测装置 52kg，安装在轮式或履带式遥控探雷车上，探雷车前进速度小于 1m/s 时，其探测宽度可达 2m。南非 RSD 公司研制的"哈士奇"探雷车（图 3-30），前置挡板安装了高灵敏度的金属探测仪和超宽带探地雷达。

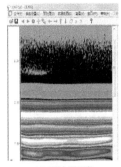 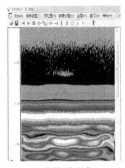 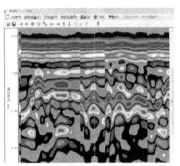

(a) 无被探测物　　　　　(b) 放置3个目标　　　　(c) 探测钢筋混凝土地面

图 3-28　探地试验图像

图 3-29　EL/M-2190 型车载探地雷达　　　图 3-30　"哈士奇"探雷车前置探地雷达

## 3.4　地下未爆弹磁法探测技术

### 3.4.1　基本原理

磁法探测是通过探测目标铁磁性外壳或零部件的磁异常来发现目标。基于地磁场中铁磁性物体（未爆弹）引起的磁场异常，可以通过测量磁异常信号并对其进行处理，实现对磁异常目标的探测和定位。磁法探测涉及的范围很广，根据测量所依据的不同原理可分为磁力法、电磁感应法、电磁效应法、磁共振法、超导效应法、磁通门法等。

（1）磁力法。磁力法早先应用于地磁场测量，其原理是利用磁化物体或通电线圈与被测磁场之间相互作用的机械力（或力矩）来测量磁场。根据此原理设计的主要有磁强计式或电动式两类测磁仪器，其中磁强计式测磁仪器可以测量较弱的均匀、非均匀以及变化的磁场，分辨力可达 1nT 以上。

（2）电磁感应法。电磁感应法是以电磁感应定律为基础测量磁场的经典方法。当检测线圈处于变化磁场中，线圈的感应电动势与线圈匝数、穿过线圈的磁通量变化率有关。当线圈处于恒定磁场时，线圈的感应电动势与磁场强度、线圈长度、线圈切割速度有关。

（3）电磁效应法。电磁效应法是利用金属或半导体中流过的电流和外磁场同时作用下所产生的电磁效应来测量磁场的方法，其中霍尔效应法应用最为广泛，可以测量 $10^{-7} \sim 10T$ 范围内的恒定磁场。通常磁阻效应法主要用于 $10^{-7} \sim 10T$ 范围较强的磁场。磁敏晶体管法可以测量 $10^{-5} \sim 10^{-2}T$ 范围内的恒定磁场和交变磁场。

(4) 磁共振法。磁共振法是基于自旋磁共振物理现象提出的一种测量方法，其测量对象一般是均匀的恒定磁场，主要包括核磁共振法、电子顺磁共振法和光泵法。其中，核磁共振法主要用于测量 $10^{-2} \sim 10 \mathrm{T}$ 的中强磁场。流水式核磁共振可测量 $10^{-5} \sim 25 \mathrm{T}$ 范围的磁场，还可测量不均匀磁场。电子顺磁共振主要用于测量 $10^{-4} \sim 10^{-3} \mathrm{T}$ 范围的较弱磁场。光泵法用于测量小于 $10^{-3} \mathrm{T}$ 以下的弱磁场。

(5) 超导效应法。超导效应法是利用弱耦合超导体中的约瑟夫森效应原理测量磁场的方法，可以用于测量 0.1T 以下的恒定磁场或交变磁场。基于此原理开发的超导量子干涉仪（SQUID）具有从直流到 $10^{-12} \mathrm{Hz}$ 的良好频率特性。超导效应法在地质勘探、大地测量、无损探测等方面有广泛应用。

(6) 磁通门法。磁通门法也称为磁饱和法，是利用被测磁场中磁芯在交变磁场的饱和激励下其磁感应强度与磁场强度的非线性关系来测量磁场的一种方法。这种方法主要用于测量恒定的或缓慢变化的弱磁场，通过测量电路的变化也可以测量交变磁场。基于磁通门传感器研制的磁强计是应用最广泛的测量弱磁场仪器之一，其测量范围为 $10^{-12} \sim 10^{-3} \mathrm{T}$，分辨力约为 $10^{-8} \sim 10^{-10} \mathrm{T}$。磁通门法大量用于地质勘探、材料探伤、宇航工程、军事探测等方面。

磁法探测技术可以通过探测埋入地下的未爆弹（通常为地雷、未爆航空炸弹等）铁磁性外壳或零部件的磁异常来发现目标。未爆弹埋设在土壤中，周围环境磁场（地磁场）强度为数万纳特斯拉，而未爆弹中铁磁性物质在地表所表现出的磁异常仅为数十纳特斯拉，且与铁磁性物质的磁学性质、尺寸、形状、埋设地区地磁要素及弹体轴线方向与地磁场方向相对角度等多个因素有关。利用磁探测技术探测未爆弹的仪器称为磁力仪，也称为航弹探测器，主要用于搜索和发现侵入地下或水中未爆的航空炸弹，也可用于探测其他类型的未爆弹。根据不同原理主要包括磁通门磁力仪、质子磁力仪和光泵磁力仪等。

代表性产品主要有我国的 312 型航弹探测器、德国的 VALLON 磁力仪、美国的 G858SX 铯光泵磁力仪等。

### 3.4.2 典型装备器材

**1. 312 型航弹探测器**

312 型航弹探测器主要用于单兵探测侵入地下较深的未爆航空炸弹，其主要由探头、探杆（包括前支杆与后支杆）及机箱三部分组成（图 3-31），具有磁异常现场成图以及对航弹目标的位置自动定位、深度自动计算、倾斜方向自动判别等功能。

312 型航弹探测器工作原理如图 3-32 所示，通过磁梯度传感器用来接收航弹中铁磁性物质产生的磁异常信号，并转换成电信号送入梯度测量单元进行处理；信号激励单元为磁梯度传感器的激励线圈提供激励信号；地磁补偿单元将同时作用于两个磁通门探头的地磁场予以补偿，以突出磁异常梯度值。磁梯度测量单元用来接收传感器输出，检出能反映被测目标磁异常强度的二次谐波信号，并转换成能供信号采集处理单元采集的信号电平。信号采集处理单元对所采集的数据进行处理，形成磁异常等值线图、剖面图等，据此来判别航弹的位置、深度及倾斜方向等。

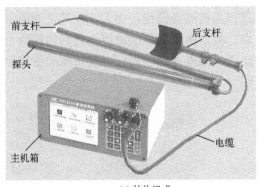 

(a) 结构组成　　　　　　　　　(b) 探测状态

图 3-31　航弹探测器外观图

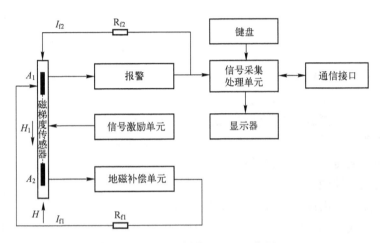

图 3-32　312 型航弹探测器工作原理

该器材的主要性能。

(1) 探测深度：对侵入地下、与地面夹角大于 30°的 250kg 航弹，不小于 3m。
(2) 水平定位偏差：对 250kg 航弹，不大于 0.5m。
(3) 适应工作温度：-10～50℃。
(4) 连续工作时间：≥8h。
(5) 使用质量：≤6kg。

使用该设备时，根据弹孔和土壤侵彻情况确定测区。离测区 5～10m 距离选择一个基点，先进行粗探，选择磁梯度值变化较大的位置，确定测网展开的中心点。展开测网后，可选用往返网格测量。操作员双手握操作杆使探头自然悬垂，并使探头顶部对准测点所在位置同时按动探杆上的采样按钮或主机键盘的"确定"键，逐个点采样，测量完成后保存数据。然后按照软件操作提示进行结果显示、分析判别。

图 3-33 为等值线显示界面，由不同颜色的线条显示，并标注有对应的梯度值、各种网格标注（测点、测线及其距离）等。选择"目标判别"，软件先进行自动判别，将判别结果（位置、深度、倾斜方向等信息）显示在对应的网格上，判别结果可作为图形文件

保存；在无法自动判别时，程序提示需进行人机结合判别，由人工在等值线图中选择等值线相对最密且磁异常相对较大的两个点，将这两个点分别设置为目标物的两个端点，据此再由软件自动进行目标物中心点的定位、倾斜方向的判别以及深度的估算等，判别结果自动显示在网格上，如图 3-34 所示。

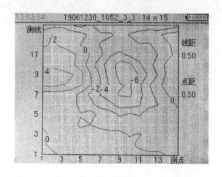 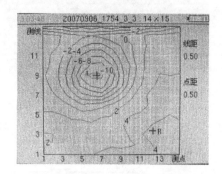

图 3-33　等值线显示界面　　　　图 3-34　人机结合判别图

### 2. Vallon EL1302D2 型航弹探测器

该型航弹探测器又称差分磁力仪（图 3-35），由德国 Vallon 公司研制生产，用于探测炸弹、炮弹、迫击炮弹和其他未爆弹药。其工作原理是采用磁通门测量铁磁性目标引起的地球磁场畸变，通过两个磁传感器产生的差值探测目标。

该器材的主要性能。

（1）探测深度：由探测目标尺寸和材质确定。

（2）报警方式：扬声器或耳机，指示表可视。

（3）数据记录仪或 PC 屏幕可选实时显示，配套评估软件 Vallon EVA2000。

（4）适应环境：沙地、泥地、黏土。

（5）使用质量：10～20kg。

（6）环境适应性：防潮、防震动、环境补偿。

图 3-35　Vallon EL1302D2 型航弹探测器

## 3.5　爆炸装置谐波雷达探测技术

### 3.5.1　基本原理

谐波雷达又称金属再辐射雷达或非线性结点探测器，是利用半导体非线性结点的谐波再辐射特性，通过发射基波、接收和分析谐波以探测半导体结点的设备。一般自然物体不会产生谐波辐射，半导体元件 PN 结和金属结点的非线性特征会产生谐波辐射。谐波雷达可以探测各种具有半导体元件或金属接触点的目标，包括地面或浅表层中的地雷、爆炸装置等。

谐波探测的原理：当一束强烈的电磁波照射到具有金属结点或半导体结点的目标上

时，目标将再辐射出一组频谱，包括基波和谐波分量（图 3-36），其再辐射的谐波相对幅度如图 3-37 所示。图 3-38 为半导体 PN 结点和金属结点的伏—安特性曲线示意图。

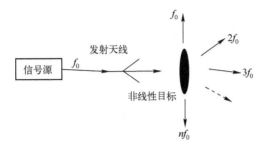

图 3-36　基波、谐波和再辐射

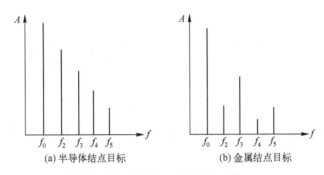

图 3-37　结点目标的再辐射频谱特性

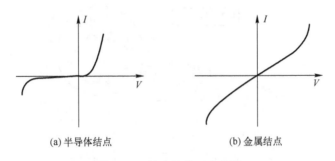

图 3-38　结点的伏—安特性

半导体结点的再辐射二次谐波分量最强，而金属结点的伏—安特性曲线特点抑制了偶次谐波，所以再辐射的三次谐波分量最强。当目标受到一束强烈的电磁波照射时，其具有的金属结点和半导体结点将再辐射出较强的二次和三次谐波分量，接收此二次、三次谐波分量或其组合波就可以对目标进行探测。

### 3.5.2　典型装备器材

目前，利用谐波探测原理的探测器材通常又称为非线性结点探测器，通过探测爆炸装置和无线电发射装置中的半导体器件的非线性结点，发现可疑装置，它可以探测各种隐藏的电子装置，甚至是处于非工作状态中的装置，广泛应用于探测隐藏的遥控装置、定时装置、微型录音机、微型照相机、微型摄像机以及窃听器等电子装置，是安检、警卫、刑侦、技侦工作的理想设备。典型器材包括我国的 WT2420 型、美国的 NJE-4000 型、俄罗斯的 LN-36 型等。

**1. WT2420 型非线性结点探测器**

WT2420 型非线性结点探测器（图 3-39），又称为电子装置探测器，是一种便携式谐波雷达，由中国电子科技集团公司第五十研究所研制。该探测器能够判别被探测物体是具有 PN 结点的电子装置还是具有金属结点的目标，能够探测开机或关机状态的被隐蔽或伪装的电台、窃听器、电子引信、定时爆炸物、地雷、未爆弹等带有 PN 结点的物体，适用于国防、安全、公安、港口等重要机关和部门。

图 3-39 WT2420 型非线性节点探测器

探测器主要由主机、探头、探测/显示面板、耳机、电池（仓）等组成，如图 3-40 所示。

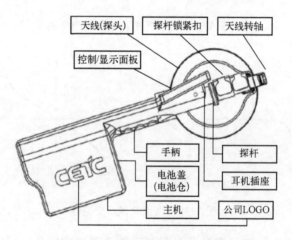

图 3-40 整机结构组成示意图

主要性能参数。

（1）探测距离：最大探测距离≥2m（自由空间、无遮挡，PN 结点标准目标）。

（2）穿透能力：最大穿透距离≥0.5m（自由空间、无遮挡，PN 结点标准目标）。

（3）单个电池连续工作时间：≥4h。

（4）工作温度：-10～+55℃。

**2. NJE-4000 型非线性结点探测器**

美国的 NJE-4000 非线性节点探测器，具有探测精度高、体积小、重量轻等特点，主要由主机及其附件组成,如图 3-41 所示。主机由天线、显示屏、伸缩杆和无线电收发装置等部分组成,另配有耳机及音频红外接收器、电池、充电器等附件。

主要性能参数。

(1) 发射功率:最小 14mW,高峰 1.4W。
(2) 频率范围:880~1005MHz。
(3) 灵敏度:-130dB。
(4) 主机质量:1.5kg。

**3. LN-36 型非线性结点探测器**

俄罗斯的 LN-36 型非线性结点探测器,如图 3-42 所示。内置高频率天线,能够精确探测距离较远的半导体元器件;能自动调节探测频率,激光定位技术增加了定位的准确性。

主要性能参数。

(1) 探测距离:4~10m。
(2) 探测信号频段范围:3481.5~3607.5MHz。
(3) 探测信号类型:脉冲式,脉冲工作周期 5%或 0.6%。
(4) 最高发射功率:20W。
(5) 接收灵敏度:-110dB。
(6) 质量:小于 1.5kg。

图 3-41 NJE-4000 非线性结点探测器　　图 3-42 LN-36 非线性结点探测器

## 3.6 地面爆炸物侦察探测技术

利用红外、光学侦察手段对危险区域进行侦察,以发现地面撒布的地雷、遗留的未爆弹药、简易爆炸装置等异常目标,在爆炸物处置行动中有着广泛的应用需求,技术也日趋成熟。

### 3.6.1 红外成像探测技术

**1. 基本原理**

所有物体都能发射与其温度和表面特性相关的热辐射,即红外波段的电磁辐射。红外探测以红外物理学为基础,通过研究和分析红外辐射的产生、传输及探测过程中特征和规律,检测目标红外线波长或强度,或检测目标与背景的热辐射差异,以实现对目标的探测。红外线是一种电磁辐射,具有与可见光相似的特性,同时还具有以下与可见光不同的特性:

(1) 红外线对人眼不敏感,必须用对红外线敏感的红外探测器才能接收。
(2) 红外线的光子能量比可见光小,热效应比可见光要强得多。
(3) 红外线更易被物质吸收,但对于薄雾来说,长波红外线更容易通过。

在整个电磁波谱中,红外辐射只占有小部分波段(0.75~1000μm),在红外技术领域中,通常把整个红外辐射波段按波长分为4个波段,如表3-1所列。

表3-1  红外辐射波段

| 名称 | 波长范围/μm | 英文缩写 |
| --- | --- | --- |
| 近红外 | 0.75~3 | NIR |
| 中红外 | 3~6 | MIR |
| 远红外 | 6~15 | FIR |
| 极远红外 | 15~1000 | XIR |

**2. 典型应用**

红外技术在军事和民用方面都具有广泛的应用,按红外仪器的工作性质可分为:探测测量装置、成像装置、跟踪装置和搜索装置。在爆炸物探测领域,最常见的设备主要包括红外探测器、红外成像仪等。

红外热像仪,是利用红外探测器和光学成像物镜接受被探测目标的红外辐射,将其能量分布图形反映到红外探测器的光敏元件上,从而获得红外热像图,这种热像图与物体表面的热分布场相对应,热图像的上面的不同颜色代表被测物体的不同温度,典型的红外热像如图3-43所示。物体的红外辐射线透过特殊的光学镜头,被红外探测器所吸收,探测器将强弱不等的红外信号转化成电信号,再经过放大和视频处理,形成可供人眼观察的热图像并显示到屏幕上。

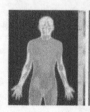
(a) 人体健康检查

(b) 变压器接头过热

(c) 电路板热分布

图3-43  典型目标的红外热像图

红外热像仪主要是分析目标热源分布特点,以区别目标与周围物体和背景。20世纪80年代后,焦平面阵列(FPA)设备从军事应用领域转移至商业市场,这较大改进了原始的扫描式探测器,提高了图像质量和空间分辨率。

红外技术在地雷和爆炸物探测方面,目前的研究和应用主要集中在针对地面大面积布设的雷场探测方面。美军在红外成像探测技术上的研究处于领先地位，以其机载远距离雷场探测系统为例（图 3-44），它采用"猎人"无人机，携带一个以上的热成像传感器，将拍摄的图像发送回地面控制站，由处理机利用雷场探测算法进行分析。

 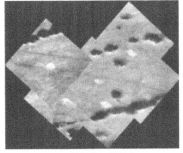

(a) 探测原理演示　　　　　　　　　(b) 拍摄的红外图像

图 3-44　机载雷场探测系统

对于类似于简易爆炸装置的目标，由于目标与背景的热辐射差异不明显，多数情况下难以直接通过红外图像分辨，即使目标与背景有差异，也需要通过图像处理进行识别，作为一种探测技术，可以通过试验进行定性的分析。利用红外热像仪，在室外环境下对放置在地面上的几种可用于简易爆炸装置制作的组件进行红外成像探测，给出的原件和热像图如图 3-45 所示。

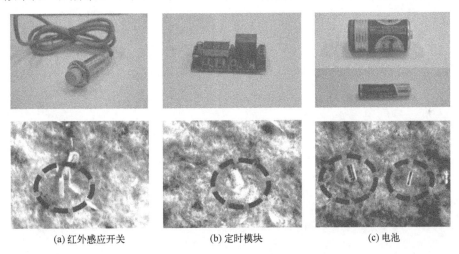

(a) 红外感应开关　　　　　(b) 定时模块　　　　　(c) 电池

图 3-45　组件的红外热像图

### 3.6.2　小型无人机侦察技术

近年来，无人机技术发展迅速，在民用和军用方面都发挥了越来越重要的作用。利用无人机执行战场侦察、监视等任务，已经成为作战的一种重要手段。美国陆军的无人机系统项目主管部门（PM UAVS）、AAI 公司和 BAE 公司共同研发的"影子"战术无人机，在伊拉克战场上进行了实战应用，执行的主要任务具体包括定点监视、目标跟踪、区域搜索、航迹侦察等，其中最重要的一项任务就是探测 IED。装备改进型情报、监视和侦察（ISR）有效载荷的"影子"无人机系统，能快速探测到地面的 IED，并将信息分发给作战人员。另外，改进型 ISR 能力包括广域搜索/监视、高分辨率测绘以及航迹侦察，大大提高了系统的通用性。

　　目前研究的无人机 IED 探测技术主要是变化探测和超光谱感知方法，这两种方法有很多共同点，并且都采用了自动垂直校正和自动处理技术。超光谱感知技术非常有希望用于 IED 探测。近年来，美国陆军的 PM UAVS 研究了用于 IED 探测的"影子"无人机载系统，该系统是机载体积变化探测系统（AVCDS）的超大型数字分幅相机，AVCDS 生成的高分辨率图像可以用来绘制垂直校正的三维地图，这些图像不仅可以用来进行体积变化探测，也可以用来进行传统的二维变化探测。

## 思 考 题

1. 痕量炸药检测的方式主要有哪几种？
2. 请描述非线性结点探测器的基本工作原理。
3. 简述低频电磁感应探测技术的基本原理。
4. 简述冲击脉冲雷达探测技术的基本原理。
5. 请简述几种常见的爆炸物探测技术装备，并说明其适用的基本条件。

# 第 4 章 爆炸物现场处置销毁技术

## 4.1 遥控装置干扰反制技术

遥控 IED（RCIED）是爆炸袭击活动中最为常见的类别，IED 起爆方式现场难以预测和快速准确识别，如果是 RCIED，随时可能被引爆。因此，排爆分队到达现场应首先采取频率干扰等紧急处置措施。

### 4.1.1 反制原理

RCIED，通常是用无线遥控组件、无线通信工具等改装为遥控装置的触发机构，用于 RCIED 的无线遥控器件的种类、参数和特点如表 4-1 所列。

表 4-1 无线遥控器材性能参数

| 器材 | 工作频率/MHz | 发射功率/W | 作用距离/m | 抗干扰性能 |
|---|---|---|---|---|
| 无线电遥控玩具 | 20~80 | 0.01~0.1 | 20~300 | 差 |
| 无线电遥控门铃 | 230~915 | 0.01~0.05 | 20~100 | 差 |
| 无线电遥控汽车锁 | 230~915 | 0.01~0.1 | 20~500 | 一般 |
| 各种市售遥控组件 | 230~915 | 0.01~0.5 | 20~1000 | 一般 |
| 无线电对讲机 | 137~174/200~240/350~512 | 0.5~10 | 500~5000 | 好 |
| 移动电话 | 890~4900 | — | — | 好 |

RCIED 的核心部分实质是一部无线电接收机，应用在军事领域电子战中的电子对抗理论和方法同样适用于对于 RCIED 的反制。RCIED 的反制通常是在无情报的情况下进行的，即无法准确获知 RCIED 的工作频率或频段。这种情况下，电子对抗设备会采用宽带白噪声或者快速扫频的方式来工作，通过提高敌方接收机的干信比来使其无法解调出有用信号，或者利用强大的功率落在敌方设备的接收带宽内，来达到阻塞敌方接收通道的目的。基于电子对抗理论，实现 RCIED 反制方法主要是：利用宽带白噪声来提高 RCIED 接收通道的干信比；利用快速扫频来间断阻塞 RCIED 的接收通道；对某些原理的 RCIED 可以利用密码攻击的方法提前引爆。

近年来，针对 RCIED 的反制，国内外已研制了多种无线电干扰设备。按工作原理主要可分为两种。

**1. 主动式干扰系统**

主动式干扰系统是目前最普遍的一种，实现起来最容易，对于普通的小功率遥控设备以及手机有比较明显的效果。但是其缺点主要就是对于大功率的窄带通信设备例如对讲机、大功率航模遥控器等，效果不佳。另外，由于主动式干扰系统需要全频段全时段发射工作，所以其工作起来的耗电和发热量大。目前的主动式干扰系统几乎都是采用"宽带扫频源或噪声源"+"宽带功放"+"宽带天线"的组合模式，只是不同设备的具体频段分配、功率大小和天线形状与性能有所区别，从原理上是一致的。一般的主动式干扰系统的原理如图 4-1 所示。

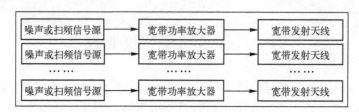

图 4-1　主动式无线电干扰系统的原理

主动式干扰系统一般通过两种方式起到干扰作用：

一种是产生宽带噪声谱，将 RCIED 自身工作的信号淹没，如图 4-2 所示。由于覆盖的带宽较宽，所以干扰噪声谱的幅度并不是很高，但为了起到干扰的作用，要求其至少要高于 RCIED 信号 3dB。

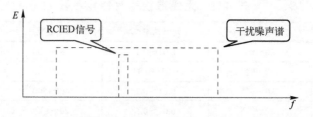

图 4-2　噪声谱对 RCIED 作用的原理

另一种是产生扫频信号，将 RCIED 的接收通道间断性阻塞，如图 4-3 所示。扫频信号因为瞬时带宽较窄，相对于 RCIED 的信号而言要高出很多，在作用期间会对 RCIED 的接收通道造成严重的阻塞，使其无法正常工作，但是由于其在一个扫频周期内并不是所有的时间都对其起作用，所以要想起到有效的干扰作用，扫频周期和信号带宽是需要精确调整的重要参数。

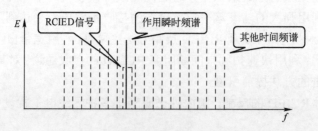

图 4-3　扫频信号对 RCIED 作用的原理

主动式干扰系统无论工作在噪声方式还是扫频方式，都需要较大的等效辐射功率才能起到作用，即考虑发射机输出功率和天线增益以及天线效率等综合因素。主动式干扰系统是目前对抗 RCIED 的主流设备，它适用于大多数需要解决 RCIED 威胁的场合以及需要现场信号封控的场合。它的使用条件是要有和 RCIED 或者被封控对象足够近的距离，以及良好的信号传播条件（无太多的阻挡），并且要有足够的等效辐射功率。

**2. 反应式干扰系统**

目前，反应式干扰系统在国内外安全领域还鲜有产品面市。反应式，就是干扰系统平时并不工作，当检测到有威胁的信号出现并通过各种处理确认了这个威胁后再做出反应，发射有针对性的窄带干扰信号，而对无威胁或者己方使用的频率则不予理会。反应式干扰系统的优势是明显的，一是可以对付对讲机等窄带大功率设备，二是可以有效利用能量，不用很大的功率和很长的发射时间即可到达较好的干扰效果，对供电和散热的要求大大降低，为设备的小型化和便携操作提供了良好的条件。反应式干扰系统的局限也是存在的，例如对出现的信号要做到快速地发现以及测量频率和识别威胁，然后才能在第一时间做出反应，而快速的信号发现和识别确认存在着一定的技术难度，而实现预期的指标也会有较高的成本。

反应式干扰系统是通过高速扫描数字接收机快速发现可能出现的威胁信号，并通过信号识别单元对其进行识别，如果确认威胁，那么将会在最短的时间开启大功率的干扰发射机，并根据识别时分析出的信号特征加以最有效的干扰调制。一个标准的反应式干扰系统的原理如图 4-4 所示。

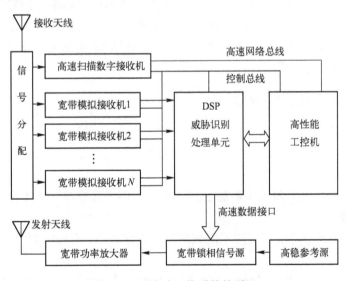

图 4-4 反应式干扰系统的原理

反应式干扰系统发射的干扰信号是通过对威胁信号的分析后确定的参数，例如频率和带宽以及调制方式等。尤其是带宽参数，通常是精确的窄带信号，这样的窄带信号在短时间内集中了发射机的所有能量，对高能量的 RCIED 具有很好的阻断效果。反应式干扰系统的发射信号与 RCIED 自身的遥控信号频谱关系如图 4-5 所示。

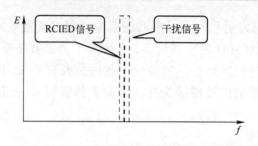

图 4-5　反应式干扰系统的干扰信号和 RCIED 的信号频谱

可以看出，干扰信号精准地覆盖了 RCIED 的信号，同时又尽可能地减少了自身带宽，使得干扰信号幅度大幅提升，保证了对抗高能量 RCIED 时的效果。如果对这样的 RCIED 采用常规的主动式干扰方法，将会无法实现阻断的作用，如图 4-6 所示。

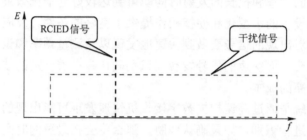

图 4-6　主动式干扰系统的干扰信号和高能量 RCIED 的信号频谱

反应式无线电干扰系统将有限的发射功率集中在准确的频率上进行发射，大大提高了对高能量 RCIED 的干扰效果，但是工作的时候需要接收 RCIED 的遥控发射信号，如果在现场有主动式无线电干扰系统工作，并且距离过近将会影响反应式无线电干扰系统对 RCIED 信号的侦测和识别。

### 4.1.2　频率干扰仪的应用

目前，常见的频率干扰仪，多为主动式干扰系统：便携式频率干扰仪，干扰半径为 20～100m，电源为充电电池；大型高功率频率干扰仪，能随队携带或车载，干扰半径为 100～200m。

以北京新雷德科技有限公司产品 PB-04 型宽带便携式宽带频率干扰仪为例。

**1. 技术性能**

系统天线采用超宽带设计，按不同频段外置天线 4 个，内置阵列组合天线，如图 4-7 所示。

主机质量：25kg；主机尺寸：(560×460×290)mm$^3$；发射功率：120W；功耗：最大 600W；操作方式：综合一键控制盒，可选择实现全部频段或分段发射操作；电源适应性：AC220V 市电/DC24～26V；保护功能：射频空载和短路保护，具有欠压、过压、过载、短路等各项保护。

干扰频段模块化，由 8 个频段组成，不同频段根据不同类型的干扰目标，采取不同的干扰信号调制模式，实现最佳干扰效果，如表 4-2 所列。产品设计 20～3000MHz 的有效干扰半径为40m,有效干扰距离与被干扰的设备自身性能和使用环境,以及移动通信基站信号的强度有关。

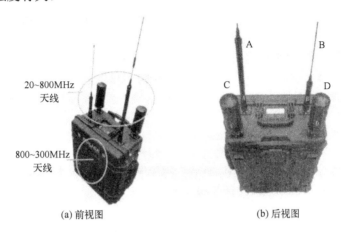

(a) 前视图　　　　　　　(b) 后视图

图 4-7　PB-04 频率干扰仪

表 4-2　干扰频段与干扰目标

| 干扰频段 | 干扰信号源方式 | 天线 | 干扰目标 |
| --- | --- | --- | --- |
| 20～80MHz | 点频与宽带扫频相结合 | A：鞭状天线 | 玩具遥控器、玩具对讲机 |
| 135～176MHz | 三角波 FM 调制,快扫与慢扫相结合 | B：鞭状天线 | VHF 工业、民用、汽车遥控器 |
| 230～500MHz | FM 调制,多重扫描时间相结合 | C：偶极子天线 | 工业、民用、汽车遥控器 |
| 400～470MHZ | 三角波 FM 调制,快扫与慢扫相结合 | D：偶极子天线 | UHF 工业、民用、汽车遥控器 |
| 500～1000MHz | 符合干扰手机最佳方式 | E\F\G\H 内置阵列定向天线 | 2G-3G-CDMA800、GSM900MHz |
| 1000～2000MHz | | | GSM1800、CDMA1900MHz、4G-TLE |
| 2000～3000MHz | | | 3G-TD-CDMA、WCDMA2000、4G-LTE |
| 2400～3000MHz | | | Wi-Fi、2.4G-玩具遥控器、4G-TLE |

## 2. 操作使用

放置频率干扰仪,在保证安全距离的前提下,尽可能将频率干扰仪放置在离疑似爆炸物较近的位置。尽量放置在坚固水平的地面上,不稳定的安装摆放将有可能导致设备干扰效果下降和天线辐射方向的改变,或主机工作时产生噪声和震动。

开机时,800～3000MHz 内置天线方向应该指向被干扰目标方向,它的水平工作角度为 60°,垂直角度为 45°,如图 4-8 所示。发射天线前 5m 距离内不要有人员,以免造成伤害。除了开、关机操作和发射频段选择操作外,操作人员要距离设备定向天线背面 1m 以上。

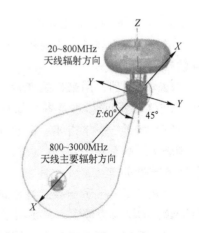

图 4-8　不同频段天线主要辐射波方向

排爆操作人员以及携带的搜排爆器材，宜从与频率干扰仪指向干扰目标的相对方向接近爆炸物，以减少对其的电磁辐射和遮挡效应。

频率干扰仪定向天线应指向疑似爆炸物，同时天线与疑似爆炸物之间应尽可能避开障碍物，且不应存在大面积的金属物品。

## 4.2 爆炸装置解体技术

### 4.2.1 人工排除技术

在人工排除爆炸装置之前，一般需要对疑似爆炸装置进行探测识别，并利用排爆绳钩组等进行移动试验，以确保人工拆除时的安全。

**1. 排爆绳钩组**

排爆绳钩组，主要用于远距离对疑似爆炸物进行移动试验或转移等安全操作的组合工具。一般配有各种绳线、滑轮、固定工具、夹具、吸盘、伸缩杆等工具，其组成部件及功能大同小异，如图4-9所示。

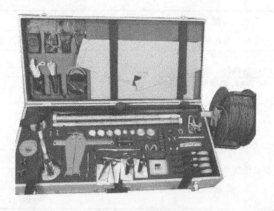

图4-9 绳钩组

1）排爆绳钩组的主要部件及功能

（1）主绳与线轴：主要用于牵引物体，主绳缠绕在线轴上，绳端配有可卸的不锈钢弹簧挂钩。

（2）牵绳器：用来拖拽绳索，一端是牵引手柄，另一端是由两块牙形板对合而成的钩槽，在放绳和牵引可疑爆炸物时，将绳索卡入钩槽内使用此工具可避免直接拽绳滑脱。

（3）钩子：有单钩和双钩两种，均由不锈钢制成，截面成矩形，外表面喷涂黄色塑料。钩子下端有连接螺纹，可与伸缩杆配合使用。钩子是非铁磁性的，可用于磁感性可疑物的排爆工作。

（4）夹子：夹子一端配有金属线缆，由薄铁板制成，夹口中间有一弹簧，嘴部有鳄鱼牙纹。夹子夹力较大，主要用于夹持布料的软包装物，夹子上金属线缆供包、物牵引。

（5）钢锥：钢锥由铬合金钢制作，强度大韧性高，锥柄带有钢环，可用于穿绳。钢锥可以像钢钉一样钉入墙体砖缝之中，其钢环上拉上绳索即可固定其他物体，也可在空旷场地作固定拉桩，如停车场等。

（6）胀杆：胀杆可撑在门框或窗框间，杆上有两个吊挂孔可挂滑轮或绳索用于吊起其他物体，也可用于绳索拉动其他物体时，对绳索起支承或过渡作用。胀杆是一个可调长度的横杆，分内杆和外套杆，内杆套在外套杆内，杆上有弹簧柱销和微距离调整螺杆。

（7）开启式滑轮：由滑轮、轮架、挂钩、弹性碰珠和夹板等组成，当夹板打开时，滑轮处于开启状态。此滑轮主要与滑球和绳索配套使用，将疑似爆炸物从隐藏地拖拽到空旷地经过多次拐弯时，使用此滑轮尤为必要。

（8）滑球：由铝合金制成，两个半圆形卡块由螺杆连接，左旋卡块间隙加大，右旋卡块间隙缩小。滑球主要用于让绳索从使用的滑轮中脱出。使用时将尼龙绳放入槽口，然后左旋卡块将尼龙绳卡入槽中，然后再右旋将绳子卡住。与可脱绳开启式定滑轮配合使用时，当卡块运行到定滑轮处会将可脱绳滑轮的夹板挤开，绳子自动脱落。

（9）伸缩杆：用高碳素纤维制作，由4节组成，类似可伸缩的鱼杆，全长3m。杆的最前一节的端部有孔，可装接杆和挂钩等件。当作为搭杆使用时，装上接杆后再装系有绳索的鱼钩或防脱的挂钩，待挂上物体之后将杆撤回，若作为拽杆使用时可直接装上挂钩拽物，但拖重只能小于5kg。

（10）接杆：用于连接鱼钩和伸缩杆，接杆分为两种，一种是端部带有两个安装定位针，它是连接防脱钩和伸缩杆的中间件。另一种是带长槽口，它是连接鱼钩和伸缩杆的中间件。

（11）双眼吸盘：由铝合金横梁和吸盘、橡胶吸垫、塑料杠杆装置构成，两个吸盘通过中间横梁连接，横梁正中有金属环，吸盘上装有橡胶吸垫，吸盘的吸力依靠扳动吸盘中心的塑料杠杆完成，可吸附在光滑平整不透气的平面上作为一个固定支点。

（12）锁眼环：也称羊眼圈，可用手拧锁眼环固定在木质物体上作为一个固定点，装在木器上的锁眼环的数量视着力大小而定。

（13）吊环螺钉：铝制的吊环螺钉装在带有线槽的方块上，调整吊环螺钉上的螺母可将卡块卡在绳子的任何部位。螺杆端有圆环可系绳索或挂滑轮用。

（14）锁扣：由轻质合金制成，使用时可使其锁成环状。在排除可疑爆炸物过程中，在转移可疑爆炸物的某些转折点，不易使用胀杆挂滑轮时，将钢锥楔入墙体可将锁扣挂在钢锥孔上，锁扣可直接穿入尼龙绳作为定滑轮使用，光滑的外圆表面不会对绳产生过大的磨损。

2）采用工具组合转移疑似爆炸装置

利用主绳、伸缩杆、接杆、防脱挂钩组合钩住疑似爆炸装置，长杆递送作用符合最少接近安全处置原则，如图4-10、图4-11所示。

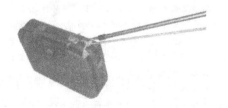

图4-10 长杆递送防脱挂钩钩住疑似装置的把手

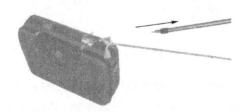

图4-11 抽出长杆、接杆后脱钩

吸盘吸合在光滑不透气平面上起固定作用，利用主绳、防脱挂钩、滑球、开启式滑轮、双眼吸盘组合使用，拖拉疑似爆炸装置，可改变拖拉路径方向，如图 4-12 所示。

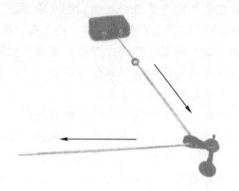

图 4-12　改变路径方向拖拉疑似爆炸装置

**2. 杆式机械手**

杆式机械手也称排爆杆，是一种人工操纵臂长可调的机械手，主要用于抓举、移动可疑爆炸物。杆式机械手一般由机械手、伸缩杆等组成，它可使操作人员与可疑爆炸物保持一定的安全距离，如与防爆护板配合使用，将有效地防止爆炸冲击波和碎片对人体造成直接危害。

1）手动杆式机械手

主要由伸缩杆、4 种机械手、卷绳器、钢丝绳、配重、肩带组成（图 4-13）。具有结构简单、操作方便、使用可靠的特点，可与防爆服及防爆盾牌配套使用。

2）电动杆式机械手

JW303 电动杆式机械手，由伸缩杆、电动机械手、电动弯臂、视频系统、伸缩式支撑三脚架、电气控制箱组成，如图 4-14 所示。通过调节杆的长度，使操作人员与危险品保持一定的距离。

图 4-13　肩带调整完成状态

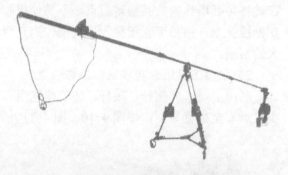

图 4-14　视频电动杆式机械手

使用开关式操作按钮控制弯臂的上下移动及抓手的张开与闭合；通过视频系统观察物体，可远距离观察疑似爆炸物，特别是疑似爆炸装置放入防爆容器后，只有使用视频系统准确地抓稳爆炸装置，才能安全地将其从防爆容器内移出。

杆式机械手配置 3 种抓手，可以根据需要选择适当附件，安装在杆的前端，抓取质量 1~10kg 的物体。抓手的连接采用标准快装连接，可以方便快捷连接及取下。电动抓手抓取可疑物品的动作是由杆后部的电控盒来控制，由抓手的电动机实现机械手的夹紧或松开动作。

### 3. 人工拆除作业

爆炸装置种类繁多、性能各异，形状、尺寸、重量、起爆方式等都没有统一的指标限制，但其构造基本相同，通常由包装物、炸药、起爆装置等部分组成。起爆原理和制作一般都比较简单、粗糙，但有的设计巧妙，难循规律，安全风险高，排除难度大。人工排除通常由专业排爆人员实施，应配备探测仪器、排爆工具、防护器材等。一般要求先对爆炸物作预处理，使用 X 射线探测器、窥镜等仪器查清其内部结构后，再施行"逆习惯法"开启爆炸物外包装，对爆炸物内部结构进行仔细观察分析，再采取相应的方式。排除时，关键是要抓住起爆装置这个核心，有针对性地采取措施。一般情况下，在爆炸装置中优先寻找雷管，然后将找到的雷管脚线分别剪断，分离雷管和炸药，拆除爆炸装置，暂时解除现场爆炸的危险。

江苏警官学院孙光教授在其所著的《反爆炸学》第 2 版中，总结了简易爆炸装置人工识别和人工排除口诀，具有一定的实践指导作用。

（1）人工识别要诀。

初见莫动，仔细观察，弄清类型，动手有法。
热起爆类，起爆简单，雷管火具，均可引炸。
机械起爆，撞击摩擦，还有针刺，三类触发。
电起爆类，情况复杂，种类繁多，仔细观察。
持爆按钮，按压触发，也有松发，脱手即炸。
伪装电器，难辨真假，开关插头，一用就炸。
压发装置，活动上盖，四周有缝，不压不炸。
拉发装置，必有拉线，拉线松弛，不拉不炸。
松发装置，行程很短，拉线紧绷，略松即炸。
邮件炸弹，凹凸不平，硬度异常，一拆就炸。
振动装置，自由触点，振动移动，稍动即炸。
机械定时，嘀嗒嘀嗒，时间有限，随时能炸。
遥控装置，无线操纵，一定距离，待机而发。
断电导通，外露导线，剪断此线，电路触发。
反干扰类，遥控待发，频率干扰，一开就炸。
传感器类，多有探头，探头裸露，远处观察。
光控装置，密封良好，光敏电阻，见光就炸。
声控装置，声控探头，无方向性，声音触发。
温控装置，温控开关，触发条件，温度变化。
磁控装置，磁控探头，得失磁铁，磁电转化。

（2）人工拆除要诀。

热起爆类，导火索燃，紧急疏散，远离爆炸；
时间允许，或剪或拔，切不能踩，一踩就炸。
电起爆类，谨防诡计，熟悉特点，不怕有诈；
分离结构，必有连线，找到连线，顺藤摸瓜。
独立结构，X光探查，结构清楚，操作有法；
该开莫开，该压莫压，见线慎剪，见孔慎插。
侧面开洞，反常拆它，正常打开，可能爆炸。
雷管脚线，单剪单扎，雷管炸药，彼此分家。
触发机构，剪断连线，取出电池，再动其他。
信件包装，利刃划开，脚线拉线，先后剪它。
遥控装置，屏蔽信号，定时装置，不要拆它。
定时不响，接触不良，不宜触动，动了会炸。
结构不明，就地摧毁，不能水浸，有时会炸。
结构复杂，最少接近，遥控处置，首选方法。
若无条件，远处拉拉，拉动不响，转移销毁。

### 4.2.2 爆炸装置解体器

爆炸装置解体器，也称水炮枪/水压爆炸物销毁器，是指利用火药弹点燃产生的高压推动高速水射流，或发射金属、有机玻璃、胶泥等材质弹，用于近距离解体简易爆炸装置的专用器材。

#### 1. 基本原理

爆炸装置解体器由枪身、枪弹和附件组成。枪身由高强度无缝钢管制成，分前后两部分，一般前端装水，后端装枪弹。枪弹内装无烟火药和电点火药头，用电能远距离点火。当枪弹内的火药被点燃后产生高压气体，快速推动枪身内的水形成高压水射流作用于目标，使其包装、炸药、电源和起爆装置快速分解，从而失去爆炸性能，如图 4-15 所示。

图 4-15　爆炸装置解体器

爆炸装置解体器，一般用水介质直接瞄准目标摧毁。其附件还包括支架和不同材质弹头，支架用来架设和固定枪管，枪管的前端也可设计配置不同类型的弹头，可安装铲形、叉形、钢质、尖头等异形弹头，用于目标的切割、撞击、侵彻等。爆炸装置解体器产品较多，但其构造性能基本相同。

目前，爆炸装置解体器发射管按照能否消除后坐力可分为两种，一种是发射管自身不具备消除后坐力的结构，弹药一般在膛底点火，效率高、威力大，但所产生的后坐力往往需要通过附加的缓冲装置抵消，结构复杂。另一种是通过发射管自身结构消除后坐力，弹药一般位于发射管的中间位置，两端通过圆锥分水体向前后两个方向同时喷射抵消后坐力，其射击稳定性好、精度高，但火药能量利用率低。爆炸装置解体器性能改进的目标：一是在现有水射流速度稍大于声速的基础上，通过提高火药利用率和改进喷嘴结构，进一步提高水射流速度，增大 IED 的解体能力和可靠性；二是进行无后坐力和轻量化设计，满足机器人、无人机等平台挂载使用，减少对机器人关节的刚性冲击。

**2. 使用方法**

以 SE189 爆炸装置解体器为例，主要由枪管、支架、起爆器、销毁弹、导线盘及附件组成，如图 4-16 所示。枪管口径：18.4mm；枪管总长：490mm。

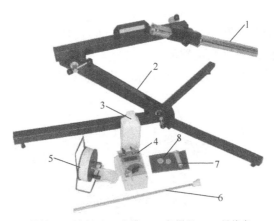

1—枪管；2—支架；3—水罐；4—起爆器；5—导线盘；
6—顶杆；7—销毁弹；8—水堵。

图 4-16　SE189 爆炸装置解体器

作业时应按照下述程序进行：安装枪管→安装销毁弹→安装水堵→线路连接与检测→进入射击区→起爆。下面主要说明安装水堵和进入射击区的操作步骤。

（1）水堵安装。拧松支架上固定枪管的螺栓，将枪管抬起，使枪口向上。先用顶杆将后水堵顶入枪管的中后部，然后用水罐往枪膛内注满水，最后用前水堵堵住枪口。枪管装填完毕后的截面如图 4-17 所示。

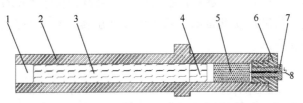

1—前水堵；2—枪管；3—水；4—后水堵；
5—销毁弹；6—底座；7—导线螺栓；8—导线。

图 4-17　装填完毕后的枪管截面图

（2）进入射击区。人工设置时，作业手握紧支架上的提手，小心地将其移动到待销毁的可疑爆炸物前，此时导线盘上的导线也被慢慢展开。将支架放平稳，调整支架，枪口对准待销毁目标，使枪口距离待销毁目标约 20cm，旋紧支架上各关节的固定扳手及紧固螺栓。也可将枪管安装在排爆机器人上，装好销毁弹后，遥控机器人进入射击区。

爆炸装置解体器使用时，还应注意：

（1）选择在周围没有人员等重要目标的地点，并有可靠掩体时作业，因起爆时有可能提前触发引爆声控爆炸装置。

（2）一般水射流初速约 360m/s，水压 124MPa，摧毁面积约 $30cm^2$，在探测分析爆炸装置结构的基础上，要求瞄准电源或雷管部位射击。或对于体积较大爆炸物，可同时使用两个解体器。

### 4.2.3 火箭扳手旋卸装置

**1. 基本原理**

火箭扳手，是基于两个微小火箭形成的旋转动力的扳手装置，主要用于拆毁管状炸弹或旋卸制式炸弹引信，使爆炸装置的引爆装置与装药分离。火箭扳手动力装置采取钢制框形结构，包括主框、螺杆、夹块、夹块套、火箭固定挂耳、微火箭，如图 4-18 所示。

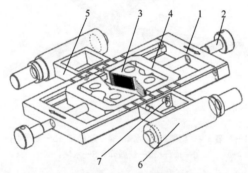

1—主框；2—螺杆；3—夹块；4—夹块套；5—火箭固定挂耳；6—微火箭；7—固定螺栓。

图 4-18 火箭扳手结构示意图

两侧对称设置反向安装的两个微火箭，方框的内侧设有定位滑动轨道，用以夹持固定弹丸引信。由于弹丸引信多为圆锥外形，内部夹块设计为自动翻转结构，以自动调节适应引信外形。将微火箭微偏于扳手平面设计，在火箭工作时会产生作用于引信轴线且反向于引信锥部的一个压力，以避免扳手飞脱。装置设计扭矩≤60N·m，通过引爆装在火箭扳手两端的发射药筒，使其带动火箭扳手高速旋转，将火箭扳手中心钳制的管帽或制式炸弹的引信被旋开。

**2. 使用方法**

利用火箭扳手作业，安装时人工接近爆炸装置需要采取安全防护措施，而后远离目标位置，点燃发射药筒使火箭扳手旋转拆卸装置，以最大限度地保证人员的安全。使用时要充分利用现场条件，将炸弹后端固定牢固，并使其前端悬空，以便火箭扳手旋转。其作业程序：固定火箭扳手主体→安装发射药筒→连接起爆线路→检测线路→起爆。

（1）固定火箭扳手主体。确认待拆卸炸弹固定牢固，并使炸弹前端安装扳手后悬空外露，不影响其旋转，如图 4-19 所示。判断待拆卸炸弹螺纹的旋转方向，根据螺纹的旋松方向，确定火箭扳手的安装方向，确保火箭扳手的旋转方向与螺纹的旋松方向一致。旋转方向如图 4-20 所示。将火箭扳手卡在待拆卸炸弹的螺纹部位，用专用工具扳手将卡紧爪拧紧。

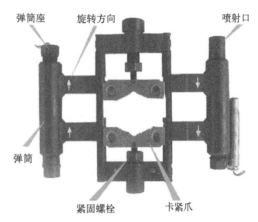

图 4-19　火箭扳手现场设置图　　图 4-20　火箭扳手旋转方向图

（2）安装发射药筒。确认药筒底端两根导线处于短路连接状态，将导线从药筒座中心的导线孔穿出，将发射药筒插入药筒舱内，旋紧药筒座。

（3）连接起爆线路。将两枚发射药筒的导线两端分别与导线盘上的导线连接，使两枚发射药筒与导线并联连接。人员撤到有掩体的安全地点，检测线路后，待命起爆。

### 4.2.4　高压磨料水射流切割技术

高压水射流技术，通过动力系统加压，迫使高压水流通过喷嘴喷射出高压水射流，对目标产生高压冲击。高压水流最大可达 400MPa，速度最高达 1000m/s，由于水能及时带走热量，消除热积累，提高了弹药处理的安全性。水压越高切割效率也越高，但由此带来的问题也越多，如对机器部件的要求高，操作的危险性高，喷嘴的磨损、耗费高等。磨料射流是利用流体快速通过孔径，在负压作用下，固体磨料颗粒被吸入与高速液体在管内混合，形成混合射流喷出。

高压磨料水射流，就是在高压水射流中添加一定数量，质量和硬度较高的磨料颗粒，形成液固两相射流，具有极强的切割能力。在水中混入磨料颗粒，从而改变水射流的流动特性和对物体的作用力。水作为磨料颗粒的载体，将高压水流的动能传递给磨料颗粒，将对物体的连续静压作用改变为高速运动的磨料颗粒对物体的高频冲蚀和磨削作用。磨料颗粒的密度比水大 2~6 倍，且具有棱角，提高了射流的打击效果和切割能力。

根据磨料加入位置，可以将其分为后混式和前混式磨料水射流。前混式是指高压水经喷嘴形成水射流前与磨料颗粒混合，与后混式相比，具有较高的能量传输效率和较大的磨料颗粒速度。试验表明，前混式切割钢板和混凝土等坚硬材料，压力仅需 20~30MPa，约为后混式磨料水射流工作压力的 10%；50MPa 时能达到很好的切割效果，且系统密封容易保证。切割效能与射流压力、喷嘴直径、磨料参数、切割深度、进给速度等有关。

前混式磨料水射流切割系统,由高压泵—动力系统、供水系统、磨料供给系统、切割作业系统、及作业喷嘴、高压软管、快速连接头等附件组成,如图4-21所示。通过发动机出来的动力将水箱里的水经过高压泵转变成高压水,高压水通过高压软管经磨料罐与磨料混合,流向喷嘴,经过喷嘴的加速将混合液体喷出并进行切割作业。磨料供给系统由高压磨料罐、流化器、混合腔、调控阀等部件组成,主要功能是储存和流化磨料。磨料罐的底部是混合腔室,通过混合腔室的水路调整,可以精确地调节磨料浓度。

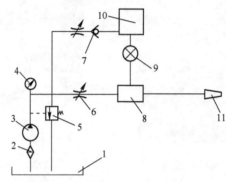

1—水箱;2—过滤器;3—柱塞泵;4—压力表;5—安全阀;6—节流阀;
7—单向阀;8—混合腔;9—截止阀;10—磨料罐;11—喷嘴。

图4-21 前混式磨料水射流系统示意图

磨料罐处于高压泵与喷嘴之间的高压回路中,从高压泵输出的高压水在磨料罐底部与磨料颗粒进行初步混合,使磨料颗粒处于"拟流体"的流化状态,通过磨料截止阀流进混合腔,在混合腔内处于液化状态的磨料颗粒再与高压水进行充分混合,然后通过高压水管路以悬浮态输送到喷嘴,通过喷嘴的进一步加速喷射出去形成磨料水射流。当确定了爆炸物的具体位置后,将磨料高压水接到切割作业系统上,可进行切割排爆作业。作业控制系统可以实时显示喷嘴的位置,旋转速度,进给速度等参数。

前混式高压磨料水射流设备,压力为30MPa、流量不大于12L/min。通过对水射流喷头的旋转速度、进给速度、喷射角度等优化设计,可对金属壳体的爆炸物进行冷切割,不引燃装药或引爆炸药,安全破解排除其中的炸药和引爆装置,如图4-22、图4-23所示。

图4-22 实际切割手雷

图4-23 切割简易爆炸物

## 4.3　机器人排爆技术

利用排爆机器人进行爆炸物处置排爆作业，可以实现对爆炸物的远程无人化操作，最大限度保证处置人员的安全，具有广泛的应用需求。排爆机器人，是指能够代替人到达现场，进行侦察、排除和处理爆炸物的移动机器人，包括陆上和水下排爆机器人。

### 4.3.1　陆上排爆机器人

**1. 主要功能**

陆上排爆机器人的主要功能有行走、通信、信息处理和控制、处置爆炸装置等。

1）行走机构

排爆机器人的行走机构有轮式、履带式、轮履复合式等。

轮式行走机构，优点是结构简单，重量轻，滚动摩擦阻力小，机械效率高，适合在较平坦的地面上行走；缺点是由于轮子与地面的附着力差，越野性能差，特别是爬楼梯、上台阶、越壕沟能力较差。

履带式行走机构，优点是越野能力强，可以爬楼梯、上台阶、越壕沟；缺点是重量大、能耗大、机械效率低、速度慢。

轮履复合式行走机构同时装有轮子和履带，当机器人在较平坦的地面移动时，使用轮式行走机构，以获得较快的移动速度；当机器人需要爬楼梯等障碍物时，使用履带式行走机构，以提高其越障能力。缺点是结构相对复杂，控制较为困难。

2）通信系统

通信系统的主要任务是完成机器人与控制平台之间的信息传递，实施遥控操作。一般采用无线加有线的双重通信方式，通过无线局域网来遥控机器人，模拟和数字传输距离为 100～1000m；在受到无线干扰时可采取线缆、光纤有线控制方式。

3）信息处理和控制

信息处理和控制是以计算机为中心，提取、识别和分析判断获得的关键信息，建立机器人任务模型，供控制和决策人员选择。

半自主移动与遥控相结合方式：机器人在人的监视下自主行驶，在遇到困难或者需要执行特定任务时操作人员进行遥控操作。

全自主移动：依靠自身的智能自主导航，躲避障碍物，独立完成各种排爆任务。

4）定位

利用多传感器进行定位，实现对爆炸装置的精确处置。

外部传感器有红外线、超声、激光、摄像头、GPS 等；功能传感器有摄像机、昼夜瞄准镜、微光夜视瞄准镜、双耳音频探测器、微型定位系统等。

5）处置爆炸装置

要求排爆机器人能卡装多种装备，如卡装多自由度机械手，爆炸装置解体器，切、割、钻工具等，以便完成处置爆炸装置的任务。

**2. 小型排爆机器人**

以北京晶品特装公司的产品 JP-REOD400 排爆机器人为例，如图 4-24 所示，采用双手爪设计，具有多视角观察能力，是集侦察、危险物品转移、危险物品处置于一体的小型排爆机器人。机器人手臂具有 8 个自由度，活动灵活；机器人底盘采用"鳍臂式"履带结构设计，使机器人具备了超强的爬坡和越障能力，可适应沙地、瓦砾、草地等多种复杂地形；机器人配备了背负式控制系统，采用高性能加固便携式计算机作为操控终端，具有物理摇杆控制和触摸屏控制两种操作方式，操控终端软件以三维模型的方式呈现机器人的实时状态，便于操控人员远程操作。

该装备包含 3 个储运箱，分别装有：机器人及控制系统、增强天线及有线系统、快拆扩展作业工具。机器人及控制器系统包含：一台机器人本体、一套背负式控制系统、一个机器人电池充电器、一个背包电池充电器，机器人连接如图 4-25 所示。

图 4-24 小型排爆机器人

图 4-25 机器人连接效果图

该排爆机器人的"快拆扩展作业工具组"为独有创新设计。工具组中的橡胶垫是用在主手爪上的，通过更换主手爪上的橡胶垫可以更稳固地抓取具有相关特征的物体，例如：主手爪内侧更换成弧面橡胶垫后，可以更加方便地抓取类圆柱形物体。

工具组中的工具爪剪刀、工具爪钳子等组件是用来替换扩展手爪的，将此类工具安装到多功能扩展手爪的安装接口上，可以实现剪、割、抓、扒等复杂的作业，例如：用工具爪剪刀替换扩展手爪后，就可以实现剪断电线、铁丝的操作。工具组中的延伸关节上有一个摄像头，安装后替换扩展手爪上视摄像头，可以观测更高更深的位置，例如：可以将延伸关节伸进车窗观测汽车内部空间。

将底盘尾撑安装到机器人底盘的尾部，可以使机器人爬上更陡的楼梯；抓举配重块是安装在电池仓后面的，作用是防止机器人抓举较重物体重心前移造成翻车，如图 4-26 所示。

图 4-26 机器人爬楼梯操作

主要技术参数：

机器人主体质量约 40kg，最大抓取质量 5kg。机械臂长度完全伸展大于 1.5m，最大夹持宽度大于 20cm。速度 0～1.4m/s，垂直越障高度大于 20cm，越沟宽度大于 35cm，爬坡度大于 30°，连续工作时间大于 4h，红外夜视距离大于 30m，显示器 LCD 高亮屏，按键摇杆与触摸屏双冗余操作。无线遥控距离大于 500m，有线、无线控制。

**3. 其他排爆机器人**

上海合时智能科技有限公司中型排爆机器人 uBot-EOD A20，主要由履带式车体移动平台、多自由度机械手臂、多自由度监控云台和远程操控终端等组成，如图 4-27 所示。俄罗斯陆军的链锤式遥控机械扫雷排爆车，如图 4-28 所示，已用于叙利亚战场地表爆炸物清除。

图 4-27 uBot-EOD A20 排爆机器人

图 4-28 俄罗斯遥控机械扫雷排爆车

## 4.3.2 水下排爆机器人

水下机器人主要包括有缆水下机器人（ROV），无缆水下机器人（UUV、AUV），在海洋工业和军事领域发展较快。水下机器人通常由航行体、控制器、探测设备、作业设备和保障设备等组成。AUV 一般配备侧扫声纳、高清摄像机和合成孔径声纳，具备自主航行、自主探测功能，可代替潜水员或载人小型潜艇进行深海探测、救生、排除水雷等高危工作。

小型水下机器人（ROV），主要组件包括水下机器人本体、控制系统、线缆系统，一般具有定深和定向运动模式，具有水下摄像、感知流体信息等功能，可外接不同传感器设备，如前置声纳系统，方便水下探测、监控等救援作业。

目前专门用于水下排爆的机器人很少，一种国产 VVL-V600-4T 打捞机器人可用于水下排爆作业，主要由悬浮航行体、控制箱和高强度防水电缆等组成，如图 4-29 所示。具有照明、通信、光学等探测通信，能对水下的物体进行搜寻、打捞等作业，主要技术参数如表 4-3 所列。

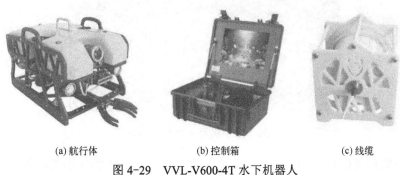

(a) 航行体 　　　　　(b) 控制箱 　　　　　(c) 线缆

图 4-29 VVL-V600-4T 水下机器人

表 4-3　VVL-V600-4T 水下机器人主要技术参数

| 机器人部分 | |
|---|---|
| 机器人尺寸重量 | 650mm×460mm×450mm，48kg |
| 材料结构 | 采用框架结构，框架采用高分子材料。浮体材料采用耐压玻璃微珠复合材料，耐腐蚀 |
| 推进器 | 采用 4 个无刷推进器，2 个水平推进器，2 个垂直升降推进器 |
| 相机参数 | 前置 200 万 4 倍变焦数字高清相机，照度 0.2lx，相机云台垂直旋转 90°，后置水下专用低照度相机 |
| 照明 | 前端装有 2×50W LED 灯，尾部 15W LED |
| 电缆 | 100m 中性浮力电缆，可承受 200kg 拉力，采用滑环卷线盘 |
| 深度等级 | 500m |
| 云台 | 采用图像同步扫描云台 |
| 速度 | 下潜速度 2kn，航速 3kn |
| 传感器 | 深度传感器，温度传感器，三维电子罗盘 |
| 机械手 | 采用可拆卸机械手 |
| 水上控制 | |
| 显示器 | 19 英寸高亮液晶显示器 |
| 计算机主机 | 采用嵌入式主机，I5 处理器 |
| 视频叠加 | 有视频叠加功能，可叠加日期时间、深度、温度、航向 |
| 功耗 | 系统输入电压 100～240V AC，功耗 2000W |
| 扩展性 | 可扩展水下小型成像声纳 |

水下机器人在浑浊水域中只靠水下摄像机很难看清水下情况，即使打开 LED 补光灯，但是由于水中有大量的浑浊物会对所补的光线进行散射，无法达到理想的照明效果。针对这种应用环境，可以搭载前置声纳系统，提高在浑浊水域中的搜寻效率，如图 4-30 所示。

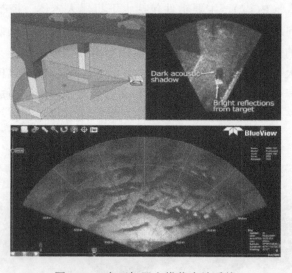

图 4-30　水下机器人搭载声纳系统

AUV 一般配置侧扫声纳，可以对水底地貌和物体进行更加详细的探测，保证高分辨率成像和小目标的精细探测,为作业人员提供详细的水底地貌信息和目标位置信息,辅助作业决策,如图 4-31 所示。

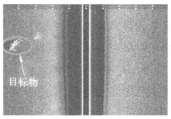

图 4-31 侧扫声纳工作原理

## 4.4 定向能排爆技术

### 4.4.1 高功率微波排爆技术

**1. 高功率微波源基本原理**

高功率微波(high-power microwave,HPM)是指频率为 300MHz～30GHz、峰值功率大于 100MW 的强脉冲电磁辐射。高功率微波源是高功率微波(HPM)武器的核心。HPM 武器是利用电磁能量对目标进行杀伤或摧毁,能够摧毁电子装备和武器系统,也可对作战人员造成杀伤,是一种新概念定向能武器。HPM 武器的原理组成如图 4-32 所示。电源提供产生 HPM 所需的足够的电能,重复脉冲发生器产生脉宽纳秒量级、重频 100Hz 以上、电压数百千伏至兆伏以上、电流数千安的高功率强电流脉冲,HPM 产生器产生数百兆瓦至千兆瓦以上的高功率脉冲,通过天线形成窄的波束在天线控制系统控制下瞄准并摧毁目标。当微波束通过天线、导线、金属开口或孔缝进入飞机、导弹、卫星、坦克、地雷、爆炸装置等武器系统电子设备的电路、在电路上产生的感应电流将会使电路功能紊乱,出现误码、中断数据的传输,抹掉计算机存储或记忆信息,或直接烧毁电路中的元器件,使电子装备和武器系统失效或引爆。

图 4-32 高功率微波定向能武器原理组成

已有研究和试验表明,频带越宽、脉冲越窄、重复频率越高、作用时间越长的 HPM 对电子系统存在独特的干扰和破坏效应。超宽带高功率微波(UWB-HPM)的产生,主要包括 3 个基本部分,如图 4-33 所示。

图 4-33 UWB-HPM 产生系统

初级脉冲源用于产生脉宽为纳秒量级的高功率电脉冲,并匹配地馈入下一级;超宽带脉冲形成,将纳秒电脉冲进行脉冲压缩和陡化,形成脉冲宽度、脉冲前后沿在亚纳秒量级的超宽电磁脉冲;超宽带天线,将形成的超宽带电磁脉冲高效率地辐射出去,形成在空间传播的超宽带高功率微波辐射。

高功率超宽带脉冲的形成主要靠快速导通或截止开关来实现,要求这种开关导通速率为亚纳秒或皮秒,导通持续时间最多为几纳秒,其耐压能力为几百千伏,同时工作稳定可靠并具有重复频率运行能力和相当的寿命。目前已经研制出各种超快开关,它们可以分为 3 类,即气体开关、液体开关和固态光导开关。Peaking-Chopping 高压气体开关在高功率超宽带电磁脉冲的形式中应用广泛,它是由两个开关组合而成的一种超快开关。其中 Peaking 开关使主脉冲前沿陡化,Chopping 开关则进一步截断脉冲,形成后沿很快、脉冲宽度很窄的高功率超宽带脉冲,经同轴传输线到超宽带天线,就可以形成在空间传播的 UWB-HPM。

高功率微波源的工作流程如图 4-34 所示,初级电源系统在电控系统控制下产生微秒级 10kA 电流,由 Tesla 变压器和双筒形成线组成的脉冲源在该电流激励下形成纳秒级、250kV 高压脉冲,高压脉冲经快开关(亚纳秒开关)整形后,形成超宽谱高功率微波,再由馈电结构馈送到高功率微波传输辐照装置。

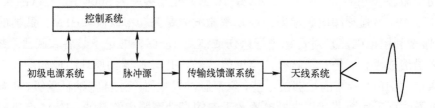

图 4-34　高功率微波源工作流程

### 2. 电子起爆装置的 HPM 耦合效应

从作用机理分,HPM 效应主要有电效应、热效应和生物效应。应用高功率微波排除爆炸装置主要是高功率微波对其电子系统的电效应。HPM 从天线辐射出去,经过大气传输至目标,通过目标的外壳、孔缝后,直接辐射到目标内部的电子引信电路上,通过电子器件的非线性耦合,对电子引信电路进行效应。当微波场强足够大时,导致电子引信电路的干扰、信号电平翻转,产生误触发信号,使电子开关导通,从而使电源与点火头构成闭合回路,点火头点燃,弹药引爆;当微波场强过大时,导致电子引信损伤,使弹药瞎火。

HPM 对电子系统的效应,首先是经"前门"或"后门"耦合进入电子系统,然后以传导方式或空间辐射方式通过单通道或多通道耦合进入单元电子元件。电路对于微波场可以等效成一个或多个接收天线,"前门"耦合是指 HPM 通过天线、传感器等专门通道进入系统的耦合;"后门"耦合是指 HPM 通过系统上的孔缝、电缆接头和焊缝等的耦合。在传导方式下,微波到达器件,在一定的功率或能量下对器件产生效应;在辐射方式下,由于腔体对微波反射影响,在空间形成复杂的微波空间场分布,同时微波在腔体内传播过程中,与腔体内的线路板或元器件相互作用产生耦合,进入电路或器件中去,对器件产生作用。

在 HPM 与系统相互作用的耦合过程中，由于其波长与系统的特征尺寸相近，在一定条件下将产生共振现象，致使场强增强，使有效耦合面积大幅度增加，这是"共振增强"效应。任何一个简单电子系统，都将具有一个或几个共振频率，当入射的共振频率与这些共振频率中的任意一个接近时，将发生共振，此时有效面积大于实际面积。对于一个较复杂的电子系统，共振频率点可能会更多。耦合到目标电子器件上的微波信号，若其频谱覆盖电子器件的工作频率，则直接作用；若频谱落在电子器件的工作频带之外，则通过检波、互调等非线性作用，将带外的微波信号转换成带内的"视频脉冲"或带宽信号对电子进行作用，该信号传遍电子系统，可能在传输过程中因寄生谐振而放大。

从破坏程度看，电效应主要包括以下 4 个等级：①干扰系统的正常工作，高功率微波信号通过后，目标能恢复正常工作；②扰乱系统的正常工作，造成电子系统工作混乱、工作失常、工作中断或者闭锁，须经人为复位或重新加电后才能正常运行；③干扰的微波能量较大，使非关键器件损伤，或使关键器件性能下降，造成电子系统降级；④感应的微波能量过大，使电子系统烧毁或致命损伤。应用 HPM 排爆主要使起爆装置干扰损伤失去作用、引爆或烧毁，对于遥控、感应、电子定时等爆炸装置，十分有效。

**3. 试验分析**

目前已有的 HPM 扫雷装置，主要针对的是非金属壳体电子引信地雷撒布雷场的扫除。试验表明，在其前方 6m 地面上的超宽谱微波辐射场强为 1100V/cm，导致地雷引信电路误触发，使地雷引爆；或者造成敏感元件损坏，使地雷失效，从而达到扫雷的目的，如图 4-35 所示。扫雷有效率随脉冲源重复频率增大而增大，行驶速度增大而减小，行驶速度不小于 20km/h、脉冲源重复频率为 100 脉冲/秒的条件下，扫雷有效率不小于 95%。HPM 对地雷引信的效应主要是其与电子器件和电路的耦合作用，HPM 在金属表面或金属导线上感应电流或电压，由感应的电压或电流对电子元器件产生效应，如造成引信电路中的器件状态的翻转、闭锁、器件性能下降和半导体器件的结电压击穿等，从而使地雷引爆或使引信失效。

图 4-35 微波扫雷装置试验场景

通过对诺基亚、三星、飞利浦、摩托罗拉等移动电话构成的智能型爆炸装置近百次的试验表明，照射智能型爆炸装置的超宽谱高功率微波的峰值场强达到几万至十几万伏/米时，爆炸装置中的移动电话无一例外地发生自动关机或 SIM 卡故障，使爆炸装置失效。手机和电子遥控器均为电子设备，主要由天线、接收系统、发射系统和各种信号处理、控制系统组成，当高功率微波照射这些电子遥控装置时，高功率微波将通过两个耦合途径进入设备内部并达到电子元器件。第一个途径是"前门"耦合，即通过天线收集高功率微波能量，这些电磁能量通过设备内部的线路传导到各个电子元器件。第二个途径是"后门"耦合。高功率微波可以通过设备上的孔缝、电源线进入设备内部，进入设备内部的电磁能量一方面在设备空间传播，传播的电磁能量和设备内部的各种线路产生耦合作用，再经线路将电磁能量传导至电子元器件。而且还在设备内部空间产生谐振，形成复杂的电磁空间分布，再次和线路、电子元器件产生耦合作用，这些耦合到电子元器件的电磁能量将对电子遥控装置产生严重的电磁干扰，当这些干扰信号足够强时，可能使电子遥控装置死机、关机甚至烧毁元器件而失效。

### 4.4.2 高能激光排爆技术

#### 1. 激光武器

激光武器主要包括光源、光束控制（光束定向器）及作战指挥三部分。光源是激光武器的"弹仓"，产生杀伤目标所需的激光能量。光束控制是激光武器的"火控"，瞄准目标并控制激光发射方向，将能量准确投射到目标上。作战指挥是激光武器的"中枢"，控制整个武器系统完成各项作战任务。

1）激光器

激光器能够产生毁伤目标所需的高能激光，是激光武器的核心。因此，通常以激光器的类型划分激光武器的种类，分为化学激光武器、固体激光武器、光纤激光武器等。

化学激光器是一类将化学键中储藏的能量转化成为激光输出的装置，其激活介质的粒子数反转是通过释能化学反应过程实现的。化学激光武器的优点是可实现兆瓦级功率输出、技术成熟度高、光束质量好，缺点是体积重量大。

固态激光器是以固态激光材料作为增益介质的激光产生装置，主要包括块状（或片状）增益介质的固体激光器、光纤激光器和半导体激光器等。近年来，固态激光器技术得到了快速发展，其中高能固体激光器和高能光纤激光器已成为战术激光武器的主要技术路线。

固体激光器以块状晶体或陶瓷材料为增益介质，通过单级振荡或级联放大结构获得大功率激光，并可通过光束合成技术实现更高功率输出。由于块状增益介质体积大、储能多，固体激光器易于产生大功率，能实现单口径百千瓦以上功率输出，是数百千瓦级武器系统的重要选择。

高能光纤激光器以掺稀土元素光纤为增益介质，通过振荡器或级联放大结构获得大功率激光输出。光纤激光器的优点是热管理相对简单、电光效率高、单纤光束质量好、战场环境适应性强等。但它单纤输出功率难以做大，需要复杂的光束合成系统增加功率。目前，高功率光纤激光系统的电光效率可达35%以上。由于转换效率高，光纤激光器对泵浦源的功率需求量小，而且产生的废热少，对冷却要求低，因此光纤激光器的结构更加紧凑，重量体积相对较小。同时，光纤激光器的运行无预热时间，操作简单，维护方便，平均寿命长，抗振动能力强。

2）光束控制

激光武器具有光速攻击的特性，打击目标所需的提前量几乎可忽略不计，瞄准远距离目标后，可立即打击、即刻交战。然而，激光武器难以"秒杀"目标，要想达到预期的杀伤效果，需要一定的持续辐照时间。通常情况下，对光电系统的毁伤仅需要毫秒至1秒量级的持续辐照时间，但是毁伤导弹、无人机等作战目标，需要1~10s甚至更长的持续辐照时间。正是由于持续辐照的需要，激光武器打击目标要想达到预期破坏效果，除应具备高光束质量、高功率激光光源外，还必须借助一个功能完善、结构精密的光束控制系统，用于识别和确定目标打击点，并持续在指定打击点上维持较小的聚焦光斑。

光束控制的目的是将高能激光发射到目标打击点，并将光束稳定在打击点上直到毁伤效果实现。以战术激光武器拦截火箭弹为例，雷达捕获目标后，激光武器的光学跟踪器转向雷达指引方向，开始精确跟踪并选择目标瞄准点，待目标进入射程之后开始发射激光，持续照射一段时间直至摧毁目标。

在激光武器中，光束控制是通过光束定向器来实现的。光束定向器其实是一架特殊的望远镜，它不仅能够接收来自目标的弱光，实现对目标的跟踪瞄准，而且还能发射来自激光器的强光，对目标实施精确打击。传统的激光武器采用单孔径光束发射技术。近年来，光纤激光器和固体激光器取得了快速发展，要实现用于激光武器的高功率输出，这两类激光器都需要进行多束激光器的功率合成。这就对光束控制提出了新的要求，促进了光束控制技术的新发展，多孔径合成发射技术和激光相控阵技术是两类典型代表。

3）杀伤破坏效应

激光武器对目标的破坏是通过激光与物质的相互作用来实现的，主要有3种作用机制，即光电效应、热效应和热力耦合效应。

第一种是利用光电效应干扰或致盲光电探测系统。光电探测系统通常工作在线性区，当干扰激光进入探测系统的光信号采集系统，激光经过光学系统的聚焦，照射在探测器上，光的功率密度将会变得很高，大大超过线性工作区。光电探测系统将不能正常工作，探测器被激光干扰甚至致盲。

第二种是热效应。当激光照射到目标上，能量被目标材料吸收，导致温度不断上升，经过一段时间积累，当温度达到或超过目标材料的熔点，目标将被熔化或烧蚀，如果激光照射的部位是目标的战斗部，则有可能引爆材料内部的炸药，导致目标解体。

第三种是热力耦合效应。这个效应与第二种类似，激光照射目标引起材料温度不断上升，在温度尚未达到材料的熔点，由于温度上升导致材料的力学性质发生改变，特别是当激光辐照区域内外存在较大压差时，被激光辐照区域将成为一个薄弱环节，成为压力释放区。内部的物质有可能从这个部位冲涌出来，造成目标解体。

激光武器的杀伤破坏效应与激光波长、功率密度、输出波形、目标性质、距离等有关。激光的波长越短，能量越高，对目标的破坏力就越大，但所需的激发能量也大。激光波长取决于所选用的工作物质，其范围从 $0.1\mu m$ 深紫外光到 $1000\mu m$ 的远红外光。另外，激光在大气中传播时，有相当一部分能量在传播中损失和使光束发散，它与激光的波长、激光器的工作方式和激光强度密切相关。通常认为，能到达目标的光束能量的百分比是目标距离平方的倒数。激光在大气中传播的研究结果：①空气分子和大气中的微粒物质会吸收光束能量；②水蒸气和烟雾的吸收与散射作用更不利于短波激光的传播；③大气湍流将引起光束的发散；④在光束的通道上，由于空气吸收了辐射能而变热和膨胀。这就是所谓的热晕效应。其结果也会导致大气折射率的变化，引起光束发散；⑤强光束可能导致等离子体产生，等离子体会吸收光束能量并影响其传播。

4）激光武器的作战应用

把激光用于军事目的，最初由于激光能量小，且持续时间短，只限于测距、目标照射和制导等非杀伤领域。20世纪70年代后，开始了激光武器的研制。根据激光器的功率，激光武器可分为低能激光武器和高能激光武器两类；根据攻击的目标和作战目的，激光武器可分为战略和战术两类；按杀伤机理，激光武器有致盲（非致命性）和致伤（杀伤性）两类。致盲是利用激光能量使人头晕目眩（致眩）或使人失明和使光敏元件失灵（致盲）。使人致眩和致盲的激光武器需要的激光能量低，故称之为低能激光武器。这类武器是一种战术性的非致命性武器。使光敏元件失灵则需要的能量要比使人致眩或致盲的能量至少高1个数量级。致伤是使用很高的激光能量烧毁目标，这类武器需要的激光能量更高，通常称为高能激光武器。

高能激光武器一般由大功率的激光器、目标跟踪引导系统、指挥控制中心及电源等部分组成。大功率的激光器，是激光武器的基本部分。目前，激光器的最高输出功率为：连续波型 $4\times10^5$W，脉冲型 $10^{12}$W，脉冲宽度为毫微秒级。脉冲能量大于1J或平均功率为10kW的激光武器称为强激光武器或高能激光武器，它以最大的光能迅速准确地摧毁目标，如把目标表面熔化，破坏结构部件，引起目标燃烧，将生物和人烧成灰烬等。目标跟踪引导系统将对目标的位置和速度进行精确的测定，保证不丢失目标；而引导系统将激光束准确地引向目标，稳而准地打击目标。激光武器属于非核杀伤，无放射性污染，不污染地面和空间，不受电磁干扰，是一种多次发射武器。

为实现对作战目标的有效破坏，在激光武器设计中，不仅要考虑激光功率、光束质量、发射口径、大气透过率等因素，还需要综合考虑目标吸收的波长选择性，不同的材料吸收特性，可能造成破坏阈值量级上的差异。除此之外，激光武器作战应用还需要考虑作战距离、战场环境等实际因素。激光束的传输距离理论上很远，但具有作战能力的有效打击距离是由武器系统的各项指标和目标的破坏阈值决定的。同一套系统，对不同的目标，由于毁伤阈值不同，作战距离差异较大。大气传输的效果不能忽视，例如：在阴雨天、雾霾天，激光武器的作战能力就大打折扣。陆战场的烟、尘等对激光武器的作战能力影响也很大。另外，平台环境对激光武器系统自身的可靠性、安全性影响也很大，例如舰载环境下，平台的抖动增加了高精度光束控制的难度，海洋大气中含有大量的盐雾和水蒸气，不仅影响激光传输也会腐蚀武器系统，需要做好防护设计。

**2. 激光排爆技术**

1）基本原理

激光排爆的基本原理主要是目标受激光照射后弹药壳体被热烧蚀，从而使装药燃烧或爆炸达到销毁弹药的目的。弹药表面吸收激光而发热，直至汽化、电离、热蒸气高速外喷而烧穿，或者因目标内外层材料汽化速度不同，使内部产生高压，发生爆炸；其次，短脉冲强激光可使目标的汽化物及等离子体高速外喷,在瞬间产生反冲击作用,使材料内发生力学破坏;另外,目标被照射后还可能产生辐射,损害结构及光电器件。激光排爆的主要特点如下:

(1)火力强。连续激光束产生高温和冲击能,当激光束集中照射弹药目标某一点时,高温和冲击能将目标的外壳烧熔,甚至汽化。强激光照射到敌方的导弹上,导弹上的光敏元件会因超载而损坏,战斗部和推进剂也会被激光束引爆。

(2)速度快。激光束以光速传播,这大约是最快火箭速度的40万倍,而且其弹道(光路)是一条直线,从发射到击中目标,所需的时间几乎为零,所以不需要计算弹道,命中精度高。

(3)无后坐力。激光束基本上没有质量,所以发射激光束时不会产生后坐力。所以机动性和隐蔽性好,发射时无声无息,人眼看不见,保密性好。

(4)安全性好。可以远距离操作,激光功率越大距离可以越远。使用激光器销毁弹药目标,只需要瞄准目标后发射激光,操作简单,对处置人员要求低。

激光排爆技术的主要缺点是受自然条件的影响较大、衰减严重,烟、雾、云、雨、雪、霜的影响尤为突出。

2)辐照效应试验

用1kW光纤激光器对金属靶板进行辐照试验,图4-36所示为5mm厚45钢板被烧蚀穿孔和特征点的温度变化情况,温度特性试验结果如表4-4所列,穿孔特性试验结果如表4-5所列。

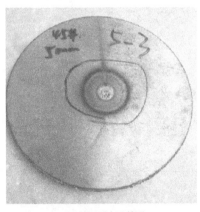

(a)正面穿孔情况

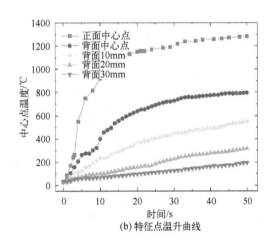

(b)特征点温升曲线

图4-36 金属板响应特性试验

表4-4 温度特性试验结果

| 金属材料 | 靶板厚度/mm | 激光功率/W | 辐照时长/s | 温度场峰值/℃ | | 温度传导范围/mm |
|---|---|---|---|---|---|---|
| | | | | 正面 | 背面 | |
| 45 | 5 | 699 | 50 | 1283.0 | 796.3 | 26.5 |
| | 8 | | | 1306.0 | 467.6 | 19.7 |
| | 10 | | | 1272.8 | 328.5 | 15.0 |

续表

| 金属材料 | 靶板厚度/mm | 激光功率/W | 辐照时长/s | 温度场峰值/℃ | | 温度传导范围/mm |
|---|---|---|---|---|---|---|
| | | | | 正面 | 背面 | |
| Q345 | 8 | 546 | 40 | 1040.0 | 325.8 | 12.5 |
| | | 699 | | 1117.6 | 404.0 | 14.8 |
| | | 842 | | 1354.0 | 491.5 | 18.2 |

表 4-5 穿孔特性试验结果

| 金属材料 | 靶板厚度/mm | 激光功率/W | 时间/s | 烧蚀损伤形貌 | | 尺寸/mm | |
|---|---|---|---|---|---|---|---|
| | | | | 正面 | 背面 | 直径 | 深度 |
| Q345 | 3 | 546 | 290 | 液态金属滴落、强蒸气 | 氧化层剥落 | 12.3 | 3.0 |
| | | 699 | 280 | 液态金属滴落、强蒸气 | 蒸气、氧化层剥落 | 15.1 | 3.0 |
| | 4 | 546 | — | 大熔池、强蒸气 | 氧化层剥落 | 10.2 | 3.0 |
| | | 699 | 300 | 大熔池、强蒸气 | 氧化层剥落，熔池穿透 | 14.0 | 4.0 |

用 1kW 光纤激光器对金属/炸药复合结构进行辐照试验，响应特性曲线如图 4-37 所示。

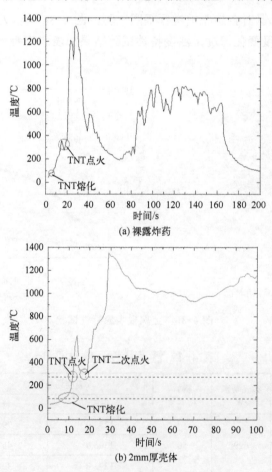

(a) 裸露炸药

(b) 2mm 厚壳体

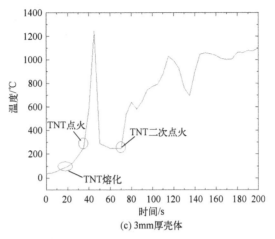

(c) 3mm厚壳体

图 4-37 特征点温度时程变化曲线

3）高能激光排爆设备

高能激光武器受到军事强国的高度重视，已有实际的装备，但专门用于排爆的设备目前还不多。我国湖南兵器光电科技公司研制的一款便携式高能激光销毁未爆弹装置如图 4-38 所示，采用光纤激光器，激光功率 500W，装置总质量小于 60kg，远程操控距离 300m。

图 4-38 便携式高能激光销毁装置

利用便携式高能激光销毁装置进行初步应用试验，光斑直径可达 4mm，1min 内可销毁一枚 125mm 破甲弹。进行室内 50m 效应试验，5min 可熔穿 4mm 钢板，在野外 7 级以上大风可造成激光头抖动，对销毁作业影响较大。高能激光排爆，对于金属壳体弹药一般是先烧穿壳体、引燃装药、然后爆炸，如图 4-39 所示。对于软包装 IED 或塑壳手榴弹，可瞬间穿透外壳，引燃炸药，最后引爆雷管爆炸，如图 4-40 所示。由于软壳体约束性小，激光引燃装药后能量可得到快速释放不会直接爆炸，但燃烧到火工品时可使其引爆，但此时药量小了，对周围的危害作用就小很多。

图 4-39 激光销毁未爆弹

图 4-40 激光销毁塑壳手榴弹

美国陆军"宙斯"激光弹药销毁系统，由高功率固体激光器、光束定向器、标记激光器、彩色电视摄像机、控制台等构成，集成在一辆装甲增强型悍马车上，如图 4-41 所示。据称其产生的强激光束能在距目标 300m 摧毁弹药，2002 年、2005 年在阿富汗、伊拉克参与排除 IED 和 UXO。

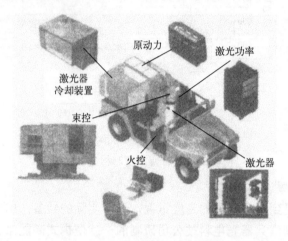

图 4-41 "宙斯"激光弹药销毁系统

激光"复仇者"系统，如图 4-42 所示，2007—2009 年波音公司在"复仇者"防空导弹系统的基础上开始研制，采用波长 1.08μm，功率 1kW，射程 100~1000m 的光纤激光器，可摧毁 IED/UXO/无人机。

美国能源部利弗莫尔实验室，开发了高功率固体热容激光器 SSHCL，提出利用 SSHCL 激光排除 UXO/IED 和埋没的地雷。脉冲激光，可在地下水中引起微爆，抛除地雷上方的土壤，使目标暴露出来（掘土效应），试验现象如图 4-43 所示。

图 4-42 激光"复仇者"系统　　　　图 4-43 40 个脉冲在沙土中的掘土效应

## 4.5 现场爆炸法销毁技术

爆炸法销毁是利用装药爆炸形成的高压冲击作用或产生的高速毁伤元，使被销毁的爆炸物失去危害所采取的措施。如果所发现的爆炸物有爆炸性而且确信能够完全爆炸，都可采用爆炸法进行销毁。根据采用的装药结构不同，可将爆炸销毁法分为药包装药诱爆销毁、聚能装药诱爆销毁、聚能装药弱爆销毁等。

### 4.5.1 药包装药诱爆销毁

一般情况，对于单个未爆弹或爆炸装置，可在原地设置起爆药包销毁，如图 4-44 所示。对于数量较多的爆炸物可集中销毁，将其转移至专用销毁场地后，整齐地摆放在事先挖好的土坑、天然洞穴内（图 4-45），或放置在砂石坑、干涸池塘内，再取一定数量性能良好、威力较大的药块或药卷，制作成集团或直列装药（药包）放置被销毁弹体之上作为起爆体，远距离引爆，利用起爆体爆炸的冲击破坏作用诱爆销毁爆炸物。

图 4-44　利用装药诱爆地表的未爆榴弹

图 4-45　装坑集中销毁废旧弹药

**1. 药包装药诱爆销毁法原理**

药包装药诱爆销毁法是利用药块、集团装药或直列装药爆炸所产生的先驱冲击波炸破弹药壳体，剩余的冲击波作用弹体，引爆弹体装药（有的装药不能被引爆，但外壳一定要被击穿），达到销毁的目的。根据装药类型，装药诱爆销毁可以分为药块装药诱爆、集团装药诱爆和直列装药诱爆等。采用装药诱爆法销毁自制爆炸装置时可参照实施，但应考虑爆炸装置所处位置、结构特征、周围环境等因素。

根据爆轰物理学知识，能否可靠诱爆未爆弹药的关键在于起爆体能量的大小。提高起爆体起爆能量的途径主要有 3 种：一是改善主装药的性能，使其具有更高的爆炸输出能量；二是改变装药结构，利用聚能效应使爆炸能量在某一方向上集中；三是改变起爆方式，利用爆轰波相互作用提高爆炸能量。由于受多种因素的限制，主装药的选择是十分有限的，提高其性能相对困难，因而改变起爆体起爆能力的主要途径是改善装药结构和起爆方式。在尽可能小的炸药当量条件下，提高起爆体的起爆能力，以对未爆弹药实施可靠销毁。

1) 非均相炸药冲击起爆机理

冲击波对于均相（密度连续）炸药的起爆，大部分可以用热起爆机制进行解释。冲击波对非均相（密度不连续）炸药的起爆理论研究较多，但目前普遍接受的观点是：冲击波直接地对炸药进行不均匀加热，在其内部产生热点，进而使炸药进行分解，最后引起炸药爆炸。因此，对均相炸药和非均相炸药冲击起爆的区别主要在于，前者是均匀加热，后者是非均匀加热，但使其加热的初始能量都来自于冲击波。

非均相炸药一般指炸药在浇注、压装、结晶等过程中因各种原因引起的具有一定气泡、空穴和杂质的炸药。现实中所使用的固态凝聚炸药，在散装、浇铸、压装过程中晶粒周围都或多或少地保留有部分空隙。通常将炸药空隙的总体积与炸药的总体积之比称为孔隙度，使用孔隙度能够描述炸药的松散程度。常见装药中，孔隙度最大的装药是散装装药，能够达到50%以上；孔隙度最小的是压装装药和铸装装药，仅为1%～4%；传爆药的孔隙度介于两者之间，一般为5%～10%。当冲击波进入装药之后，上述的空气隙或气泡由冲击作用进行绝热压缩，考虑气体的比热容小于炸药晶体的比热容，因此被压缩的气泡的温度高于晶体的温度，即出现所谓的热点。事实上，在炸药内部，具有孔洞、空隙的部位，是最容易在冲击作用下产生热点的地方。由于气泡、空穴和杂质等的存在，导致非均匀炸药比均相炸药更加容易被冲击起爆，这主要是因为非均相炸药的力学性质不一致，易于在冲击波作用下形成热点，这些热点形成整个爆炸反应的起源。

热点的形成还可能由于一些力学作用，晶体颗粒之间的摩擦、晶体颗粒与杂质颗粒之间的摩擦，在空穴附近因不连续所引起的剪切，弹塑性形变所导致的局部剪切或断裂，晶体的缺陷，冲击与加载产生的相变等。关于冲击作用下热点形成的力学机制，主要有4种观点：

（1）流体动力学热点。冲击波进入炸药后，与密度不均匀界面或空隙界面发生作用，使这些部位的气体与炸药产生汇聚流动，形成局部高温区域。

（2）晶体的位错运动和晶粒之间的摩擦产生的热点。炸药在加工、运输等过程中，因摩擦、变形或黏性耗散，部分机械能转变为热能，进而形成热点。

（3）剪切带形成的热点。因为热塑性失稳或熔化等原因，炸药内部产生剪应变，形成局域化的变形带，炸药变形过程中由于局部的塑性功作用形成热点。

（4）微孔洞弹黏塑性塌缩形成热点。这是目前研究较多的一种机制，基本思想是把炸药中的微孔洞设想为空心球壳的元胞，在一定的压力作用下元胞向内塌陷，塌陷过程中元胞内壁塑性变形最大，形成局部高温区。

2）非均相炸药冲击起爆判据

当冲击波进入炸药以后，其能量转化为热能和冷能两部分，但总能量保持不变。国外弹药专家（Walker 和 Wasley）基于上述思想，提出了关于冲击起爆的判据，起爆判据的具体表达式为

$$p^2 t = C \tag{4-1}$$

式中：$p$ 为冲击波压力；$t$ 为冲击波来回传播的时间；$C$ 为常数。

$p^2 t$ 的概念说明。当起爆能量达到某一临界值，炸药就能发生爆炸，也就是说起爆能量必须达到一个最小限度，这个最小限度就是临界起爆能量。

推广到一般的高能混合炸药，$p$ 的指数 $n$ 的取值范围一般为 2.6～2.8，一般高能混合炸药的起爆判据表达式为

$$p^n t = C \tag{4-2}$$

**2. 药包装药诱爆销毁法的应用**

对于薄壁未爆弹药的引爆，一般操作方法是用土在弹体旁堆积搁置诱爆药包的沙土台或石块（图4-46），土台一般根据未爆弹在地面上的姿态，按照有利于殉爆的原则设置，诱爆药包一般放于被起爆弹体上方或侧方，起爆作用方向对准未爆弹体的易

于起爆端。

(a) 沙土台支撑诱爆

(b) 石块支撑诱爆

图 4-46　装药诱爆销毁未爆弹药

为确保作业人员在处置销毁未爆弹药时的安全，作业现场通常采用有一定间距非接触式诱爆装药设置方法（图 4-47），也可制作诱爆装药固定支架，将诱爆装药放置在支架上，利用诱爆装药起爆后的整体向下作用，诱爆装药能量利用率最高，销毁效果佳。

图 4-47　设置间隔诱爆装药销毁手榴弹

诱爆装药位置要根据未爆弹的类型和结构确定，通常情况下，应放置在有利于诱爆其内部装药的弹壳薄弱或靠近引信的部位。

1）手榴弹炸毁

手榴弹结构差别较大，炸毁时引爆炸药的放置位置各不相同，如图 4-48 所示。木柄手榴弹放置于弹头的一侧，靠近木柄位置。反-2 式手榴弹，放置在弹头后半部与内部药型罩平行的位置，炸药爆炸后能够破坏锥形装药结构，防止形成金属射流。防-1 式手榴弹，引爆炸药靠近装药主体。

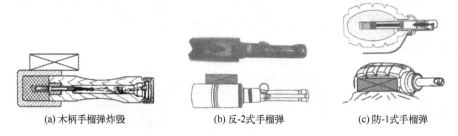

(a) 木柄手榴弹炸毁　　　　(b) 反-2式手榴弹　　　　(c) 防-1式手榴弹

图 4-48　手榴弹炸毁诱爆装药位置

2）杀爆榴弹炸毁

杀爆榴弹的圆柱部、弧形部是弹丸壳体最薄弱的部位，诱爆装药放置在圆柱部或弧形部位。当榴弹前端有头螺或传爆管时，引爆炸药应靠近传爆管附近放置，如图 4-49 所示。

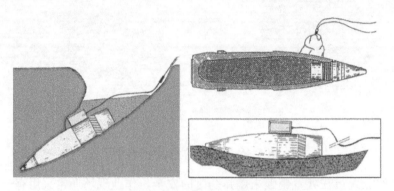

图 4-49  杀爆榴弹炸毁诱爆装药设置

3）破甲弹炸毁

破甲弹有后装炮弹、无后坐力炮弹和火箭筒弹，利用金属射流来击穿装甲，是近程反装甲的主要弹种。破甲弹壳体较薄，装药呈锥形结构集中于弹丸的中后部。炸毁破甲弹时，药包放置于药型罩的口部，2/3 压于炸药，1/3 悬于外侧，以破坏锥形装药，防止其形成金属射流，以利彻底摧毁，如图 4-50 所示。

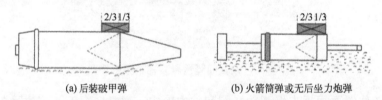

(a) 后装破甲弹　　　　　　　　　　(b) 火箭筒弹或无后坐力炮弹

图 4-50  破甲弹炸毁诱爆装药设置

4）穿甲弹炸毁

穿甲弹有多种，其中钝头穿甲弹，为提高穿透后的破坏力，在弹丸的后部装填有高爆炸药，壳体较厚，引爆内部炸药较榴弹弹丸困难。炸毁钝头穿甲弹时，应将引爆炸药放置于弹尾部，接近引信位置，如图 4-51 所示。

5）迫击炮弹炸毁

迫击炮弹主要有榴弹、特种弹。榴弹又分为普通榴弹、钢珠弹、长弹及长炮榴弹等，其炸毁与杀爆榴弹基本相同，当前端有头螺或传爆管时，诱爆炸药应靠近引信端传爆管附近靠近放置，如图 4-52 所示。

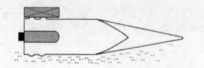　　

图 4-51  穿甲弹炸毁诱爆装药设置　　图 4-52  迫击炮弹炸毁诱爆装药设置

6）黄磷发烟弹炸毁

炸开式黄磷发烟弹，内部有炸药管，不同类型的发烟弹，其炸药管长短不同。销毁时既要引爆中心炸药管，又要抛撒开装填的黄磷药剂。炸毁时，在靠近弧形部，距离内部传爆管较近的位置，小心地铲除土壤，将炸药块放置于弹丸弧形部的下部或两侧，如图 4-53 所示。其目的是利于爆炸时内部装填物黄磷药剂的抛洒，使得弹丸在引爆的同时，抛洒的黄磷与空气发生反应，不会造成黄磷的残留。炸毁黄磷弹丸时，黄磷药剂可能引起邻近植被着火，应注意防火。作业人员在上风向，以免吸入有毒有害气体。

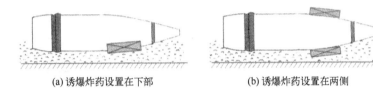

(a) 诱爆炸药设置在下部　　　　(b) 诱爆炸药设置在两侧

图 4-53　黄磷发烟弹炸毁诱爆装药设置

7）子母弹弹丸炸毁

子母弹弹丸结构复杂，内部由若干子弹构成。销毁子母弹，诱爆能量需要穿透弹丸壳体和内部子弹壳体才能彻底炸毁弹丸。由于弹丸总壁厚较大，不利于殉爆，因此需要适当增加引爆药量，通常是榴弹引爆药量的 3～5 倍，诱爆装药通常需要覆盖整个弹体，如图 4-54 所示，以彻底销毁内部子弹药。

8）火箭弹炸毁

火箭弹炸毁时，如果火箭弹发动机完整，需要将诱爆炸药分别放置在战斗部与火箭发动机部位，以确保弹头和火箭发动机同时炸毁。如果火箭发动机已经燃烧完毕，只需要在战斗部位置放置炸药，如图 4-55 所示。

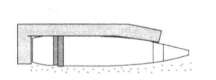 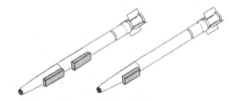

图 4-54　子母弹炸毁诱爆装药设置　　　图 4-55　火箭弹炸毁诱爆装药设置

9）底排弹弹丸炸毁

底排弹弹丸含能材料分为内部装药和底排药剂两部分，炸毁时需要放置两个诱爆装药，一个放置于弹丸弧形部靠近引信的一侧用于引爆内部装药；另一个放置于靠近尾椎部，用于殉爆底排药剂，如图 4-56 所示。

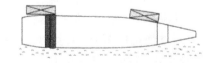

图 4-56　底排弹弹丸炸毁诱爆装药设置

对于壳体较厚的未爆弹药，要适当增加药包个数和装药量，确保可靠销毁。表 4-6、表 4-7 给出了不同口径榴弹的诱爆药量和安全警戒距离。

表 4-6　不同口径榴弹诱爆药量对应表

| 炸毁榴弹所需诱爆药量（TNT 炸药） ||
| --- | --- |
| 弹径/mm | 炸药量/g |
| 76～100 | 200～400 |
| 122～130 | 400～600 |
| ≥152 | 800～1000 |

表 4-7　破片飞散距离及警戒范围表

| 弹径/mm | 弹片飞散距离/m | 安全警戒距离/m |
| --- | --- | --- |
| 76～100 | 500 | 1000 |
| 122～130 | 800 | 1300 |
| 152 | 1200 | 1500 |
| 152 以上 | 1500 | 2000 |

**3. 药包装药诱爆销毁法的优缺点**

药包装药诱爆销毁法的优点是操作简便、成本低廉、处理彻底，便于远距离起爆，作业比较安全。野外装药诱爆销毁法适用于具有一定爆炸性的废旧弹药，因此其适用范围广，几乎所有未爆弹药都可用此法销毁。药包装药诱爆销毁法的缺点是销毁场地选择要求高，受场地、环境、天候等限制，安全警戒范围大，须有专业技术人员指导。

### 4.5.2　聚能装药诱爆销毁

聚能装药诱爆销毁，是利用聚能装药爆炸后形成的高速金属射流作用于未爆弹药，使未爆弹装药产生爆轰而解体的一种销毁方法。该方法所需器材少，操作方便快捷，但对销毁场地的环境要求高，还会产生二次危害。对于诸如混凝土破坏弹等一类金属壳体较厚的未爆弹药，应采用聚能装药进行诱爆销毁。

**1. 聚能装药射流诱爆销毁机理**

射流对于裸露炸药或弹壳后装药的冲击起爆，是一个复杂的多因素问题，受到射流本身参数的影响，又与被发炸药的起爆性能、几何尺寸和盖板厚度、材料等密切相关。关于聚能射流引爆带弹壳装药的机理，主流观点有以下 3 种：

1）冲击起爆机理

射流侵彻靶板时会产生冲击波，炸药在金属射流作用下的起爆，可以认为是冲击波引爆。金属射流作用于被发装药壳体，其内部装药会产生强烈的射流冲击波，当这种冲击波在炸药中产生的压力超过炸药临界压力时，炸药就会发生爆炸。金属射流冲击起爆未爆弹的模型，可以简化为射流和弹壳后装药的作用模型，作用过程如图 4-57 所示。

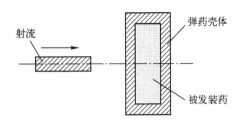

图 4-57　金属射流引爆未爆弹药原理示意图

2）弯曲冲击波起爆机理

相比于被发装药尺寸，射流直径很小，当射流侵彻盖板的速度超过声速时，会在射流头部形成弯曲冲击波，弯曲冲击波会先于射流进入被发炸药，当冲击波对炸药的作用强度和作用时间达到某一临界值时，弹体装药受弯曲冲击波的影响就会引发爆炸。试验中已经发现，当射流尚未穿透弹壳，其下方的炸药已经爆轰；很厚弹壳中射流严重衰减，失去继续侵彻能力，但它先前驱动的弯曲冲击波入射至炸药，仍可以引起爆轰；很多情况下射流直接侵彻炸药引起的弯曲冲击波的压力，高于它侵彻弹壳再入射至炸药的冲击波压力。图 4-58 为射流激起的冲击波示意图。

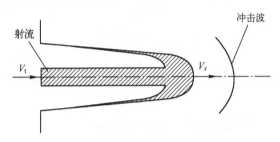

图 4-58　射流激起的冲击波示意图

3）热效应引爆机理

当金属射流入射被发装药后，能够在其中引发急剧的温度变化，由于炸药的热感度具有一定的阈值，这也限制了其热安定性，在一定温度范围内，超过这个温度范围必然引起炸药的热爆炸。金属射流冲击时产生的温度，远大于多数炸药的热感度范围，可以说金属射流的高温能够引燃或引爆被发装药。金属射流作用于弹体装药时，对其炸药的撞击和摩擦消耗了部分能量，这部分能量以热能的形式传递给炸药，在炸药内产生"热点"，引发炸药爆炸。

**2. 聚能装药射流引爆炸药判据**

1）聚能装药射流冲击起爆判据

国外学者 Held 研究了利用不同直径的金属射流引爆裸装高能炸药的情况，提出并定义了射流引爆炸药的 Held 判据，其表达式为

$$v_j^2 d_j = K \tag{4-3}$$

式中：$v_j$ 为射流的头部速度；$d_j$ 为射流的头部直径；$K$ 为炸药的感度常数，其常数由试验确定，Held 给出了几种典型炸药的感度常数如表 4-8 所列。

表 4-8  几种典型炸药的感度常数

| 炸药 | $v_j^2 d_j$/(mm³/μs²) | 炸药 | $v_j^2 d_j$/(mm³/μs²) |
|---|---|---|---|
| HNAB | 3 | 9406 | 40 |
| PBX-9404 | 4 | Tetryl | 44 |
| RDX/Wax（88/12） | 5 | Detasheet C3 | 36～53 |
| TNT/RDX（25/65） | 6 | C-4 | 64 |
| PETN（1.77） | 13 | TATB | 108 |
| Comp-B | 16 | 9502 | 128 |

2）射流对弹壳后装药起爆判据的修正

聚能射流对裸装炸药的引爆判据一般使用 Held 判据（式 4-4），由于射流侵彻弹壳过程中会产生先驱冲击波，先驱冲击波对被发炸药具有一定的减敏作用，致使射流侵彻弹壳后装药的感度常数高于裸装炸药的感度常数。因此，对盖板后装药引爆的 Held 判据必须经过修正才能使用。

射流引爆带有弹壳的炸药时，Held 判据中的射流速度和直径应该为射流穿透弹壳后侵彻被发炸药的速度和直径。若将射流穿透弹壳后的头部速度记为 $V_r$，则其表达式由下式给出：

$$V_r = V_{j0}\left(\frac{\delta_b + H}{H}\right)^{-\gamma_1} \tag{4-4}$$

式中：$V_{j0}$ 为初始射流的头部速度；$\delta_b$ 为盖板厚度；$H$ 为炸高；$\gamma_1$ 为弹壳密度与射流密度之比的平方根。

若将射流侵彻被发炸药的速度设为 $V_P$，则 $V_P$ 为

$$V_P = \frac{V_r}{1 + \gamma_2} \tag{4-5}$$

式中：$\gamma_2$ 为被发炸药密度与射流密度之比的平方根。

对于射流侵彻被发装药直径的计算，可由射流侵彻弹壳的孔径 $d_1$ 得到，即

$$d_{\delta r} = \frac{d_1(1+\gamma_1)}{V_r}\sqrt{\frac{2\sigma_t}{\rho_j}} \tag{4-6}$$

式中：$d_1$ 为弹壳的侵彻孔径；$\sigma_t$ 为弹壳屈服强度；$\rho_j$ 为射流材料密度。

将射流侵彻被发炸药的速度和直径带入 Held 判据，则射流穿透弹壳引爆炸药的判据修正为

$$K = V_P^2 d_{\delta r} = \left(\frac{V_r}{1+\gamma_2}\right)^2 d_{\delta r} \tag{4-7}$$

综合以上各式，得到射流引爆弹壳后装药判据公式：

$$K = \left(\frac{1}{1+\gamma_2}\right)^2\left[V_{j0}\left(\frac{\delta_b + H}{H}\right)^{-\gamma_1}\right]^2 \frac{d_1(1+\gamma_1)}{V_r}\sqrt{\frac{2\sigma_t}{\rho_j}} \tag{4-8}$$

将射流侵彻弹壳的参数代入上式，即可得到射流引爆弹壳后装药的判据。对于给定材料的药形罩产生的金属射流，侵彻给定材料的弹壳和被发装药，$\gamma_1$ 和 $\gamma_2$ 的值是一定的，

表 4-9 给出了铜射流穿透不同靶板后引爆 B 炸药的 $\gamma_1$ 和 $\gamma_2$ 的值。

表 4-9　铜射流穿透不同材料后引爆 B 炸药的 $\gamma_1$ 和 $\gamma_2$ 的值

| 材料 | $\gamma_1$ | $\gamma_2$ |
| --- | --- | --- |
| 钢 | 0.936 | 0.439 |
| 水 | 0.335 | 0.439 |
| 泥土 | 0.449 | 0.439 |

需要说明的是，当弹壳材料与被发炸药密合时比两者之间存在一定的间隙时更难起爆，其原因主要是弹壳与被发装药密合时，射流产生先驱冲击波对被发炸药的预压对被发炸药具有减敏作用，降低了其冲击波感度。当弹壳和被发炸药存在间隙时，可以消除先驱冲击波的影响，同时射流穿透弹壳时产生的破片能够有更大空间向四周喷射，增大了被发装药的加载面积，这对于其冲击起爆是有利的。

常规弹药的壳体材料一般由优质钢、球墨铸铁、铝等金属材料构成，其厚度根据弹药功能差别较大，但一般情况下不超过 30mm。在弹药销毁中，考虑射流击穿壳体上限时，按 30mm 厚优质钢材料设计，具有一定富余量，能够保证销毁作业的可靠性。

**3. 聚能装药诱爆销毁未爆弹的应用**

1）聚能穿孔器诱爆销毁

采用带锥形药型罩结构的聚能销毁器销毁弹药（图 4-59），这种聚能销毁器设计类似于聚能切割器，但它的外形是一个弹体，而聚能切割器是一种条形状结构。采用穿孔器能对手榴弹、炮弹、燃烧弹、炸弹、导弹和各种地雷等几类弹药进行有效处置。

(a) 销毁炮弹　　　　　　(b) 销毁地雷

图 4-59　穿孔器销毁未爆弹

在用聚能穿孔器处置不含高爆炸药的炮弹（如照明弹、燃烧弹、烟雾弹）时，可将装置设置于弹体的端部对准弹体引信部，如图 4-60 所示。

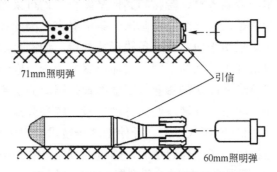

图 4-60　穿孔器销毁特种弹药设置示意图

在用聚能穿孔器处置弹药时，为防止其形成的聚能射流在作用于弹体时发生偏离，通常将销毁器设置于弹体的上方，使其垂直作用于未爆弹。这样可确保销毁器产生的爆炸冲击波直接作用于未爆弹和地面，从而使射流作用于弹体时不产生偏移，且可以有效控制其作用范围，如图4-61所示。

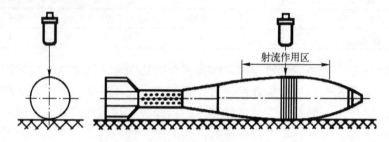

图4-61 穿孔器销毁迫击炮弹设置示意图

在未爆弹处置现场，有些弹体嵌入混凝土或岩石中（图4-62），人工不易将其取出转移。在这种情况下，可根据现地情况设置销毁器将其直接诱爆使其失去爆炸效能。

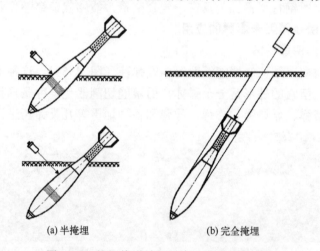

(a) 半掩埋　　　　　　(b) 完全掩埋

图4-62 掩埋炮弹销毁时穿孔器的设置方法

2）聚能切割器诱爆销毁

聚能切割器（线性聚能装药，linear shaped charge，LSC）是利用线性聚能原理来切割坚硬物质的爆炸技术，金属板材、管材和其他坚硬材料均可采用聚能线性切割器来进行爆炸切割。由于切割都是沿着一个面切割出一条窄缝来，因此多采用平面对称型的药型罩。切割金属板材时多采用平面对称长条线形药型罩，切割金属管材时则采用平面对称圆环线形药型罩。根据施工工艺的不同，圆环形聚能切割器嵌装在管内的切割处；外圆环用于外切割，即将环形聚能切割器套装在金属管外圆周的切割处。从20世纪60年代开始就广泛应用于航天和军事领域，例如各种自毁系统和分离装置，以及切割履带式反坦克地雷等。在我国，自70年代以来，开始把这一技术应用于水下爆破拆除工程。

聚能切割器的作用机理：当炸药起爆后，爆轰一方面沿着炸药的长度方向传播，另一方面随着药型罩运动，高温高压作用于药型罩，使药型罩被迫以很大的速度向内运动，并在对称平面上发生碰撞后,形成向着底部以高速运动的片状射流,称为"聚能刀"。依靠这种片状的"聚能刀",实现对金属的切割作用。

聚能切割器处置未爆弹,是利用特殊装药的爆炸装置在炸药爆炸后形成的高速金属"射流刀"来切割或破坏弹体的引信部位,从而使其完全失去起爆能力,或对弹体的主装药部分进行作用达到完全诱爆的效果(图 4-63)。另外,对于某些类型的未爆弹,还可以利用线性聚能切割器爆炸后形成的"射流刀"来切割其弹头(图 4-64),通过有效控制切割装药的炸高以及"射流刀"的作用部位,将引信从弹体上分离,从而实现弹体与引信结合部的准确分离。

图 4-63 聚能切割器诱爆销毁水管炸弹　　图 4-64 聚能切割器分离迫击炮弹引信

聚能切割技术用于处置未爆弹药的技术比较成熟,当前国内外研发了各种类型的切割装置,适用于各种型号弹药的销毁处置。聚能切割器一般都是线形,外用重金属压制成 V 形状,内部充填高能炸药,用雷管起爆。

利用聚能切割器集中销毁弹药时,可沿弹体轴向设置成直线状,也可围绕弹体一周设置;对于单个未爆弹,可将切割器设置在弹体上,爆炸形成的射流直接引起弹体主装药的爆轰,如图 4-65 所示。另外,还可利用聚能切割器切割航弹引信,将引信与弹体分离,然后再对航弹进行后续处置。

(a) 集中销毁　　　　　　　　(b) 单个销毁

图 4-65 采用聚能切割器销毁未爆弹

**4. 聚能装药诱爆销毁法的特点**

由于未爆弹状态不稳定,性能不确定,转运危险较大,安全风险高,常规技术处理的安全性、可靠性无法保证,适宜于利用聚能装药进行销毁处理。利用聚能装药销毁未爆弹的主要优点是能进行"非接触"式作业,销毁的安全性更高,聚能射流能量较大,销毁的可靠性能够保障,同时可以有效降低冲击波、地震波等有害效应。

### 4.5.3 聚能装药弱爆炸销毁

常见的水压爆炸装置解体器可有效解体销毁软壳体的简易爆炸装置,但对于炮弹等金属壳体、装药量较大的制式弹药销毁效果很差。采用药包或聚能装药可直接诱爆未爆弹或爆炸装置,但二次爆炸效应所形成的破片易对邻近目标产生杀伤,不适用于重要场合或周围有保护目标的现场销毁。为有效降低未爆弹诱爆后产生的次生危害,基于炸药既可爆炸又可燃烧的特性,优化聚能装药结构设计,使其在作用过程中仅穿透金属壳体引起弹体装药的爆燃或燃烧等弱爆炸现象,而不出现高速爆轰,达到安全销毁的目的。

**1. 聚能弱爆炸销毁原理**

实现聚能装药弱爆炸销毁的关键是要控制聚能射流贯穿弹药壳体后的剩余能量。聚能装药销毁未爆弹是依靠射流贯穿弹药壳体后剩余的射流能量引起炸药爆轰或者爆燃而达到目的的,而最先接触炸药的射流头部的能量决定了内部装药是爆轰、爆燃还是不引起炸药反应,所以研究射流贯穿靶板后其头部的参数是重要的。聚能射流对金属靶板的侵彻深度随炸高的变化而变化,聚能销毁器采用的药型罩口径为 20mm,装药高度为 20mm,药型罩壁厚为 0.88mm,通过大量试验数据得到的聚能装药炸高—侵彻曲线如图 4-66 所示。

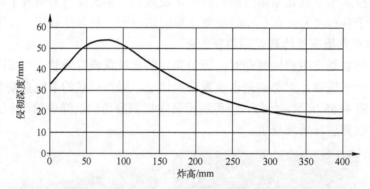

图 4-66 聚能装药销毁器的炸高—侵彻曲线

通过爆炸试验测得射流速度低于 2200m/s 时基本不会使弹体装药产生强爆轰,且在大炸高条件下销毁应用时,射流在贯穿弹药壳体的基础上还需要具有侵彻约 13mm 厚钢板的能量才能引燃弹药内部装药而不至于产生强爆轰。因此,只要确定待销毁弹药壳体厚度以及内部装药种类,即可根据炸高侵彻曲线确定所需炸高。同时,需要对聚能装药结构进行优化,在一定范围内降低聚能装药形成的射流能量。根据 Held 引爆判据,可以通过控制速度 $V_j$ 来降低 $K$ 值,以最大限度地降低弹体内部装药产生爆轰的可能性,而且要确保内部装药爆燃。根据数值模拟试验分析,减小射流速度可以通过增加药型罩厚度、增大药型罩锥角来实现,另一方面可以减小药高来达到减小射流速度的目的。实际应用中可以通过增加药型罩厚度和增大药型罩锥角来实现。

采用聚能装药结构口径大于 20mm,并选取引燃 B 炸药所需能量为射流穿透 13mm 钢板的能量的判据,以此来确定聚能装药结构与带壳装药相互作用使其内部装药产生燃烧的能量下限。通过数值模拟研究，得到药型罩厚为 0.78mm 的聚能装药结构在 10 倍炸高条件下穿透 1cm 厚度靶板后的头部剩余速度为 4769m/s，该速度远大于前述的 2200m/s 的速度临界值。为了降低射流速度以在最大程度上确保待销毁弹药产生弱爆炸效果，增大药型罩壁厚和锥角，将聚能装药结构各参数调整为：壁厚 0.95mm、锥角 65°、口径 26mm、药高 34mm，装药结构如图 4-67 所示。

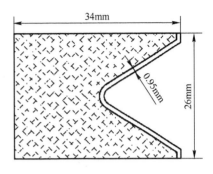

图 4-67 优化后的装药结构

建立该聚能装药的 Held 特性参数计算模型，计算不同炸高条件下该聚能装药穿透不同厚度靶板后其射流的 Held 特性参数。该聚能装药结构在 4~15 倍炸高条件下穿透 1cm 厚的靶板后其射流 $K<16\text{mm}^3/\mu\text{s}^2$，不会引爆 B 炸药，在此建立数值模型模拟 4 倍炸高（最佳炸高）下该聚能装药结构与 1cm 壳体厚的装药相互作用，如图 4-68 所示。

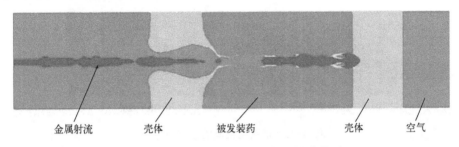

图 4-68 聚能射流作用于带壳 B 炸药模型

为了在未爆弹销毁过程中最大限度地减小弹体内部装药产生爆轰的概率，在利用聚能装药销毁未爆弹的装药设置中应尽量选择满足引燃条件下的最大炸高，从而控制聚能射流的能量，达到引燃内部装药解体未爆弹的目的。

制作的聚能销毁器壳体如图 4-69 所示，进行销毁试验。试验设置如图 4-70 所示，销毁器与 TNT 药块之间设置 100kg 级航空炸弹，前后壁厚之和为 16mm，通过设置不同炸高参数等验证了引燃或引爆 TNT 炸药的可行性。

图 4-69 聚能销毁器外壳　　　　图 4-70 销毁炸药试验

**2. 聚能弱爆炸销毁器的应用**

利用聚能销毁器对迫击炮弹进行弱爆炸销毁作业，销毁前后对比如图 4-71 所示。俄军在靶场进行大规模报废炮弹销毁作业中，利用含能聚能销毁器进行弱爆炸销毁，使炮弹只燃不爆，取得了非常好的销毁效果，如图 4-72 所示。

(a) 销毁器设置　　　　　　　　　(b) 销毁后效果

图 4-71　聚能销毁器弱爆炸销毁迫击炮弹

(a) 单个设置　　　　　　　　　　(b) 多个设置

图 4-72　俄军用聚能销毁销毁炮弹

另外，还有一种爆炸成形弹丸（EFP）的聚能装药结构，战斗部装药起爆后，在聚能效应作用下，大锥角或球缺形药型罩在爆炸载荷的巨大压力下迅速被压垮、翻转和拉伸形成类似弹丸的高速侵彻体，它能在较大距离上保持良好的气动飞行姿态，速度为 1～3km/s。利用这一作用原理设计的 EFP 销毁器，靠 EFP 的动能可在极短时间内摧毁未爆弹的引信，使之与弹体分离；或是对未爆弹壳体进行侵彻、贯穿，引起弹体装药的爆轰或燃烧，从而达到销毁未爆弹药的目的。利用 EFP 销毁器分离 105mm 榴弹引信如图 4-73 所示，弱爆炸销毁效果如图 4-74 所示。

(a) 设置情形　　　　　　　　　　(b) 引信分离

图 4-73　EFP 销毁器分离 105mm 杀伤榴弹引信

(a) 设置情形　　　　　　　(b) 销毁效果

图 4-74　EFP 销毁器弱爆炸销毁 105mm 杀伤榴弹

### 4.5.4　水下爆炸物处置销毁

水下爆炸物，主要是指 5m 水深中的未爆弹药、简易爆炸装置、水雷等，目前主要采用人工排除销毁技术。本节以水雷排除为例介绍水下爆炸物销毁的技术方法。

**1. 基本程序**

人工排除销毁水雷，主要由潜水员携带相关装置器材潜入水中，寻找并诱爆锚雷和沉底水雷，对于漂雷可以采用水上爆破法击毁。可分为 4 步进行，作业场景如图 4-75 所示。

(a) 作业前准备　　　　　(b) 潜水员下水　　　　　(c) 磁力探测仪作业

(d) 便携式声纳作业　　　(e) 装药设置　　　　　　(f) 起爆

图 4-75　人工水下排除销毁作业

1）潜水员带装下潜

可携带便携式声纳、磁力探测仪和潜水装具下水，根据清除水雷范围，确定下潜位置和方向，计算好水下滞留时间，携带探测、通信等装具和诱爆装置等下潜。

2）水下搜寻水雷

朝着确定方向潜行，可用便携式声纳、磁力探测仪重新搜寻和调整方向，对于水下能见度差的水域可以使用照明。搜寻靠近水雷时需要谨慎、边观察边靠近，对于非接触水雷需要采取预措施后处置。

3）设置装药

将一定质量的装药设置在锚索或雷体上或靠近位置，必要时进行固定。确保药量能炸断锚索或诱爆水雷。

4）撤离起爆

根据水雷装药量和诱爆装药计算安全距离，将人员撤至安全区域起爆。

## 2. 诱爆装药

### 1）集团装药

诱爆水雷的单个起爆体药量根据全重、直径等具体情况确定。单个水雷诱爆药量如表 4-10 所列，对于长径状水雷诱爆用药量可参考表 4-11。

表 4-10 炸毁水雷诱爆用药量

| 水雷全重/kg | 25~50 | 100 | 250 | 500 |
|---|---|---|---|---|
| 引爆药量/kg | 1 | 2 | 4 | 8 |

表 4-11 炸毁水雷诱爆用药量

| 水雷直径/mm | 100 以下 | 101~200 | 200~300 | 300~400 | 400 以上 |
|---|---|---|---|---|---|
| 引爆药量/kg | 0.8 | 1~2.0 | 2.0~3.0 | 3.0~5.0 | 5 以上 |

### 2）聚能装药

聚能装药形成的金属射流对于空气中弹药诱爆原理，主要靠射流侵彻壳体时会产生冲击波，或金属射流直接作用于被发装药，装药会产生强烈的冲击波，当冲击波在炸药中产生的压力超过炸药临界压力时，炸药就会产生爆炸。另外，当金属射流入射被发装药后引发急剧的温度变化，超过炸药的热感度必然引起炸药的爆炸。金属射流诱爆弹药受到射流本身参数的影响，又与被发炸药的起爆性能、几何尺寸和壳体厚度、材料等密切相关。由于水的阻碍和降温作用，聚能装药聚能穴内有水的情况下，金属射流很难形成或因金属流短碎低速而不能有效地冲击目标。因此，需要将聚能装药的聚能穴内进行无水处理，形成一个射流生成空间，靠金属射流冲击诱爆水雷。将聚能装药下部密封（图 4-76）进行试验，与无密封相比效果显著。由于水下聚能装药设置困难，目前使用较少。

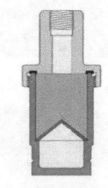

图 4-76 水下聚能装药结构示意图

## 3. 装药设置部位与方法

### 1）装药设置部位

不同水雷，由于内部结构不同装药位置也不同。装药主要应设置在雷体上方、侧方或下侧方，位于内部有装药且壳体较薄的位置，如图 4-77 所示，确保能够诱爆所有的装药，不留隐患。

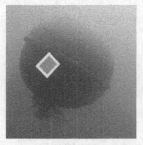
(a) 磁性水雷

(b) 火箭上浮水雷

(c) 非触发锚雷

(d) 触发锚雷　　　　　　(e) 空投式沉底水雷　　　　(f) 火箭助推水雷

图 4-77　水雷诱爆装药位置示意图

2）设置方法

诱爆装药分为接触装药和非接触装药两种。漂雷、锚雷会随着水流来回摆动，应用磁吸、捆扎、连接、绕绑等方法尽量将装药靠近雷体。沉底雷上部覆盖层太厚时，可以谨慎清理或加大药量。装药设置作业，如图 4-78 所示。

3）水面药包诱爆设置

将装药与漂浮物捆绑在一起，用船只靠近或远距离设置。远距离设置时，装药上系两根长绳，两根绳子呈一定角度由两侧拉着，从上游方向顺流将装药靠近漂雷引爆炸毁水雷。水面药包的药量可以根据具体情况加大，确保诱爆。

图 4-78　水雷诱爆装药设置图

**4．安全距离**

由于水的不可压缩性，水中爆炸冲击波比空气冲击波传播距离远得多、超压值大得多，必须引起足够重视。

（1）水面药包爆破，水下裸露爆破，当覆盖水厚度小于 3 倍药包半径时，对水面以上人员或其他保护对象的空气冲击波安全允许距离的计算原则，与地表爆破相同。

（2）在水深不大于 30m 的水域内进行水下爆破，水中冲击波的安全允许距离，对人员应按表 4-12 确定。

表 4-12　对人员的水中冲击波安全允许距离　　　　　（单位：m）

| 装药及人员状况 | | 炸药量/kg | | |
|---|---|---|---|---|
| | | ≤50 | 50～200 | 200～1000 |
| 水中裸露装药 | 游泳 | 900 | 1400 | 2000 |
| | 潜水 | 1200 | 1800 | 2600 |

（3）一次爆破药量大于 1000kg 时，对人员和船舶的水中冲击波安全允许距离为

$$R = K_0 \times Q^{1/3} \quad (4-9)$$

式中：$R$ 为水中冲击波的最小安全允许距离（m）；$Q$ 为一次起爆的炸药量（kg）；$K_0$ 为系数，按表 4-13 选取。

表 4-13　$K_0$ 取值

| 装药条件 | 保护人员 | | 保护船舶 | |
|---|---|---|---|---|
| | 游泳 | 潜水 | 木船 | 铁船 |
| 裸露装药 | 250 | 320 | 50 | 25 |

（4）在水深大于 30m 的水域内进行水下爆破时，水中冲击波安全允许距离按水中爆炸冲击波超压计算确定。

**5. 水雷排除销毁注意事项**

（1）炸药采用防水炸药或防水措施，起爆装置采取防水型或严密防水措施。装药捆扎、装药与起爆装置、装药与辅助部件、装药与水雷之间均要牢固，防止在携带、捆绑和水流冲击下能保证性能。

（2）起爆网络选用防水型或可靠措施，可采用正副两套起爆网络。采用电点火或导爆管网络时，可将电线或导爆管与绳子捆扎在一起，保证长距离时的强度。对于连接接头部位要确保防水效果，最好将雷管、接头一起防水捆包在装药内，水中不要出现接头。电雷管起爆时要考虑杂散电流影响。

（3）非触发水雷，人工水下排除和水面药包炸毁时要提前进行声磁振动等方面的扰动处理，保证人员靠近时安全。

（4）人员潜水前按规定检查装具、仪器和装药等，保证潜水作业中安全。

（5）掌握水下便携式声纳、磁力探测仪使用方法。

（6）水中爆炸冲击波比空气冲击波传播距离远得多、超压值大得多，起爆前确保人员撤出水中，或撤至安全水域。

## 4.6　非诱爆式销毁技术

利用装药诱爆销毁爆炸物较为常用，但往往爆炸引起的二次危害效应大，因此，现场环境条件要求高，安全警戒距离大。非诱爆式销毁是采用特殊的技术方法使爆炸物内部装药燃烧，从而使爆炸物解体失效，爆炸的危害效应得到有效控制，目前研究较多的是高热剂燃烧销毁技术和水射流销毁技术。

### 4.6.1　高热剂燃烧销毁

未爆弹包括利用战争遗留弹药改制的简易爆炸装置，其主要特点是具有较厚的金属外壳，利用铝热剂等一类烟火剂产生的高温产物可快速熔穿金属壳体，引燃内部装药使未爆弹燃烧销毁，既彻底又安全，是一种新的销毁方法。

**1. 高热剂的化学性质**

高热剂是指能产生铝热反应的一类燃烧剂，实际上它与广义铝热剂（thermite）是同一概念，它是由金属粉末和能与该金属粉末起反应的金属氧化物（还包括少量的非金属氧化物）混制而成的。两者反应最一般的形式为

$$M+AO \rightarrow MO+A+\Delta H \tag{4-10}$$

1) 吸湿与高热剂的化学反应

高热剂的化学安定性固然与很多因素有关,但受潮吸湿引起药剂化学性质的变化是主要的。大多数高热剂以铝粉、镁粉作为可燃物,它们受潮后有下列化学反应:

$$Al+3H_2O = Al(OH)_3+1.5H_2\uparrow+342kJ \qquad (4-11)$$

$$Mg+2H_2O = Mg(OH)_2+H_2\uparrow+342kJ \qquad (4-12)$$

由于放热和 $H_2$ 的放出往往会引起高热剂的自燃乃至爆炸。如果铝粉、镁粉中含有铜、铅、铁等杂质时,反应还会加速。镁、铝等金属粉和氧化剂(硝酸盐、氯酸盐、高氯酸盐等)混合后与水的反应速度会更快。

2) 硫、磷和铵盐对高热剂化学安定性的影响

如果在含镁的药剂中加入硫,化学安定性降低。这是因为 $S+Mg = MgS$。含 $KClO_3$ 高热剂中,不得加入 S 或 P,因这类混合物非常敏感,在极轻微的外界作用下即能爆炸或自行着火。在氯酸盐的高热剂中,不得加入铵盐,因为它们反应后生成 $NH_4ClO_3$ 在 $30\sim60℃$ 就能自行分解,甚至爆炸。

**2. 高热剂反应机理**

高热剂燃烧是一种自蔓延燃烧放热反应,这是一种依靠自身化学反应释放的能量来维持后续反应的过程,不需外界再输入任何能量,直到反应完毕。最早发现并为人们所利用的自蔓延放热反应为黑火药的燃烧反应。高热剂的燃烧过程通常都是一个快速而剧烈的过程,这使得铝热反应过程的反应机理研究变得困难。

高热剂配方含有燃料、氧化剂和添加剂,通常点火都较为困难(所有铝热剂的自燃点均在 $800℃$ 以上,铁铝高热剂的自燃点在 $1300℃$),需要较大的外界能量输入。因此从机理上来讲,高热剂的燃烧包含两个过程:点火和燃烧。

A.G.Merzhanov 和 V.M.Shkiro 采用热爆炸理论对铝-三氧化二铁高热剂体系的点火机制进行了研究。他们将高热剂压制成不同厚度的圆片状颗粒,分别加热至点火点,得出点火点温度随着厚度的增加而降低的规律。薄片状颗粒内部热传导阻力小,向外界散热快,达到得热与失热平衡的临界温度就高;而厚的片状颗粒,内部热阻大,向外界失热慢,达到得热与失热平衡的临界温度就低。

高热剂的燃烧特征与烟火药类似,有连续燃烧、脉动(或振荡)燃烧和爆炸燃烧 3 种形态。连续燃烧的特征为不间断的均匀性燃烧,燃烧由表及里,或者从一端向另一端不间断地进行,既不停顿也不跨越,直至全部药剂燃毕。连续燃烧的特征量是匀速燃烧速度,调整药剂的燃烧速度即可满足制品要求的燃烧时间指标。脉动燃烧的特征为不连续振荡燃烧,燃烧虽然也是由表及里,或从一端向另一端传递,但它的燃烧过程是不连续的,时快时慢,表现出断断续续的特点。脉动燃烧的示性数是脉动频率。爆炸燃烧的特征为外加点火刺激后经一段时间的"延滞时间",而后产生爆发性的燃烧。3 种燃烧形态的药剂,以连续燃烧药剂的性能最为稳定,脉动燃烧药剂和爆炸燃烧药剂都极易受外加成分的影响而失去其固有的燃烧特性。销毁未爆弹时最好选用锰铝高热剂和铁铝高热剂,这两种高热剂燃烧时状态比较稳定。

**3. 高热剂熔穿引燃销毁法**

高热剂熔穿引燃销毁法是利用铝热剂燃烧过程中产生的高温熔渣(大多数铝热剂燃

烧时的温度都在 2000～2800℃之间，能形成高温液态产物)，并伴随高温火焰，将反应的热效应通过高温熔渣及火焰与弹壳壁的接触传导，作用于弹壳壁及弹体内部装药，引起弹壳壁的熔化和内部炸药的燃烧，达到销毁未爆弹药的目的。利用套筒式高热剂销毁器，熔穿钢板引燃炸药的试验现象如图 4-79 所示。

图 4-79　套筒式高热剂销毁器熔穿引燃试验

该方法的优点：可以就地销毁稳定性不好的未爆弹，减少转运过程中的风险，又能使大装药量的未爆弹在销毁过程中不对周边环境产生破坏效应。高热剂燃烧销毁未爆弹，克服了传统诱爆销毁法的弊端，降低了对销毁场地的要求，使销毁过程安全便捷；作业程序简单，减少了未爆弹处置销毁的作业成本。

对于薄壳弹药（如地雷、破甲弹、碎甲弹等），高热剂产生的高温火焰或熔渣可直接熔穿薄弹壳，引燃弹体内部装药使其平稳燃烧销毁。对于厚壳体的弹药（如大口径爆破弹、杀伤弹等），高热剂产生的高温产物虽不能直接快速熔穿壳体，但高温熔渣可使壳体产生部分熔化，局部弹壳在高温作用下软化，壳体强度变小。同时弹体装药在高温持续作用下将被间接引燃，装药燃烧生成的气态产物在弹体内形成局部高压，冲破被软化的壳体，装药保持平稳燃烧，直至完全烧毁。由于局部高压气体冲破壳体约束向外逸出，得以释放，内部压力逐渐趋于稳定，使未爆弹内部不具备燃烧转爆轰的条件，从而保证了弹体燃烧销毁的安全性。

使用 $Fe_2O_3/Al$、$MnO_2/Al$、$CuO/Al$ 等一类铝热剂产生的高温产物可引燃未爆集束子弹药使之产生平稳燃烧直至爆炸性组件燃尽，这种作业方式已在未爆子弹药的就地销毁作业中得到成功应用。图 4-80 是高热剂销毁器就地销毁 BLU-97 子炸弹的结果，图 4-81 是高热剂销毁器对准弹体中间部位销毁 Mk118 子炸弹的效果，图 4-82 显示了高热剂销毁器对准弹底销毁 Mk118 子炸弹的效果。

(a) 设置销毁器　　　　　　　　(b) 引燃销毁后状态

图 4-80　高热剂销毁器销毁 BLU-97 子炸弹

(a) 设置销毁器　　　　　　　(b) 引燃销毁后状态

图 4-81　高热剂销毁器对准弹体中部销毁 Mk118 子炸弹

(a) 设置销毁器　　　　　　　(b) 引燃销毁后状态

图 4-82　高热剂销毁器对准弹底销毁 Mk118 子炸弹

值得注意的是，采用这种销毁方法时，被销毁的未爆弹装药存在燃烧转爆轰的风险，特别是带有火工品组件时。对于体积较大的未爆弹，可对称地设置两个高热剂销毁器，同时点火燃烧，使装药燃烧的气体压力快速释放，减小转爆轰的风险。另外，还需要研究提高高热剂燃烧产物作用的有效性，提高熔穿弹药壳体的速度，加大开孔的尺寸等。因此，处置人员采用高热剂销毁器作业时，在选取安全范围和撤退距离时应充分考虑这一因素。

### 4.6.2　聚能水射流销毁

高压磨料水射流切割技术可用于未爆弹等爆炸物的解体处理，但设备操作使用比较复杂。综合高压磨料水射流切割和水压爆炸装置解体器的作用原理，提出设计一种聚能水射流销毁器，可用于非诱爆式销毁处置爆炸物。

**1. 聚能水射流销毁器设计要点**

聚能水射流销毁器主要是基于火炸药驱动的聚能效应销毁器结构。水射流相对于金属射流在侵彻壳体的同时及时带走了热量，消除了热积累，不易产生高温，水射流容易分散，不产生破片。销毁器在装药的空穴处覆上一层水介质，爆炸后爆轰产物推动水层向轴线集中，将能量传递给水介质。由于水的可压缩性很小，内能增加很少，大部分能量转变成动能形式，在轴线碰撞时，能量又重新分配，形成头部速度高、尾部速度低的高速水射流。

1）水射流销毁器的外壳材料

采用尼龙等塑料材料作为销毁器的外壳材料：一是该材料来源广泛且价格不高，工艺易于控制；二是尼龙本身的密度较低，从而控制了销毁器的重量；三是这类材料制作的壳体不产生二次破片。

尼龙为韧性角状半透明或乳白色结晶性树脂，作为工程塑料的尼龙相对分子质量一般为 1.5～3 万，密度为 $1.15g/cm^3$。尼龙具有很高的机械强度，软化点高，耐热，摩擦因数低，耐磨损，自润滑性，吸震性和消音性，耐油，耐弱酸、耐碱和一般溶剂，电绝缘性好，有自熄性，无毒、无臭等特点，方便 3D 打印或注塑成型，适合作为销毁器的壳体材料。

2）水射流销毁器的结构

聚能水射流销毁器整体采用聚能装药形式，内部填充火炸药，外部为双层结构，隔层之间填充水作为驱动介质，壳体材料为尼龙，如图 4-83 所示。

采用双层空腔尼龙结构，填充塑黑-4 炸药，隔层充水作为驱动介质，使用时通过注水孔注入。塑黑-4 是一种含有 91%黑索今和 9%的一般增塑剂（不含炸药）的混合炸药，爆速为 8040m/s，相对有效系数为 TNT 的 1.34，毒烟浓度轻微。塑黑-4 比较稳定，抗水性较好。

图 4-83 聚能水射流销毁器结构示意图

空腔结构填充水介质，销毁器对水质没有要求，适应性强。水射流几乎对所有的材料都可以销毁，水射流是冷态切割，切割弹壳时不产生热效应、无烧蚀，不会改变弹壳材料的物理化学性质。水本身具有冷却的特性，作用于弹壳时不会产生太高的温度，可确保销毁的安全性。水介质作用于壳体会沿着各个方向分散，避免了与未爆弹药剧烈碰撞，销毁过程不产生其他物质，是清洁环保的销毁材料。销毁器销毁时通过注水孔注水，平时质量轻，便于携带。

**2. 聚能水射流对目标的作用效能**

水射流销毁器通过塑黑-4 炸药爆炸，从而驱动销毁器隔层之间的水介质，形成水射流，水射流对未爆弹壳体结构产生破坏，达到销毁的目的。水射流形成具体过程可分为 3 个阶段，即炸药爆炸阶段、水射流拉伸阶段、壳体侵彻阶段。

销毁器外部直径取 50mm，高度为 120mm，对水射流的形成过程进行数值模拟，结果如图 4-84 所示。装药未爆炸时的状态，如图 4-84（a）所示；当炸药爆炸后，产生巨大的压力作用于销毁器壳体，尼龙发生变形，炸药能量在端部汇聚，将尼龙和水介质推出，初步形成射流，图 4-84（b）为起爆 10μs 时销毁器状态。射流形成后由于本身的速度梯度，射流将继续拉伸，呈细长射流状，图 4-84（c）为起爆 20μs 后形成的射流；射流在接触到靶板后开始侵彻（图 4-84（d）），碰撞后的射流能量损失一部分，剩余能量将扩大孔径（图 4-84（e））。最终在起爆后 50μs 靶板被击穿（图 4-84（f））。

通过控制不同的条件，包括水介质、炸高、靶板厚度、作用对象，模拟分析销毁器的性能参数，优化销毁器设计。建立有、无填充水介质的两个模型，进行模拟计算和对比分析。图 4-85（a）显示了模型 1（填充水介质的销毁器）对 15mm 厚靶板的侵彻效果，图 4-85（b）显示了模型 2（与模型 1 采用相同结构但隔层不填充水介质）对相同厚度靶板的侵彻效果，以此对比两个模型的侵彻情况以及射流属性。计算结果表明，有水介质的射流侵彻靶板时头部为凸出弧形，后面水介质扩散分布于靶板表面，具有冷却降温的作用；没有填充水介质的射流头部为尼龙材料，射流头部分叉，呈凹形。有水填充时射流速度（约6000m/s）低于无水填充时的射流速度（约7000m/s），但两者速度均可以侵彻靶板，这在一定程度上有利于爆炸装置的解体而不引发爆炸。

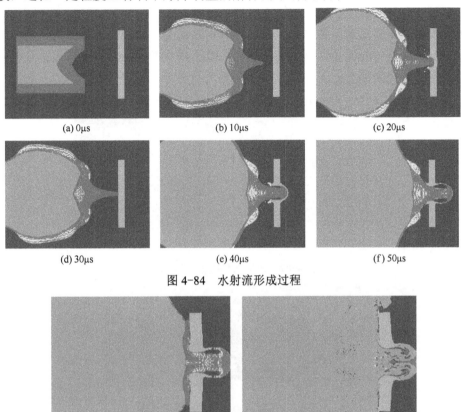

图 4-84　水射流形成过程

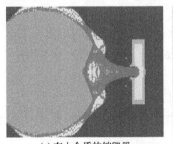

(a) 有水介质的销毁器

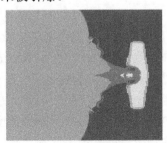

(b) 无水介质的销毁器

图 4-85　销毁器对钢板侵彻模拟结果

为进一步了解水介质销毁的相关作用，将模型1和模型2分别对装甲钢壳体厚1mm、内装B炸药的目标进行侵彻，比较两个模型的侵彻情况以及射流属性。模拟计算结果如图 4-86 所示，两个模型都取起爆后第30μs的状态，未装水的销毁器起爆后第30μs侵彻到装药内部，装药被引爆（图 4-86（b）），装药壳体在装药作用下发生明显变形；而装水的销毁器同样侵彻至内部，但内部装药并未被引爆。

(a) 有水介质的销毁器　　　　(b) 无水介质的销毁器

图 4-86　销毁器对模拟药盒的冲击模拟结果

通过仿真模拟可以看出，聚能水射流销毁器可发挥结构的独特性以及水介质的优越性，满足非诱爆式销毁的要求。对于不同壁厚、不同装药的爆炸装置，可根据销毁器形成的水射流及其特性确定实际销毁作业时的炸高选择，从而达到最佳的销毁效果。

**3. 聚能水射流销毁器销毁试验**

聚能水射流销毁器利用炸药爆炸时产生的高压气态产物驱动水介质层在瞬间形成高速水射流，其较高的动能将内装压实土壤的木箱击碎（图4-87），还可以击穿钢管炸弹的两层金属壁，内装的乳化炸药未被引爆（图4-88）。

(a) 设置销毁器　　　　　　(b) 销毁后效果

图 4-87　水射流销毁器摧毁木箱

图 4-88　水射流销毁器击穿钢管炸弹

由于水本身的物理特性（如压缩性小、流动性好等），加之所形成的水射流速度较高，只要水射流销毁器在设置时避开未爆弹引信部位，就不会引爆弹体引信雷管和主装药。水射流销毁器作为一种销毁器材，可用于薄壳未爆弹和简易爆炸装置的非诱爆式现场销毁。

# 思　考　题

1. 针对RCIED的反制，无线电干扰设备按工作原理可分哪几种？
2. 简述爆炸装置解体器的一般结构组成、工作原理和主要用途。
3. 简述排爆机器人的主要功能。
4. 适合采用聚能装药诱爆销毁的条件是什么？
5. 采用药包装药诱爆销毁未爆弹的诱爆体药量和设置位置如何确定？
6. 水下爆炸物销毁处置的主要难题是什么？

# 第 5 章　爆炸物现场安全防护技术

## 5.1　爆炸危害效应分析

爆炸物爆炸时的危害效应，通常包括爆炸直接毁伤、破片致伤、冲击波损伤，以及爆破震动、爆炸噪声、毒气等爆炸次生危害。

### 5.1.1　爆炸直接毁伤

爆炸直接毁伤是爆炸事件中最严重的危害效应，通常有弹坑、抛掷物、结构破坏和热辐射等 4 种现象。

**1. 弹坑**

弹坑是炸药爆炸后在地面或结构表面形成的坑。一般所说的弹坑是指表观弹坑或可见弹坑，真实弹坑是爆炸后介质材料被粉碎、抛掷或压实后形成的空穴，但通常被灰尘、碎片等回落物所遮盖。如果爆炸发生在足够深的地层中而形成封闭型爆炸，那么真实弹坑是个封闭洞穴，被称为爆腔。破裂区是紧挨弹坑（或爆腔）的区域，这个区域的介质材料基本上保留其原来位置，但由于爆炸作用已受到严重扰动；紧靠破裂区的是塑性区，该区域范围相对较大，受扰动也相对轻微。在地表面，破裂区和塑性区形成表面位移或隆起区域，该区域通常被抛掷物覆盖。弹坑的唇缘是堆积在弹坑边缘外地面的抛掷物，那些散落在弹坑唇缘外边的抛掷物，足以对人员和结构造成冲击破坏。

影响弹坑尺寸的因素很多，如装药的形状、重量、爆炸深度、发生成坑的介质材料（如土、岩石、层状地层等）。对于一定当量的爆炸来说，弹坑的大小首先随爆炸深度的增加而增大。当爆炸产生的能量不足以将抛掷物散落在弹坑边缘外时，更多的抛掷物将回落在弹坑的边界内。弹坑形状随爆炸深度变化情况如图 5-1 所示。对于地表或地表上方爆炸产生的弹坑来说，可见弹坑尺寸和真实弹坑尺寸基本一致，因为大多数土碎块被冲击波吹离弹坑。

由于上述各种影响因素与成坑效应的关系非常复杂，并且有关炸弹对结构成坑效应的可靠数据较少，所以根据裸露装药试验数据得到的成坑曲线预测炸弹所形成弹坑的尺寸，目前仍是最可靠、最方便的方法。

**2. 抛掷物**

从弹坑中被永久性抛离的物质称为"抛掷物"。小当量的装药爆炸产生的抛掷物所造成的破坏或伤害并不大，但对大当量装药爆炸，必须考虑抛掷物的严重危害。土中爆炸产生的抛掷物，其飞散距离几乎完全限制在弹坑直径的 30 倍以内；在岩石中爆炸，抛掷物的飞散距离一般可达到弹坑直径的 75 倍,极少数抛掷物甚至飞散得更远。

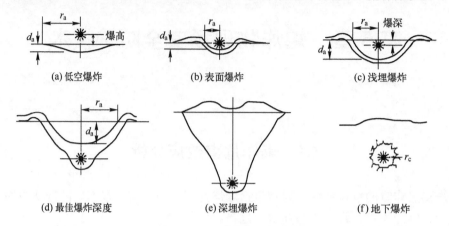

图 5-1　弹坑形状随爆炸深度的变化

飞散的抛掷物所造成的破坏对象主要是水平或接近水平的结构构件,如建筑物的顶板或顶盖等。岩石碎块会侵入这些构件,而黏性土壤的碎块可能会对结构造成弯曲破坏。

**3. 结构破坏**

结构破坏包括结构局部破坏和结构整体破坏。

1) 结构局部破坏

爆炸点附近的材料质点获得了极高的速度,使介质内产生很大的应力而使结构破坏,并且破坏都是发生在爆炸点及其反表面附近区域内,一般包括结构层裂(震塌)、局部破裂与贯穿等,不同材质的结构破坏形式不同。如震塌引起的结构层裂效应,混凝土等结构在爆炸冲击作用下背面出现剥落(层裂),并有混凝土碎块飞出。局部破裂是在爆炸装药附近区域内混凝土严重碎裂,钢筋严重变形甚至被拉断。它是由空气冲击波或地冲击的局部高压作用的结果,一般伴随着构件的大变形。由于正面的成坑和背部的震塌联合作用可能产生贯穿现象。当正面的真实弹坑深度约为构件厚度的 1/3 时,就可能出现这种现象。

2) 结构整体破坏

在爆炸荷载作用下,整个结构将产生变形和失稳,如结构的梁、板将产生弯曲、剪切变形;柱的压缩以及基础的沉陷等。整体破坏作用的特点是使结构整体产生变形和内力,结构破坏是由于出现过大的变形、裂缝,甚至造成整个结构的倒塌。从力学的观点,结构局部破坏作用是应力波传播引起的波动效应,而整体破坏作用是动荷载引起的振动效应。一般来说,跨度小、构件厚的结构,局部破坏作用起决定影响;反之,跨度大、厚度薄的结构,整体破坏常起控制作用。

**4. 热辐射**

炸药爆炸往往会伴随着炸药燃烧,或者由于爆轰产物高温作用引起周围介质的燃烧,对人体的损伤主要是燃烧所引起的热辐射。

### 5.1.2　爆炸破片致伤

爆炸破片是指爆炸物内的金属或硬质材料壳体,在装药爆炸作用下猝然解体,而产生的一种杀伤元件,以其动能高速撞击和击穿目标。

**1. 破片类型**

制式弹药破片类型也可分为非控破片、受控破片和预制破片,其他爆炸装置的破片也可参照近似划分。

(1)非控破片。爆炸装置采用整体式壳体,壳体在装药的爆炸作用下破碎成破片,高速向四周飞散。非控破片的特征参数很复杂,取决于壳体的材料与加工工艺、炸药类型与装填方法、装药和壳体的质量比、壳体厚度和形状,以及起爆点的位置等多种因素。

(2)受控破片。壳体以特定的破碎型式形成的破片,破片的最终形状是在爆炸产物作用下壳体膨胀过程中形成的。控制破片形状和尺寸的方法有:多层壁壳体结构、在壳体和药柱上刻槽、多个金属环叠加或金属丝绕制壳体等。受控破片能最大限度地避免壳体形成过大或过小的破片,同时可根据目标的需要,通过选定最有效的破片尺寸和形状,获得最佳飞散形式和初速。

(3)预制破片。采用单独工艺成形,其典型的形状有:立方体、杆状体、球形和箭形体等。只需借助机械手段将其固定在炸药装药的周围,在炸药爆炸产生的爆炸产物驱动下破片本身发生破碎的概率很小,几乎可以百分之百地控制破片飞散。预制破片的质量、形状和速度在设计中几乎完全可以控制,对预定目标能够产生最佳的飞散效应。

此外,爆炸产生的破片根据形成机理的不同还可以分为一次破片和二次破片两种类型。一次破片是指炸药的壳体或与炸药接触的物体在爆炸作用下产生的破片。二次破片是指冲击波与爆炸点附近的物体或结构相互作用产生有破坏性的抛射物。与二次破片相比,一次破片的特点是初速高、数量大和尺寸小。

**2. 破片的特征参数**

为了分析破片对目标的毁伤效应,必须了解破片的特征参数,主要包括破片数量、破片初速、破片飞散。

1)破片数量

对于非控破片爆炸装置,通过选择装药与金属壳体质量比、壳体材料及其壁厚,可以在一定程度上估算破片数量及质量分布。薄壁壳体以二维方式破碎,厚壁壳体则以二维和三维两种形式破碎。

在弹药工程设计中,对于壳体壁厚较大的弹丸和战斗部,常用经验公式计算1g以上的破片总数 $N$,有

$$N = 3200\sqrt{M} \cdot \alpha(1-\alpha) \tag{5-1}$$

式中:$M$ 为弹体金属与炸药质量之和(kg);$\alpha$ 为炸药装填系数,$\alpha = m/M$,$m$ 为炸药质量。

对于壳体壁厚较薄,装填 TNT 炸药的弹丸或战斗部,估算破片总数的经验公式为

$$N = 4.3\pi \left(\frac{1}{2} + \frac{r}{\delta}\right)\frac{l}{\delta} \tag{5-2}$$

式中:$r$ 为战斗部壳体内半径(mm);$l$ 为战斗部壳体长度(mm);$\delta$ 为战斗部壳体厚度(mm)。

破片平均质量的估计值为

$$\overline{m}_f = k\frac{m_s}{N} \tag{5-3}$$

式中：$m_s$ 为金属壳体的质量；$k$ 为壳体质量损失系数，其值在 0.80～0.85 之间。

2）破片初速

壳体受炸药爆轰产物作用，在膨胀过程中获得了很高的变形速度，破片向外飞散时所受的空气阻力很快与爆轰产物的作用相平衡，此时破片速度达到最大值，称其为破片初速 $v_0$。此后，破片飞散速度随着飞行距离的增加而逐渐衰减。破片初速与弹体结构、材料、炸药性能和质量等有关，影响破片初速度的因素主要有：炸药种类、装药约束、爆炸装置长径比和壳体材料。炸药装药是破片获得初速的能源，炸药做功的能力越大，破片获得的初速就越高。

破片初速 $v_0$ 也是衡量弹丸杀伤作用的重要参数，关于破片初速理论计算方法多是从动能角度出发推导出来的。对于圆柱形弹体，其破片初速 Gurney 方程为

$$v_0 = \sqrt{2E}\sqrt{\frac{m}{M+\frac{m}{2}}} \tag{5-4}$$

式中：$v_0$ 为破片初速；$m$ 为炸药质量；$M$ 为弹体总质量；$\sqrt{2E}$ 为 Gurney 常数或 Gurney 比能，它代表了炸药类型组分及特征，见表 5-1。

表 5-1 各种炸药的密度和格尼能量常数

| 炸药 | 密度/(g·cm$^{-3}$) | $(2E)^{1/2}$/(m·s$^{-1}$) |
| --- | --- | --- |
| Composition B | 1.719 | 2773.68 |
| HMX | 1.888 | 2971.80 |
| PBX-9404 | 1.838 | 2895.60 |
| RDX | 1.769 | 2926.08 |
| Tetryl | 1.619 | 2499.36 |
| TNT | 1.628 | 2438.40 |
| Tritonal (TNT/Al = 80/20) | 1.719 | 2316.48 |

Gurney 通过试验得出了 Gurney 比能 $\sqrt{2E}$ 与炸药的爆速 $D_e$ 呈线性关系：

$$\sqrt{2E} = 520 + 0.28D_e \tag{5-5}$$

根据斜抛运动原理，单个破片飞散的距离为

$$R = \frac{v_0^2 \sin 2\alpha}{g} \tag{5-6}$$

式中：$v_0$ 为破片初速（m/s）；$\alpha$ 为初速度与水平方向间的夹角；$g$ 为重力加速度。

3）破片飞散

破片获得初速并脱离爆轰产物气体的作用之后在空气中飞行时，将受到两种力的作用：一是重力；二是空气阻力。重力使破片的飞行弹道发生弯曲，空气阻力造成破片速

度衰减。破片飞散距离的影响因素主要是气动阻力系数、当地空气密度、破片展现面积和质量。爆破弹、杀伤弹、杀爆弹等不同类型的弹药引爆后,破片的散布特征是不同的,其有效密集杀伤半径一般可查阅弹药参数,个别破片的最远飞散距离可按弹药口径毫米数的10倍转为米数进行估计,例如60mm口径弹药的个别破片最远飞散距离可按照600m估算。

**3. 破片的毁伤作用**

1) 破片侵彻效应

破片对各种材料和结构有不同的侵彻作用,除直接侵彻外,弹片撞击结构表面还产生弹坑,在背面产生震塌作用,尤其是对于混凝土材料。影响材料和结构损害程度的最重要参数是破片的特征、侵彻条件以及材料的特性。

2) 破片撞击作用

破片可能引起破坏的结构,包括框架或砖石结构的住房,轻型乃至重型工业建筑物、办公楼、公共建筑、移动式住所、汽车或其他结构物。破坏可能是表面的(如金属板凹陷或玻璃板破裂等),但笨重的破片也可能导致较大的破坏,如木屋顶贯穿、移动式住所或汽车等严重压坏等。

破片对目标和人员的破坏和杀伤主要是靠破片撞击目标时的动能,因此通常以破片的动能来衡量破片的杀伤效应。我国在杀伤各种目标所需动能方面进行了大量试验,根据试验结果确定杀伤的标准如表 5-2 所列。

表 5-2 破片杀伤各种目标所需动能

| 目标性质 | 杀伤动能/J |
| --- | --- |
| 杀伤人 | 78.5~128 |
| 土木类 | 245~392 |
| 飞机(金属) | 981~1962 |
| 厚度为 10mm 的砖墙 | 981 |
| 厚度为 10mm 的混凝土墙 | 1472 |
| 钢筋混凝土墙(10mm) | 3924 |
| 7mm 厚装甲板 | 2158 |
| 10mm 厚装甲板 | 3434 |
| 13mm 厚装甲板 | 5788 |
| 16mm 厚装甲板 | 10202 |

3) 破片对人员的杀伤

破片撞击对人员的伤害通常分为两类:一类是小破片的侵彻作用和伤害;另一类是大的非侵彻破片所引起的钝器外伤。人员对破片的耐受度是很低的。在爆炸事故中,人体的头、颈部位最容易受到伤害,而且很可能是致命的伤害。眼睛对碎片所造成损伤的抵御能力最低,10g 重、速度 15m/s 的玻璃碎片会对眼睛造成中等强度损伤,比如角膜破裂、视觉神经擦伤等。碎片对胸、腹部的伤害主要为穿透伤,胸部、腹部的穿透伤非常危险。

一般自制爆炸装置产生的碎片速度较低,曾经有机构做过这样的测试:在一个外径为 32mm，壁厚 3mm 的钢管中填满高能 TNT 炸药，引爆以后钢管碎片的初速度可达到 1495m/s。在这样的试验当中，10g 重的碎片就足以对 140m 外无保护装备的人体造成严重伤害。即便在这个钢管当中填充的是低效炸药，其碎片也能够达到 1100m/s 的速度。军用弹药，爆炸破片速度可以达到 2500m/s 甚至更高。对人体造成的损伤就更大。

4）破片对设备的毁伤

设备机件对破片撞击破坏的敏感性取决于设备外壳和各部分的坚硬度，还与破片的尺寸和撞击速度有关。某些重型设备（发动机、发电机等）会因电气连线或机械连接件被破片切断而失灵，但很少被一次破片所摧毁，然而二次破片的撞击却有可能使这些重型设备报废。脆弱设备（如电子仪器等）在受到一次或二次破片撞击后通常不能再用。具有一定速度的轻破片可击穿重型设备的敏感部位（发电机的油箱等）。

### 5.1.3 爆炸冲击波损伤

爆炸冲击波可以使人员、设备等目标受到严重损伤，损伤程度随着装药量的多少，距离爆炸点的远近，爆炸的高度，以及目标抗爆能力等关系密切。了解爆炸冲击波对目标的损伤规律，可以在排爆现场估算爆炸冲击波的峰值超压等参量，以评估安全距离。

**1. 爆炸空气冲击波峰值超压计算**

1）装药爆炸空气冲击波

根据大量试验结果，TNT 球形装药（形状近似的装药）在无限空气介质中爆炸时，空气冲击波峰值超压计算公式为

$$\Delta P_m = 0.84\left(\frac{\sqrt[3]{C}}{r}\right) + 2.7\left(\frac{\sqrt[3]{C}}{r}\right)^2 + 7\left(\frac{\sqrt[3]{C}}{r}\right)^3$$

$$\left(1 \leqslant \frac{r}{\sqrt[3]{C}} \leqslant 10 \sim 15\right)$$

$$\frac{H}{\sqrt[3]{C}} \geqslant 0.35$$

(5-7)

式中：$\Delta P_m$ 为峰值超压（$10^5$Pa），$C$ 为 TNT 装药质量（kg），$r$ 为距爆心的距离（m），$H$ 为装药离地面的高度（m）。

装药在地面爆炸时，由于地面的阻挡，空气冲击波不是向整个空间传播，而只向一半无限空间传播，被空气冲击波带动的空气量也减少一半。装药在钢板、混凝土、岩石一类的刚性地面爆炸时，可看作两倍的装药在无限空间爆炸。于是，可将 $C_0=2C$ 代入式（5-7）计算，整理后，得

$$\Delta P_{mgr} = 1.06\left(\frac{\sqrt[3]{C}}{r}\right) + 4.3\left(\frac{\sqrt[3]{C}}{r}\right)^2 + 14\left(\frac{\sqrt[3]{C}}{r}\right)^3$$

$$\left(1 \leqslant \frac{r}{\sqrt[3]{C}} \leqslant 10 \sim 15\right)$$

(5-8)

式中：$\Delta P_{mgr}$ 为装药在刚性地面爆炸时空气冲击波的峰值超压（$10^5$Pa）。

装药在普通土壤地面爆炸时，地面土壤受到高温高压爆炸产物作用发生变形破坏，

甚至抛掷到空中形成一个炸坑。在这种情况下，应考虑地面消耗了一部分爆炸能量，反射系数要比 2 小，$C_0=(1.7\sim1.8)C$。于是，对普通土壤地面可取 $C_0=1.8C$ 代入式（5-7）计算，整理后，得

$$\Delta P_{mg} = 1.02\left(\frac{\sqrt[3]{C}}{r}\right) + 3.99\left(\frac{\sqrt[3]{C}}{r}\right)^2 + 12.6\left(\frac{\sqrt[3]{C}}{r}\right)^3 \qquad (5-9)$$

$$\left(1 \leqslant \frac{r}{\sqrt[3]{C}} \leqslant 10\sim 15\right)$$

式中：$\Delta P_{mg}$ 为装药在普通土壤地面爆炸时空气冲击波的峰值超压（$10^5$Pa）。

贝克（W. E. Baker）在《空中爆炸》一书中指出，装药表面到很远距离处冲击波超压的计算公式为

$$\Delta P_m = 0.67\left(\frac{\sqrt[3]{C}}{r}\right) + 3.01\left(\frac{\sqrt[3]{C}}{r}\right)^2 + 4.31\left(\frac{\sqrt[3]{C}}{r}\right)^3 \qquad (5-10)$$

$$\left(0.50 \leqslant \frac{r}{\sqrt[3]{C}} \leqslant 70.9\right)$$

2）弹药爆炸空气冲击波

弹药由于金属壳体的作用，其爆炸与裸露炸药爆炸产生的空气冲击波不同，航弹、炮弹爆炸时产生的入射冲击波超压为

$$\Delta P_1 = 0.658\frac{\sqrt[3]{C}}{r} + 0.261\left(\frac{\sqrt[3]{C}}{r}\right)^{1.5} \quad (\text{MPa}) \qquad (5-11)$$

该式的适用范围：$0.014\text{MPa} \leqslant \Delta P_1 \leqslant 7.020\text{MPa}$。

地面反射冲击波超压为

$$\Delta P_m = 2\Delta P_1 + \frac{6\Delta P_1^2}{\Delta P_1 + 0.7} \qquad (5-12)$$

该式的适用范围：$\Delta P_m \leqslant 2\text{MPa}$。

**2. 冲击波对人员的杀伤作用**

爆炸冲击波对人员的杀伤作用主要表现为超压和动压作用，取决于多种因素，其中主要包括装药尺寸、冲击波持续时间、人员相对于爆炸点的方位、人体防御措施以及个人对爆炸冲击波荷载的敏感程度。

1）超压作用

冲击波到来时，伴随有急剧的压力突跃，该压力通过压迫作用损伤人体，引起血管破裂致使皮下或内脏出血；内脏器官破裂，特别是肝脾等器官破裂和肺脏撕裂；肌纤维撕裂等。

试验表明，耳朵是人体对超压最为敏感的区域，0.035～0.05MPa 的超压就开始可能会造成耳穿孔，当超压大于 0.1MPa 的时候就有 50%的可能会耳穿孔，而人体承受超过 0.2MPa 的超压时，耳穿孔的可能性就达到了 95%。超压大于 0.3MPa，可能会使人体的鼻、口、咽喉产生内出血。超压大于 0.55MPa 时，就有 50%的可能会严重损伤肺，不超过 1/4kg 的高性能炸药在距离人体一臂长的地方爆炸，就会对人体产生这样强度的超压。

在超压大于 1.5MPa 时，人体的四肢会受到严重损伤。

表 5-3 摘自美军《抗偶然爆炸结构设计手册》(TM5-1300)，是在试验基础上提出的人体耳膜和肺损伤的压力阈值。对于长时间 (80~1000ms) 超压动物试验结果表明，致死超压比上述值低得多。

表 5-3　持续时间 3~5ms 的空气冲击波对人体的伤害

| 伤害情况 | | 最大有效压力* （入射压力、入射压力加动压、反射压力三者的最大值） | |
|---|---|---|---|
| | | (psi) | (MPa) |
| 耳膜破裂 | 阈值 | 5 | 0.035 |
| | 50% | 15 | 0.105 |
| 肺脏损伤 | 阈值 | 30~40 | 0.21~0.28 |
| | 50% | 80 以上 | 0.56 以上 |
| 死亡 | 阈值 | 100~120 | 0.70~0.84 |
| | 50% | 130~180 | 0.91~1.26 |
| | 100% | 200~250 | 1.40~1.75 |

空气冲击波超压对暴露人员的损伤程度见表 5-4。超压小于 0.2 个大气压时，对人体没有损伤，超压达到 0.5 个大气压以上时，可对人体内脏造成严重损伤直至死亡。空气冲击波对掩体内人员的杀伤作用要小得多，如掩蔽在堑壕内，杀伤半径为暴露时的 2/3；掩蔽在掩蔽部和遮弹所内，杀伤半径仅为暴露的 1/3。

表 5-4　空气冲击波对人员的损伤

| 冲击波超压/$10^5$Pa | 损伤程度 |
|---|---|
| 0.2~0.3 | 轻微（轻微的挫伤） |
| 0.3~0.5 | 中等（听觉器官损伤、中等挫伤、骨折等） |
| 0.5~1.0 | 严重（内脏严重挫伤，可引起死亡） |
| 大于 1.0 | 极严重（可能大部分人死亡） |

普通炸药空气中爆炸使人致死的距离 $R$ 为

$$R = 1.1\sqrt{C} \text{ (m)} \quad (C < 300\text{kg})$$
$$R = 2.7\sqrt[3]{C} \text{ (m)} \quad (C > 300\text{kg})$$
(5-13)

对人员的最小安全距离为

$$R_{min} = 15\sqrt[3]{C} \text{ (m)}$$
(5-14)

此时超压不大于 $0.1 \times 10^5$Pa。

2) 动压作用

冲击波使人体产生突然的加速，或者是人体被掀起以后撞击其他物体所造成的减速。人员最初受到加速随后产生平移及最后的磕碰都可能致伤，但严重损伤多发生在与坚硬物体相撞的减速过程中。

穿戴排爆服时，可降低 65% 以上的爆炸对胸部和腹股沟部位所产生的超压，降低 90% 以上对耳朵的超压影响。在 3m 远时，1kg TNT 爆炸产生的超压几乎不会产生伤害。也会降低爆炸后人体撞击地面所造成的损伤。

### 3. 冲击波对交通工具的破坏

大规模的炸药爆炸，常常引起停靠在附近或过路的交通工具发生强烈的破坏。爆炸对交通车辆的破坏作用，有冲击波的直接作用，例如车窗玻璃破裂和车辆外壳被挤坏；也有次生冲击波作用，使车辆倾倒或翻滚，以及在爆炸强烈作用下生成的破片的撞击破坏。许多爆炸事件也产生大的火球，因而交通车辆也可能被引燃和毁于火焰之中。

### 4. 冲击波对军事装备的破坏

空气冲击波超压对不同的军事装备造成的破坏程度不同，破坏情况如表 5-5 所列。

表 5-5　空气冲击波对军事装备的破坏情况

| 目标 | 破坏情况 | 超压/$10^5$Pa |
|---|---|---|
| 飞机 | 完全破坏 | >1.0 |
| 飞机 | 严重损坏 | 0.5～1.0 |
| 轮船 | 严重破坏 | 0.7～0.85 |
| 轮船 | 中等破坏 | 0.28～0.43 |
| 车辆 | 装甲运输车、轻型自行火炮受到不同程度的损坏 | 0.35～3.0 |
| 兵器 | 破坏无线电雷达站和损坏各种轻武器 | 0.5～1.1 |

### 5. 冲击波对建筑物的破坏

目标与装药有一定距离时，其破坏作用的计算由结构本身振动周期 $T$ 和冲击波正压区作用时间 $\tau_+$ 确定。如果 $\tau_+$ 远远小于 $T$，则目标的破坏作用取决于冲击波冲量；反之，若 $\tau_+$ 远远大于 $T$，则取决于冲击波的峰值压力。冲击波的作用按冲量计算时，必须满足 $\tau_+/T \leq 0.25$；而按峰值压力计算时，必须满足 $\tau_+/T \geq 10$；在上述两个范围之间，无论按冲量计算还是按峰值压力计算，误差都很大。空气冲击波对建筑物的破坏等级和破坏情况如表 5-6 所列。

表 5-6　空气冲击波对建筑物的破坏情况

| 破坏等级 | 等级名称 | 建筑物破坏情况 | 超压$\Delta P/10^5$Pa | 比例距离 |
|---|---|---|---|---|
| 一 | 基本无破坏 | 玻璃偶尔开裂或震落 | <0.02 | |
| 二 | 玻璃破坏 | 玻璃部分或全部破坏 | 0.02～0.12 | >10.55 |
| 三 | 轻度破坏 | 玻璃破坏，门窗部分破坏，砖墙出现小裂缝（5mm以内）和稍有倾斜，瓦屋面局部掀起 | 0.12～0.30 | 6.1～10.55 |
| 四 | 中等破坏 | 门窗大部分破坏，砖墙有较大裂缝（5～50mm）和倾斜（10～100mm），钢筋混凝土屋盖裂缝，瓦屋面掀起，大部分破坏 | 0.30～0.50 | 4.6～6.1 |
| 五 | 严重破坏 | 门窗摧毁，砖墙严重开裂（50mm以上），倾斜很大甚至部分倒塌，钢筋混凝土屋盖严重开裂，瓦屋面塌下 | 0.50～0.76 | 3.38～4.6 |
| 六 | 倒塌 | 砖墙倒塌，钢筋混凝土屋盖塌下 | >0.76 | <3.68 |

爆炸空气冲击波荷载作用下，目标的破坏距离为

$$r = k\sqrt{C} \quad (\text{m}) \tag{5-15}$$

式中：$C$ 为 TNT 的装药当量（kg），$k$ 为目标的破坏系数（0.25～30）。

空气波对建筑物设施的安全距离为

$$R = K_B\sqrt{C} \quad (\text{m}) \tag{5-16}$$

式中：$C$ 为 TNT 的装药当量（kg）；$K_B$ 为目标的安全系数，如表 5-7 所列。

表 5-7　安全系数 $K_B$

| 安全等级 | 破坏程度 | $K_B$ |
|---|---|---|
| Ⅰ | 无破坏 | 50～150 |
| Ⅱ | 玻璃设备偶然破坏 | 10～30 |
| Ⅲ | 玻璃完全破坏，门、窗局部破坏 | 5～8 |
| Ⅳ | 门、窗、隔墙、板棚破坏 | 2～4 |
| Ⅴ | 不坚固的砖石及木结构建筑破坏，铁路车辆被颠覆，输电线破坏 | 1.5～2 |
| Ⅵ | 城市建筑和工业建筑物破坏，铁路桥梁和路基破坏 | 1.4 |

### 5.1.4　爆炸次生危害

爆炸次生危害主要表现为爆破震动效应、爆炸引起的火灾、爆炸噪声等二次作用。

**1. 爆破震动**

未爆弹药在地面、地下爆炸均会引起周围介质和地面震动，对周围地上和地下目标造成影响。特别是大量未爆弹药进行集中爆炸销毁时，应对爆破震动效应进行校核和控制。

爆破振动速度为

$$v = K'K\left(\frac{\sqrt[3]{C}}{R}\right)^\alpha \tag{5-17}$$

式中：$v$ 为地面质点的振动速度（cm/s）；$R$ 为爆心至测点的距离（m）；$C$ 为一次齐爆的炸药量（kg）；$K$ 为与爆破方法及地形因素有关的系数；$\alpha$ 为与地质因素有关的振动衰减指数；$K'$ 为与爆破方式及地形等有关的修正系数，一般取 0.25～1.0，距爆源近，且爆破体临空面较小时取大值，反之取小值。$K$、$\alpha$ 值应通过现场试验确定，在无试验数据的条件下，可参考表 5-8 选取。

表 5-8　爆区不同岩性的 $K$、$\alpha$ 值

| 岩性 | $K$ | $\alpha$ |
|---|---|---|
| 坚硬岩石 | 50～150 | 1.3～1.5 |
| 中硬岩石 | 150～250 | 1.5～1.8 |
| 软岩石 | 250～350 | 1.8～2.0 |

爆破振动安全允许标准，可参照《爆破安全规程》（GB6722—2014）执行。对于不同的保护目标，根据爆破振动速度安全允许标准，按照式（5-17）可以计算出爆破振动安全允许距离。

美国陆军技术手册 TM5-855-1 给出了土中地冲击参数的计算方法，由于土中地冲击脉冲的到达时间与地震波速成反比，因而在地震波速较高的介质（如饱和黏土）中爆炸

将产生持续时间很短的高频脉冲,加速度值较高、位移较小。相反,在干燥、松散介质中的爆炸将产生持续时间较长且频率低的地震动。航、炮弹爆炸所产生的地运动参数为

$$V_0 = 48.8 f \left( \frac{2.52R}{Q^{1/3}} \right)^{-n} \tag{5-18}$$

$$a_0 Q^{1/3} = 11.7 f \cdot C \left( \frac{2.52R}{Q^{1/3}} \right)^{-(n+1)} \tag{5-19}$$

式中:$V_0$ 为振动速度(m/s);$f$ 为耦合系数,依据图 5-2 选取;$R$ 为爆心距离(m);$Q$ 为爆炸当量(kg);$a_0$ 为加速度($g$);$C$ 为介质地震波速(m/s);$n$ 为衰减系数,见表 5-9。

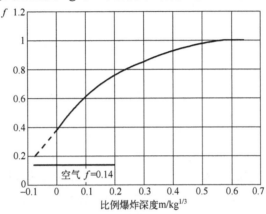

图 5-2 地震动耦合系数曲线图

表 5-9 土壤特性相关参数

| 材料描述 | 地震波速 $C$/(m/s) | 衰减系数 $n$ |
|---|---|---|
| 松散干砂和砾石 | 180 | 3~3.25 |
| 砂质填土、黄土、干沙和回填土 | 300 | 2.75 |
| 密实沙土 | 500 | 2.5 |
| 含水量大于 4%的湿沙质黏土 | 550 | 2.5 |
| 含水量大于 1%的饱和沙质黏土和沙 | 1500 | 2.25~2.5 |
| 强饱和黏土和泥质页岩 | >1500 | 1.5 |

地表爆炸或装药不完全埋入介质中,爆炸能量中空气冲击波占比较多。随着装药埋深加大,空气冲击波逐渐减少,介质震动增加,未爆弹药埋深不同,引起周围介质的震动效应也不同。

人员承受爆破震动的阈值是对人体全身承受爆破震动的度量,损害带有全身性质,一般主要症状有胸部和内脏疼痛。当结构底板上爆破震动加速度大于仪器设备的容许值时,就可使仪器设备产生不同程度的影响,轻者使仪器设备产生误动作,损坏仪器设备的敏感部位,使仪器设备短期内不能正常运行,重者损坏设备,中断运行。

**2. 爆炸引起的二次作用**

爆炸可能引起炸点周围的地下管道气体、液体泄漏,引燃周围可燃物引发火灾等,特别是恐怖爆炸袭击时。另外,大药量的爆炸物爆炸时,巨大的爆炸噪声也能引起人们的恐慌情绪,造成恐怖效应。当空气冲击波超压降低到 0.02MPa(180dB)后,就衰减

为声波，爆炸噪声虽然持续时间很短，但当噪声峰值达 90dB 以上时，就会严重影响人们的正常生活。爆炸产生的有毒气体，在爆炸附近区域也对人的健康有一定的威胁。

## 5.2 快反型防护器材

在爆炸物处置现场，需要能够快速使用或设置必要的防护器材，主要有防爆服、防爆容器、防爆毯框、防爆挡板、装配式防爆墙等。

### 5.2.1 防爆服

爆炸物处置现场，排爆人员自身的防护非常重要，人员的防护装具主要是防爆服。

**1. 防爆服防爆性能**

防爆服，是指近距离处置爆炸物时，用于阻隔或减弱爆炸所产生的冲击波和破片对人体造成的杀伤效应，且具有阻燃功能的防护服装。防爆服应在最佳防护的基础上为排爆员提供尽可能大的灵活性和机动性，按用途可分为排爆服和搜爆服两种，按防护级别有简易式和全防式两类。

简易式防爆服的特点是使用方便，价格低廉，不足之处是只能防护人身的重要部位。如两节式防爆服，上部是护胸和头罩，下部有护腿和护裆板。

全防式防爆服上下连成一体，重点部位加强防护，另有防爆头盔、盔内有无线通信和通风系统。全防式防爆服一般适合排爆时使用，称为排爆服，用于排除 1kg 以下炸药量的爆炸装置，可以对整个人身进行安全防护。

1）超压的防护

冲击波超压可对人产生一定的损伤，对于无防护下超压产生的伤害，图 5-3 给出的数据曲线具有一定的参考作用。图中，横坐标是 TNT 药量，纵坐标为冲击波超压值，第 1 条竖虚线指 1kg 炸药爆炸对距离爆心不同距离的人员伤害情形及对应的超压，第 2、3、4 条竖虚线是指 4kg、8kg、16kg 炸药爆炸情形。

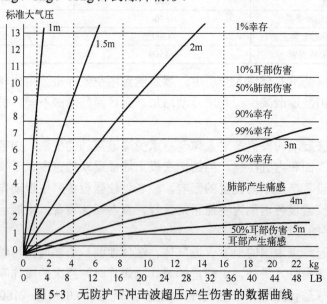

图 5-3　无防护下冲击波超压产生伤害的数据曲线

排爆服对冲击波超压的防护,其作用机理、试验方法、测试手段等方面的研究和数据还非常缺乏,目前国内外还没有相关的标准。一般认为,人员着排爆服可降低65%以上的爆炸对胸部和腹股沟部位所产生的超压,降低90%以上对耳朵的超压影响。然而,单独使用防弹衣或者软体装甲对于降低超压损伤没有太大效果。

在爆炸后背部撞击地面的情况中,排爆服可以使人头部、胸、腹部只受到中等强度损伤。在爆炸后人体前部撞击地面的情况中,防爆头盔使人头部只受到中等强度的损伤。

2)破片的防护

对防护装具抵御破片的能力测试,主要看其外部材料阻挡破片的能力,通常采用V50试验方法。V50法测试,将防护材料作为靶板置于试验环境中,采用1.1g斜边圆柱体弹丸用弹道枪射击检测其破片防护能力,弹丸穿透其概率为50%时的平均着靶速度,称为V50值。

3)燃烧的防护

防爆服是由多层芳族聚酰胺织物构成的,具有较好的防火性能,以防止燃烧的碎片和易燃液体等物品对人体可能造成的损伤。

防爆服不仅能抵御明火,其内部还可选配冷却服来帮助人体散热,由于夹层中含有活性炭,也可以防止有毒气体对人体的伤害。

**2. 排爆服**

排爆服结构形式大同小异,主要技术指标相近,作为人体穿戴的防护装具,穿着的舒适和灵活性、头盔通风和噪声、面罩的透明和视场、通信系统可靠性等也非常重要。我国的GGF111排爆服,性能较好。加拿大的EOD系列、英国的MK系列排爆服,市场占有量大,性能较优。排爆服性能指标对比如表5-10所列。

表5-10 排爆服性能指标对比表

| 型号 | | GGF111 | MK5 | EOD9 |
|---|---|---|---|---|
| 生产国家 | | 中国 | 英国 | 加拿大 |
| 作业全重/kg | | ≤32 | 约31 | 约32 |
| 耐高温性能 | | 距离3cm,400℃明火,10s内不被点燃 | | |
| 头盔通风量/(L/min) | | ≤10 | | |
| 最大通信距离/m | | 100(有线、无线两用) | | |
| 连续工作时间/h | | ≤5 | | |
| 防破片穿透速度/(m/s)(1.1g斜边圆柱弹丸击穿概率不大于50%) | 上衣/长裤(不带防护板) | ≤600 | 600 | 600 |
| | 颈/胸/腹/裆部(带防护板) | ≤1600 | 1600 | 1600 |
| | 头盔 | ≤710 | 710 | 710 |
| | 面罩 | ≤740 | 740 | 740 |
| 防护板 | 重量/kg | 5.2 | 6.4 | 6.8 |
| | 防护面积/m² | 0.19 | 0.18 | 0.19 |
| 储存时间/年(避光、低温、干燥环境) | | ≤7 | 5 | 5 |

下面以广州卫富科技开发有限公司生产的 GGF111 型排爆服为例进行说明。

1）结构组成

GGF111 型排爆服由头盔面罩、上衣、长裤、防护板组件、护脊板组件、通风系统、通信系统、照明系统等部分组成。头盔、防护衣、防护裤对排爆人员提供全覆盖保护；防护板组件用来增强对人体颈部、胸部、腹/裆部的防护能力；护脊板组件用来当排爆人员被意外爆炸气浪掀翻时对脊椎提供保护；通风系统用来对头盔送风，以改善呼吸环境并防止面罩产生雾气；通信系统用来提供作业人员与指挥人员之间的有线和无线通信。总布置简图如图 5-4 所示。

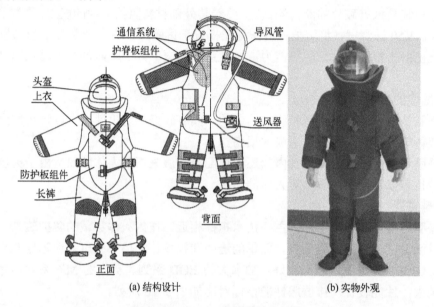

图 5-4 GGF111 排爆服总体结构

2）头盔防弹能力

头盔性能主要体现在头盔重量和防弹性能指标上，头盔重量和防弹性能指标存在相关关系，在防护面积一定，并且采用相同材料的条件下，增加头盔重量可相应提高头盔的防弹性能。

根据设计指标，头盔重量不大于 4.2kg，扣除悬挂系统等头盔附属品重量，用于防弹功能的芳纶盔壳重量应控制在 3kg 左右（中号），按中号头盔面积 $0.196m^2$ 计算，盔壳重量为 3kg 时头盔防弹层的面密度为 $15.3kg/m^2$，所使用规格防弹材料制成的芳纶头盔的 SEA 值通常在 25 左右，根据式（5-20），计算 SEA 值为 25 时头盔的防护性能 V50 值为 834.2m/s，确定排爆服头盔设计防弹指标可以满足要求。

$$\text{SEA} = \frac{\frac{1}{2}mV^2}{A} \tag{5-20}$$

式中：SEA 值为防弹材料的比能量吸收值（$J \cdot m^2/kg$）；$m$ 为破片的质量（kg）；$V$ 为防弹材料的弹道极限 V50 值（m/s）；$A$ 为防弹材料的面密度（$kg/m^2$）。

3）防护衣防弹能力

防护衣的防弹能力主要取决于防弹材料自身的性能，在采用芳纶布作为主体防弹材料后，则需要确定符合战技术指标要求所需要的防弹材料面密度，国内芳纶布相关的防弹性能数据少，同时也缺少防弹性能准确的计算方法，只能通过试验摸索来进行设计。通过国产芳纶布的筛选和试验，给出的试验数据如表 5-11 所列。

表 5-11　防护衣 V50 值试验数据

| 层数 | 23 | 24 | 25 | 27 | 30 | 33 | 35 |
|---|---|---|---|---|---|---|---|
| V50 值/(m/s) | 514.5 | 526.5 | 547.3 | 550.6 | 595.8 | 643.3 | 651 |

防护衣正面部位设计 V50 值≥600m/s，背面部位设计 V50 值≥540m/s（与进口排爆服样机的实测数据相同），从表 5-11 可知，选用 35 层和 25 层可分别满足设计要求。在对防护性能、作业全重、作业者动作的灵活性和穿着舒适性综合考虑后，重新确定了各防护部位内胆使用芳纶布的层数如表 5-12 所列。

表 5-12　防护衣各部位芳纶布层数

| 上衣 | | 长裤 | |
|---|---|---|---|
| 部位名称 | 层数 | 部位名称 | 层数 |
| 前领 | 38 | 上前幅 | 37 |
| 后领 | 28 | 下前幅 | 37 |
| 前幅 | 38 | 大后幅 | 25 |
| 后幅 | 28 | 小后幅 | 25 |
| 袖子 | 35 | 护翼 | 20 |

4）防护板防弹能力

防护板采用复合材料制造，在 UD 无纬布压制的基板外表面上粘贴防弹瓷片，防护板的防弹性能取决于 UD 无纬布和防弹瓷片的防弹性能，而且与防护板的生产工艺有较大关系。在已有生产经验基础上经反复试验，选用 88 层 ZT75 型 UD 无纬布压制基板，选用 30mm×30mm×4mm 尺寸的防弹瓷片。防护板的防护面积大，达 0.19$m^2$，V50 值可达 1800m/s 以上，而质量只有 5.2kg。

5）头盔设计

排爆服头盔采用密封设计，内设有通风系统和通信系统，面罩通过固定架牢固安装在头盔上，接触位采用软质橡胶，密封性能好，为眼、口、鼻、耳提供对冲击波、声波、火焰等防护。且头盔的重量仅为 4.9kg，比其他排爆服头盔重量减少。头盔通风系统风机位置设计在后背右侧下方，调节方便，风机和头盔之间用风管连接，避免了风机的噪声对排爆人员的影响。颈部设置有颈防护板，和防护胸板结合紧密，减少爆炸冲击波对颈椎的伤害。

6）操作使用

排爆服穿着顺序如图 5-5 所示，需 2 人配合，先穿长裤，再穿护脊板组件，其次穿上衣，再穿防护板组件，头盔及面罩，最后装配通信组件。

图 5-5　GGF111 排爆服穿着顺序图

### 5.2.2　防爆容器

防爆容器，是指能阻隔或减弱爆炸所产生的冲击波和破片对周围环境造成的杀伤、破坏效应，用于临时存放、运输爆炸物的专用器具。

防爆容器一般由锰钢等高强度金属材料铸造而成，目前也有使用柔性非金属材料、功能材料、复合材料等，经过特殊的结构设计加工成防爆器具，用于减弱爆炸威力。根据容器的结构形状及其抑爆能力的强弱，分为防爆球、防爆罐和防爆桶；按放置方式可分为车载式、拖车式、固定式；按开口形式可分为全封闭式和上开口式。

**1. 防爆球**

防爆球，能阻隔或减弱较大炸药量爆炸所产生的冲击波和破片对周围环境造成的杀伤、破坏效应。国外以瑞典的丹纳塞夫公司防爆球产品为主流，包括大型防爆处置车、炸弹焚烧炉、核化处置设备等。国产 JBG 系列防爆球，是将防爆球装载在拖车上，用于临时存放、转移爆炸物，其抗爆能力不同，重量和外形尺寸不同，外观如图 5-6 所示，主要型号和技术参数如表 5-13 所列。

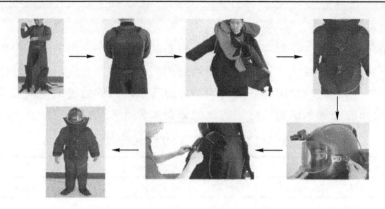

图 5-6　JBG 防爆球

表 5-13　JBG 系列防爆球参数表

| 型号 | 抗爆能力（TNT 当量/kg） | 重量/kg | 储运罐尺寸/mm | | |
|---|---|---|---|---|---|
| | | | 内径 | 宽×高 | 口径 |
| JBG-750 | 1.5 | 674 | 750 | 920×1058 | 530 |
| JBG-1000 | 3 | 968 | 1000 | 1170×1267 | 700 |
| JBG-1200 | 4.5 | 1297 | 1200 | 1382×1462 | 810 |
| JBG-1500 | 6 | 2044 | 1500 | 1694×1768 | 900 |

装载在拖车上的防爆球，试验证明具有较强的抗爆能力，爆炸物即使在球内爆炸，所产生的冲击波和碎片被阻隔在球内，对周围的人员和设施会起到很好的保护作用，有效地防止爆炸事件的发生。

JBG 系列防爆球为封闭性结构,爆炸时,高压气体从罐盖小孔缓慢释放且受支撑盖阻逆,爆炸后无碎片飞溅,没有大的声响,对环境不会产生作用力,不会造成二次伤害。

**2. 防爆罐**

防爆罐,抗爆能力为 1.5～3.5kgTNT 当量不等,一般采用多层结构,外层和内层用钢板卷压焊接而成,中层装填砂子、橡胶等缓冲材料。为了减轻罐体重量,有些防爆罐选用高强度的铝合金分段铸造,并用钢带紧箍。防爆罐也有上开口式和封闭式两种。上开口也为泄压口,其直径不小于罐体外径的 1/3,当爆炸物在罐内爆炸时,空气冲击波泄压以降低超压对罐体的作用,爆炸破片也不会形成扇形辐射飞出罐外。在车站、机场、码头、会堂等防爆安检场所,防爆罐作为应急装备应用广泛,也可安装在拖车底盘上,用于临时转移爆炸物。

1) 拖车式开口防爆罐

拖车式开口防爆罐,适合野外临时转运疑似爆炸物。以 JGT 鼓形拖车式防爆罐为例,主要由鼓形罐体,罐底的杆控托板、挂钩及两轮独立悬挂拖车等组成,如图 5-7 所示。杆控托板由筒内托板与 Z 形杠杆焊接而成,杠杆伸出筒外部分钩在车板后部的两个挂钩上,使托板处于水平位置,每个挂钩配有 30m 长的尼龙绳。将可疑爆炸物放入鼓形罐体筒内部,托板托住可疑爆炸物;运达目的地后,用两条尼龙绳远距离同时拉开挂钩,托板两侧下翻,可疑爆炸物落下。

1—拖车;2—鼓形罐体;3—车尾指示灯;4—控制绳;5—支撑轮。

图 5-7 JGT 鼓形拖车式防爆罐

主要技术性能:总质量:1100kg;抗爆能力:2kg(TNT 当量);筒高:1000mm;口径:750mm;拖车行驶速度:≤45km/h。

2) 封闭式防爆罐

封闭式防爆罐,适合于室内空间使用。以北京京金吾高科技公司产品 JW 系列封闭式防爆罐为例,抗爆能力为 1.5kg、2kg、3kg TNT 当量,包括罐盖、罐体、罐底和移动装置,外观如图 5-8 所示。

主要特点:

(1) 弱爆结构。包括外罐、填充层、内罐、内保护层,由外而内依次排列,如图 5-9 所示。内保护层内填充弱爆材料或沙土,弱爆材料为板材和管材,其材料为塑料、金属、纤维、麻、棉或橡胶。采用多层结构,使用不同的弱爆材料逐层填充,达到减少爆炸冲击波和弹片对防爆罐的压力和破坏，弱化爆炸冲击波。

图 5-8　JW 封闭式防爆罐

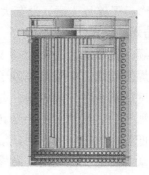
图 5-9　多层结构示意图

（2）泄压结构。罐盖与罐体内的防爆、弱爆材料填充层（沙瓦、多孔罐、立式多孔钢管、缠绕式多孔钢管），将高压冲击波的能量逐层吸收弱化后，使高压气体逐层弱化减压。通过罐盖与罐底分布的多个排气小孔，从罐体的上下方向排出罐外。

（3）带水平紧固盖开口设计。罐体与罐盖为抽拉式—旋开装置，开口尺寸 64cm×48cm。开启方式有手动与电动抽拉式两种，两种方式由互换阀控制可互换操作。罐盖与罐体水平方向多层啮合锁紧，内置灭火材料，将爆炸时瞬间产生的高温火焰熄灭，有效防止爆炸后的高温燃烧。

### 5.2.3　防爆毯

防爆毯是一种用高强度防弹纤维材料，经过特殊工艺加工制成的一种毯子形状的防爆器材，外套耐磨、防水，可以阻挡爆炸时产生的冲击波和碎片。采用强度较高的芳纶无纬布，直接覆盖在内围栏上方，爆炸时在气体压力作用下盖毯轴向上升、形成一个倒 U 形结构（图 5-10），能有效地对向上方向的破片和冲击波起阻拦和衰减作用，同时增强爆炸瞬间围栏的稳定性，降低侧翻发生的可能性。

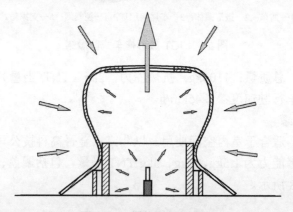
图 5-10　爆炸瞬间示意图

防爆毯中起防爆主体作用的是围栏，通过对爆炸后破片分布情况进行分析，同时考虑围栏在爆炸瞬间的稳定性，以及减轻整备质量，围栏可采用变壁厚的结构设计，如

图 5-11 所示。

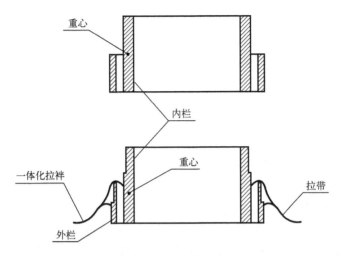

图 5-11 围栏结构示意图

以 FBT-WF02 型防爆毯为例，主要由盖毯、外围栏和内围栏组成，如图 5-12 所示。

1—盖毯；2—内围栏；3—外围栏。

图 5-12 防爆毯示意图

盖毯结构由外至内依次为：1 层涂胶机织布层+3 层 1600mm×1600mm 芳纶无纬布+4 层 1600mm×1600mm 涂胶机织布+12 层 600mm×600mm 芳纶无纬布加强层+1 层涂胶机织布；盖毯中间还有 1 个直径为 300mm 的泄爆孔。

外围栏结构由外至内依次为：1 层涂胶机织布+1 层机织布+芳纶无纬布浸胶缠绕层+1 层机织布+1 层涂胶机织布。

内围栏结构由外至内依次为：1 层涂胶机织布+1 层机织布+芳纶无纬布浸胶缠绕层（在围栏底部有高 115mm 的局部加强）+1 层机织布+1 层涂胶机织布。

主要技术性能：

整备质量：29.5kg（不含外包装箱）；盖毯：正方形单边长度 1600mm；内围栏：内径 450mm，高度 300mm；外围栏：内径 600mm，高度 160mm；防爆性能：防 82-2 式手榴弹（符合 GA 69—2007《防爆毯》中有关规定）。

使用时，先取出盖毯放在一旁，取出内围栏将可疑爆炸物罩住，尽可能使可疑爆炸物位于内围栏中心；取出外围栏，将内围栏罩住，内、外围栏尽量同心；再将盖毯展开覆盖在围栏之上。

### 5.2.4 防爆挡板

防爆挡板是供排爆人员使用的一种简易人身防护装置，由底盘和防护板组成。底盘是一个长度不小于 200cm，宽度不小于 60cm 的长方形钢架，底部安装四个轮子。防护板可用防爆玻璃制成，长和宽与底盘相同，中下部有孔，可供排爆杆和霰弹枪穿过，四边镶有金属框架。防护板也可以用钢板制成，但需要镶有用防爆玻璃制成的观察窗。防护挡板的底盘与防护板用一个可调的支架连接，可以将防护板支起到所需要的坡度。防护板可与底盘折叠在一起，以便于保管和运输。使用时将防护板支起，排爆人员在防护板后面可以对爆炸物进行处理；一旦发生爆炸，空气冲击波可以使底盘连同防护板一起向后滑动，减弱空气冲击波的作用。

以 JB301 排爆防护盾牌为例，主要由护板本体、支架、底架、脚轮、坐板和紧固螺栓等组成，如图 5-13 所示。护板本体使用厚度 3mm 的 Q235 冷轧钢板一次冲压成圆弧形，利用材质的刚性和圆弧形状抵挡爆炸破片和冲击波，降低排爆人员在现场操作的危险性。

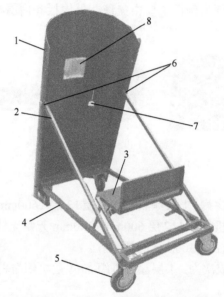

1—护板本体；2—支架；3—坐板；4—底架；5—脚轮；6—紧固螺栓；7—活动门；8—观察口。

图 5-13 JB301 排爆防护盾牌

主要技术性能：质量：不大于 65kg；护板外形尺寸（展开状态）：1730mm×740mm×1520mm；护板厚：3mm；板倾斜角度：不小于 60°；防护性能：可有效防护距离 3m 处的 2kg TNT 爆炸所产生的冲击波对排爆人员的伤害。

安装时，将护板本体和两边的支架抬起，取下紧固螺栓，并用紧固螺栓将支架和护板本体连接起来，使护板处于支起状态。一般与杆式机械手配合使用，拧松活动门上的固定螺钉，打开活动门，将机械手的尾部由护板正面通过活动门送入，并调整到合适的位置，装上配重块。操作时，排爆人员可穿戴防爆服半立或坐在坐板上，握持机械手进行操作，后部的活动脚轮可方便地转动。

## 5.3 爆炸销毁现场安全防护

未爆弹等爆炸物爆炸时，壳体内炸药引爆产生的高温高压爆轰产物猛烈向四周膨胀，使壳体变形、破裂，形成破片，并赋予破片以一定的速度向外飞散；另一方面，高温高压的爆轰产物作用于周围介质，产生空气冲击波，使周围目标遭受破坏。爆炸物现场处置销毁时，为控制爆炸破片和空气冲击波的危害效应，需要采取一定的安全防护手段，通常可采用构建防爆墙、覆土填埋等措施。如果是坑内覆土集中销毁时，根据保护目标的距离校核爆破震动效应以调整单坑内最大药量，同时应注意覆土飞散的防护。

### 5.3.1 防爆墙类型

防爆墙的类型很多，按照防爆机理可分为刚性防爆墙、柔性防爆墙、惯性防爆墙，按设置方式可分为永久构筑式和装配式两种。

**1. 刚性防爆墙**

刚性防爆墙强度和刚度较大，材料和结构设计合理时，在受到一定爆炸荷载作用时整体可不发生破坏，可近似按照弹性体考虑。常见的有钢筋混凝土、加筋土、添加钢纤维的混凝土防爆墙等，一般是永久构筑设置在重要建筑物外围，防止汽车炸弹的攻击。防爆机理主要使冲击波在传播过程中发生反射与绕流作用，冲击波被削弱。混凝土钢纤维掺量 2.5%以上时，其防爆和抗侵彻性能可显著提高。

**2. 柔性防爆墙**

柔性防爆墙具有一定延性和易脆性，受爆炸作用时墙体会产生塑性变形或破碎。常见的有砌体防爆墙、钢板复合防爆墙、复合材料（人造纤维）防爆墙等。防爆机理除了使冲击波在传播过程中发生反射与绕流作用，墙体的变形或破碎也会耗散一部分冲击波能量。例如，将增强玻璃纤维或凯夫拉纤维等材料固定在钢骨架上抵抗爆炸冲击波和爆炸碎片。

**3. 惯性防爆墙**

惯性防爆墙，利用砂土或水体等材料制成，受爆炸冲击作用时，墙体会发生飞散，利用动能耗散冲击波能量，起到削弱冲击波的作用。常见的有砂袋防爆墙、水体防爆墙（图 5-14）、模块装配式防爆墙（图 5-15）等。防爆机理主要是利用墙体材料受爆炸作用时飞散的动能消耗部分冲击波能量，墙体材料发生飞散前同样能够使冲击波发生反射及绕射。

图 5-14 水体防爆墙

图 5-15 模块装配式防爆墙

装配式防爆墙，一般是在爆炸物处置现场临时快速组装，能够移动设置，任务结束后便于拆除。装配式防爆墙从防爆机理看，有柔性的，也有惯性的，从使用的材料结构形式看，类型较多。例如折叠网填充砂土的防爆墙（图 5-16）；采用钢板结构拼接的防爆墙（图 5-17），采用复合轻型材料模块连接的防爆墙等。这些装配式防爆墙，可抵抗爆炸物碎片侵彻和冲击波超压作用，比较适合于城市中重要目标前临时性构设。

图 5-16　折叠网充填砂土防爆墙

图 5-17　钢板拼接的装配式防爆墙

为满足不同条件下的使用要求和抗爆性能的提高，装配式防爆墙的结构形式处在不断的变化之中，从最开始的简单的充填砂土式发展到钢板夹层、高纤维布料、水体防爆墙、异形防爆墙等多种形式的防爆结构。随着技术和理论的不断发展，新型材料的兴起，装配式防爆墙体的研究也在不断的进步之中。目前，研究内容主要可分为防爆墙的抗爆炸冲击波性能或爆炸冲击波在防爆墙前后的传播规律，防爆墙的抗侵彻性能，泡沫铝、聚脲、石墨烯等防爆新材料应用，缓冲吸能结构设计以及防爆墙装配方法。

### 5.3.2　沙土防爆墙设置

设置防爆墙可以对爆炸破片和冲击波起到一定的防护作用。防爆墙与弹药距离越近、尺寸越大，对破片防护范围越大、效果越好，但防爆墙本体所受的冲击波的危害也越大，这就对防爆墙的抗爆抗侵彻能力提出了更高的要求。防爆墙可以是预先构筑的钢筋混凝土、钢板等制式防爆墙，也可以是临时设置的钢网箱沙土墙、沙袋墙等。在爆炸物销毁中一般用沙袋临时堆砌，沙袋可就地取材，简便实用，防护效果好。

**1. 爆炸破片对土介质的侵彻深度**

在弹药销毁中，常用堑壕或土质堆积物作为防护手段，破片在法向撞击条件下，对土的侵彻深度计算公式为

$$t_p = 1.64 m_f^{1/3} K_p \lg(1+50 v_s^2) \tag{5-21}$$

式中：$t_p$ 为侵彻深度（cm）；$m_f$ 为破片质量（g）；$K_p$ 为侵彻系数，见表 5-14；$v_s$ 为撞击速度（m/s）。

表 5-14　土壤侵彻系数

| 土壤类别 | 侵彻系数 |
|---|---|
| 石灰石 | 0.775 |
| 沙土 | 5.290 |

续表

| 土壤类别 | 侵彻系数 |
|---|---|
| 含腐烂物的土 | 6.950 |
| 黏土 | 10.600 |

在野战条件下，常用沙土墙构筑人员掩体等防护手段，表 5-15 所列为美军炮弹爆炸后碎片在沙土防爆墙中侵彻深度。

表 5-15　美军炮弹爆炸后碎片在沙土防爆墙中侵彻深度

| 炮弹型号（弹径 mm） | 装填炸药TNT当量/kg | 弹壳质量/kg | 沙土墙 3m 处侵彻深度/cm | 沙土墙 6m 处侵彻深度/cm |
|---|---|---|---|---|
| 迫击炮弹 M49A4（60mm） | 0.1991 | 0.381 | 22.78 | 21.89 |
| 迫击炮弹 M362A1（81mm） | 0.9954 | 1.928 | 23.73 | 22.83 |
| 炮弹 M1（105mm） | 2.408 | 13.13 | 37.91 | 37.01 |
| 炮弹 M107（155mm） | 7.3 | 64.35 | 59.56 | 58.67 |
| 航弹 MK81 mod1（22.86mm） | 55.08 | 12.76 | 49.12 | 48.21 |
| 航弹 M117（408.9mm） | 221.5 | 38.61 | 71.35 | 70.45 |

**2. 冲击波对防爆墙的作用**

爆炸冲击波波阵面处的气流质点和防爆墙相遇时即被遏制阻止，然后下一层的运动质点也被阻止，停止向入射波传播方向的运动，这时便在防爆墙附近出现高压静止区。当气流质点从防爆墙返回膨胀时，便产生反射波，从而改变了空气冲击波的方向，对于该方向上防爆墙后一定距离的建筑物和人员起到了防护作用。当冲击波正方向作用于墙壁正面时发生正反射，壁正面所受压力增加，但壁面边缘以外的冲击波超压并未增加，于是形成了超压差。在壁面反射高压区中的空气向壁面边缘以外的低压区域流动的同时，稀疏波以反射波后的声速从壁面边缘向中间传播。经过短暂时间后，壁正面所受到的压力为环流压力，此时壁正面附近的气流处于相对稳定状态。冲击波经过侧面和顶面到达背面，随着时间的增加，压力达最大值，之后形成的环流压力便随着传播距离的增加逐渐衰减为声波。

通过模拟爆炸冲击波遇到挡墙后的衰减规律，结合试验得到了一些相关结论：①挡墙对远场冲击波超压可以起到有效的衰减作用，挡墙的有无与尺寸大小并不会改变冲击波到达远场后的传播特性与衰减规律；②挡墙越高，防护作用越好，且有效衰减率与挡墙高度大体呈线性关系；③挡墙距爆心越近，防护作用越好，远场超压峰值随挡墙距离的增加大体呈指数增长关系，即距离越近，防护作用越好的特性表现得越明显，超过一定范围后，这种特性将变得相对不再显著；④在冲击波入射角大于马赫角的条件下，爆炸冲击波绕过墙后形成的环流与冲击波作用易形成马赫波或超压最大值，该点一般位于距防爆墙的距离 1.5~2.5 倍墙高处。

**3. 沙土墙尺寸**

沙土墙厚度应大于破片侵彻深度，墙体受冲击波作用时能整体稳定，如果用沙袋堆砌，沙袋之间应相互搭接以增强防爆墙的稳定性和防护性能。

对于小型未爆弹，如弹径小于 75mm 的炮弹、手榴弹等，需要在未爆弹周围搭建双层沙袋墙，沙袋堆垛高度不小于 0.92m，可采用半圆周或圆形，其厚度以保护人员免受冲击波和破片的杀伤。

对于中型未爆弹，如弹径达 200mm 的导弹、火箭弹、炮弹等，需要在未爆弹周围搭建 4～5 层厚的沙袋墙，沙袋堆垛高度不小于 1.52m，通常采用半圆周形。

对于大型未爆弹，如大型炮弹、导弹、航空炸弹等，需要采取被动防护措施，可在受未爆弹影响区域内的设备和人员周围构筑堤形防爆墙。根据需要还可以在弹药与保护目标之间布设多道防爆墙，适当减小弹药与防爆墙之间距离，以遮蔽碎片飞散范围。

沙袋防爆墙设置与未爆弹药之间的位置关系如图 5-18 所示。

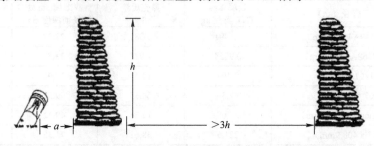

图 5-18　沙袋墙与未爆弹的位置示意图

沙袋墙结构中沙袋之间摩擦力小、抗拉性差，在冲击波压力作用下容易破坏。根据非接触爆破药量计算公式可估算沙袋墙厚度为

$$b = \frac{Q}{K_H(a+h)^2} \tag{5-22}$$

式中：$Q$ 为弹药装药量（kg）；$b$ 为沙袋墙厚度（m）；$h$ 为沙袋墙高度（m）；$a$ 为装药中心到墙体的距离（m）；$K_H$ 为沙袋墙材料系数，一般取 6～10。

### 5.3.3　覆土防护

**1. 覆土厚度**

销毁地点周边有保护目标时，可采用挖坑装填爆炸物并覆盖一定厚度的沙土，使装药爆炸后在覆土表面只发生隆起而无大量碎块抛掷，最大限度地保证周围目标不受飞散物损坏。装药在有自由面的介质中爆炸，除了在装药周围形成压碎区、裂隙区和振动区外，装药朝向自由面方向的介质被破碎，脱离原介质形成爆破漏斗。为控制爆炸破片和覆土飞散，可参考岩土介质中的松动爆破方式设置炸坑和覆土厚度，采取爆破作用指数 $n<1$ 的爆破参数设计，$n$ 为爆破漏斗半径 $r$ 与装药最小抵抗线 $w$ 的比值，使爆炸后形成的漏斗锥顶角较小，漏斗内破碎的介质只发生隆起，无大量碎块抛掷。

装药在介质中爆炸，覆土厚度与装药量、介质性质、破坏程度等因素相关。根据岩土内部爆破装药量计算公式，有

$$Q = Abw^3 \tag{5-23}$$

式中：$Q$ 为总装药量（kg）；$A$ 为覆土介质材料系数，见表 5-16；$b$ 为爆炸作用系数，$b = 2^{3/4}((1+n^2)/2)^{9/4}$，当 $n=0.5$ 时，$b=0.6$，无可见漏斗深度；$w$ 为最小抵抗线（m）。

表 5-16  覆盖介质材料抗力系数

| 土壤类别 | $A$ | 说明 |
|---|---|---|
| 湿黏土 | 0.32 | （1）根据 TNT 炸药测试得出，其他炸药应进行换算；<br>（2）$A$ 值与介质密度、含水量等多种因素相关，可以进行试验确定；<br>（3）含水量大时，$A$ 值应适当减小 |
| 湿沙质黏土 | 0.53 | |
| 干黏土 | 0.70 | |
| 湿沙土 | 0.92 | |
| 干沙质黏土 | 1.12 | |
| 干沙土 | 1.51 | |

由上式得覆土厚度计算公式为

$$h=\left(\frac{Q}{Ab}\right)^{1/3} \tag{5-24}$$

将不出现可见漏斗深度时的 $b=0.6$ 代入上式，得

$$h=1.186\left(\frac{Q}{A}\right)^{1/3} \tag{5-25}$$

采用爆炸法坑内集中销毁弹药时，为判断是否完全爆炸，有时需要根据爆破漏斗坑尺寸来分析销毁的效果，通过调整弹药埋深将爆破作用指数 $n$ 设置在 1 左右，使爆炸后出现明显漏斗坑。

**2. 安全距离**

将未爆弹药设置在坑内覆土爆炸销毁时，覆土虽然能有效阻挡破片，但覆土层受到爆炸产物作用容易向上运动、抛掷和飞散。松动爆破时岩土飞散初速 10～20m/s，抛掷爆破时飞石初速 30～100m/s，覆土飞散物的飞散距离可用公式估算，即

$$R_f = 20K_f n^2 W \tag{5-26}$$

式中：$R_f$ 为飞散距离（m）；$K_f$ 为安全系数，一般取 1.0～1.5；$n$ 为爆破作用指数；$W$ 为最小抵抗线（m）。

根据销毁实践经验，坑内集中销毁未爆弹时的安全距离可参照表 5-17 中的数据选取。

表 5-17  坑内炸毁废弹数量及最小安全距离参考表

| 弹药种类 | 每坑销毁弹数/枚 | 爆炸时破片最大飞散距离/m | 对一般建筑物玻璃门窗的安全距离/m | 警戒安全半径/m |
|---|---|---|---|---|
| 各种手榴弹 | 100 | 100～250 | 1200 | 500 |
| 50 掷榴弹 | 80 | 100～250 | 1200 | 500 |
| 60 迫击炮弹 | 40 | 100～250 | 1200 | 500 |
| 70 步兵炮榴弹头 | 20 | 200～400 | 1200 | 500 |
| 75 山野炮榴弹 | 14 | 200～500 | 1200 | 1000 |
| 81，82 迫击炮弹 | 20 | 150～300 | 1200 | 500 |
| 90 迫击炮弹 | 20 | 150～300 | 1200 | 500 |
| 105 榴弹头 | 4 | 500～1000 | 1200 | 1500 |

续表

| 弹药种类 | 每坑销毁弹数/枚 | 爆炸时破片最大飞散距离/m | 对一般建筑物玻璃门窗的安全距离/m | 警戒安全半径/m |
|---|---|---|---|---|
| 150 榴弹头 | 2 | 600~1250 | 1200 | 1500 |
| 150mm 以上榴弹 | 2 | 1250~1500 | 1200 以上 | 2000 |
| 81 烟幕弹 | 5 | 50~150 | 800 | 400 |
| 75 瓦斯弹头 | 5 | 50~150 | 800 | 3000（无防毒面具） |

## 思 考 题

1．估算一个 5kg TNT 装药当量、约 1cm 厚木箱包装的简易爆炸装置，在普通土壤地面爆炸时的危害效应，要求计算爆炸冲击波超压，估算破片的飞散距离、地冲击震动等，分析爆炸时人员和建筑物的安全距离，并提出处置时的安全防护措施。

2．防爆服的防护性能 V50 值的含义是什么？

3．防爆容器有哪几种分类方式？

4．利用爆炸法销毁地面未爆弹时，拟采用沙土防爆墙进行防护，如何进行设置？

# 第 6 章 现场搜排爆实施方法

## 6.1 爆炸物探测识别方法

弹药、简易爆炸装置（IED）等爆炸物的目标特征不同，不同任务背景下探测的目的和要求不同，因此使用的探测器材和方法也有所不同。弹药探测主要是针对地雷、未爆制式炸弹，其探测的目的是探明爆炸物在战场上的危险区域或在战后处置时的准确位置，以保障部队的机动作战和战后人道主义行动的开展。战场上几乎所有的弹药外壳都含有金属成分并且具有相对规则的几何形状，因此弹药探测装备采用的探测技术大多是针对其外壳或金属零部件的信号特征来实施探测的，通常采用电磁感应、雷达或红外成像等探测技术，并广泛运用于各国部队的便携式、车载式和机载探测装备。由于 IED 种类繁多、伪装方式和设置的时机地点复杂，探测目标不明，即在探测过程中不知道探测对象的具体形状、大小、尺寸和形态，因此需要采用多种技术方法来进行探测识别。目前，常用的技术方法主要有电磁感应探测金属部件、X 射线成像探测、谐波雷达探测、光学成像识别等间接探测手段以及利用炸药探测器或搜爆犬进行炸药成分识别等方法。尽管如此，由于爆炸物的多样性和探测技术本身的局限性，对爆炸物的有效探测识别目前依然是一个难题。

爆炸物的探测识别主要是根据目标的可探测和可识别特征，针对场所中是否设置、物品中是否隐藏、人员是否携带了爆炸物，可疑物中是否含有金属、电子器件、炸药或其形状来进行判断。主要有人工直观识别、仪器探测、搜爆犬检查等方法，可采用人、器材、动物有机结合，相互验证的方法进行搜爆，基本思路如图 6-1 所示。

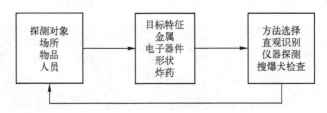

图 6-1 搜爆基本思路

### 6.1.1 直观识别法

直观识别是指通过人的感官，利用看、摸、闻、烧等，经过思维判断，直接对爆炸物进行外观、气味和燃烧特性识别的一种方法。主要有外观识别法、气味识别法和燃烧识别法 3 种。

**1. 外观识别法**

外观识别法是专业人员用眼、耳、手的功能进行检查，通过先验知识和经验来分析判断和查明有无暗藏的爆炸物、是否符合爆炸物的特征等。对于炸药的外观识别，由于炸药的形态、颜色和气味等方面都具有一定的特征，识别时可先将可疑物品与同类物品作比较，检查有无不同之处；再从形态、颜色、气味等方面与各种炸药的特征比较，检查有无相似之处。通过分析对比，得出初步结论。对于可疑物品，也可对其内部实施穿刺取样检查，但要小心谨慎，防止触动里面的发火装置。外观识别的具体操作方法如下：

（1）看。由表及里、由远而近、由上到下无一遗漏地观察可疑物的特征。

（2）听。在寂静环境中用耳倾听，听被检物或被检场所内是否有可疑的异常声响。

（3）摸。通过手感判断，可疑重点部位是否暗藏爆炸物，必要时可借助工具间接感觉。

（4）掂。装有爆炸物的物品，其重量一般与同类物品有一定差别。在掌握了标准物品重量的情况下，可以通过称（掂）被检物品的重量是否有偏差来判断是否为爆炸物。判断时还可借助一定器材如弹簧秤、天平等实施。

**2. 气味识别法**

用鼻嗅闻从被检物品（特别是液体）中散发出来的气味，判断该气味与被检物品应有的气味是否相符，也是辨识可疑物的一种方法。有些炸药，特别是自制纯度不高的炸药，往往有较大的气味，根据气味可以判断是否为爆炸物。

**3. 燃烧识别法**

大多数炸药、火药在燃烧时都各有特征。燃烧识别法是利用有些炸药可以直接点燃的特点，在确定可疑炸药后，取微量进行现场燃烧试验。根据其燃烧的程度、状况（火焰、颜色、炽热程度、残渣等情况），识别是否是炸药或是哪一种炸药而采取的方法。

（1）TNT。易点燃，点燃时开始如同松香，先熔化、然后缓慢燃烧。火焰微带红色，冒黑烟、并伴有短线头状的黑色烟丝，在火焰上方徐徐飘浮。燃烧终止后，留有黑色油状残渣。

（2）塑性炸药（C-4，C-1等）。易点燃，燃烧时的火焰内白外黄，无烟。燃烧终止后，留有少量微黄色残痕。图6-2为C-1炸药的点燃试验照片。

(a) C-1炸药　　　　(b) 用纸条取少量　　　　(c) 点燃现象

图6-2　C-1炸药点燃试验

（3）RDX。易点燃，燃烧时火焰为十分炽烈的白色，而且跳动，并伴有"嘶嘶"声，无烟。燃烧终止后，留有少量微黄色残痕。

（4）黑梯（RDX与TNT的混合炸药，也称B炸药）炸药。燃烧时其特征随着RDX和TNT配比而变化，但基本特征是：冒黑烟、火焰强烈，燃烧后留有黑色油状残渣。

(5) 硝化甘油（NG）胶质炸药。易点燃、燃烧时发黄蓝光，并伴有"嘶嘶"声，燃烧后留有油状残渣。

(6) 氯酸盐类炸药。易点燃，燃烧时发紫光，冒白烟，燃烧后几乎无残渣。

(7) 硝酸铵类炸药。不易点燃，开始用明火点燃时，只熔化不燃烧，数量稍大时可以缓慢燃烧，但离开火源就熄灭。

(8) 无烟发射药。易点燃，燃烧时发黄光，并伴有"嘶嘶"声，燃烧后几乎不留残渣。

(9) 黑火药。极易点燃，但水分达到15%时，则难以点燃。试验时，切勿直接用明火去点黑火药，可将火药放在纸上，先将纸边点燃，然后依靠纸的燃烧把火药引燃。黑火药的燃速快，并带有"轰"的一声，立即燃尽，冒白烟，燃烧后几乎不留残渣。

### 6.1.2 仪器探测法

利用仪器对爆炸物的探测大致可分为两种技术途径：一种是直接的方法，也就是利用各种仪器直接探测疑似爆炸物本身及其相关部件的特征信息，分析判断是否为爆炸物及其构造原理；另一种是间接的方法，不需要直接探测爆炸物本身，而是通过爆炸物出现或被设置过程中的行为以及这些行为引起的变化发现可能存在的爆炸物。从技术上来说，直接探测方法往往先要进行大范围的探测，在确定疑似爆炸物后，再进一步地探测识别目标，往往难度大要求高。间接探测方法则另辟蹊径，绕过了直接探测爆炸物及其部件的难题，通过迂回的方式来确定出爆炸物的存在和具体位置，这种方法通常是作为一种辅助的手段，可以与直接探测手段结合起来以提高爆炸物探测的效率。仪器直接探测法，其检查效率较高且能保证安检人员的安全，是目前各国普遍采用的探测识别方法。

**1. 金属探测法**

利用金属探测器材，探明藏匿在人体、包裹内、地下和墙壁内含有金属部件爆炸装置的一种方法。

金属探测器材的优点是轻便、体积小、灵敏、操作简单、机动性强，检查效率高，可用于人身和大型场地的安全检查。其缺点是对纸壳雷管和无金属成分的炸药物品无效，且对所有金属或含有金属的制品都会报警，受环境金属因素的影响大，误报率高，且不能准确辨别物体的大小和形状。

常用的金属探测器主要有手持式金属探测器、金属探测门、探雷器、航弹探测器和探地雷达等。

手持式金属探测器重量轻，体积小，便于携带，灵敏度较高，使用方便，是探测人体和包裹内是否有金属存在的主要器材。

金属探测门，当人员从此门经过时，门上的探测器对通过人员的多个部位同时进行探测。金属探测门安装方便，探测部位多，人员通过能力强，因此被广泛应用于固定场所的安检通道。

探雷器、航弹探测器等可以探测埋设在地下一定深度的爆炸物。目前世界上较先进的探雷器不仅能探测金属，同时也能探测塑料地雷、陶制管道等埋在地下的异物，有的探测器还能在水下工作，报警方式上也从单纯信号报警，发展成仪表、数字形式报警，方便了使用。

## 2. X射线探测法

一般在机场、车站、港口等安检通道使用通道式X射线探测器检查成批的包裹行李，而便携式X射线探测器便于分队机动执行任务，常用于现场可疑物品的探测识别。X射线对密度不同的物质，贯穿的强度不一样，在荧光屏上呈现明暗度不同的影像。普通X射线形成的图像是黑白的，同样厚度的物质，密度大的影像较暗，密度小的则影像较明亮。根据各种影像的形状、明暗度和它们相互之间的关系位置，可以查明爆炸物的种类、构造和在物品内的部位。图6-3～图6-9分别所示为利用携式X射线探测器拍摄的部分物品图像。

(a) 使用便携式X射线探测器　　　　(b) X射线图片

图6-3　钢管物品的X射线图像

 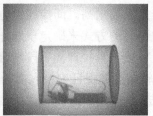

(a) 物品置于X射线探测区　　　　(b) X射线图片

图6-4　易拉罐的X射线图像

图6-5　手枪的X射线图像　　图6-6　炮弹引信的X射线图像

图6-7　手雷的X射线图像　　图6-8　电雷管的X射线图像

(a) 电池、电路板等X射线图片　　　(b) 遥控装置的X射线图片

图 6-9　简易装置的 X 射线图像

对 X 射线图像识别判图的方法有多种：

（1）颜色判图法。为便于识别，利用图像分析软件给其加上伪彩色，不同类型的物品其颜色不同，如图 6-10 所示。依据"色彩表示成分"，判定图像中每一区域的材料构成。

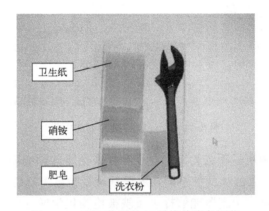

图 6-10　不同物品的 X 射线伪彩色图像

浅黄色：单件衣服、薄塑料、少数纸张等。

橘黄色：香皂、炸药、毒品、木器、皮革制品等。炸药由于种类、密度和数量的不同，可呈现由浅到深的橘黄色，一些炸药有特定的形状，如 TNT 药块、硝铵类炸药药卷，很容易识别。

深橘黄色：数量多的书籍、纸张、人民币、高浓度液体、大袋米面等。

蓝色：子弹、枪、刀具等金属呈深蓝色和红色，如枪的形状及其深蓝色和红色，极易识别。

绿色：是混合物呈现的颜色，如不锈钢制品、电缆线等玩具手枪、塑料手枪呈现绿色，易与真枪分别；雷管虽有铜壳、铝壳、纸壳之分，但其形状极易辨识，电雷管的脚线呈绿色。

红色：穿不透的物体呈现红色，多为重金属和厚的物体。

（2）层次判图法。X 射线在穿透路径上透过多个物体的"重叠"部分，获取的图像是多个物品叠加在一起的效果，如图 6-11（a）所示，需逐层次剥离判别。

（3）结构判图法。根据某些违禁品内部必然存在的数个组成部分判断，如电击器的电池—变压电路—前端电极结构，如图 6-11（b）所示。

（4）密度判图法。根据图像上某一部位的灰度，推算该部位物品的大致密度范围和材料构成，如图 6-11（c）所示。

（5）特征判图法。根据各种违禁物品独有的结构特征，如雷管中段的引火头、空腔和末端凹穴，手枪弹夹推弹簧、部件连接等，如图 6-11（d）所示。

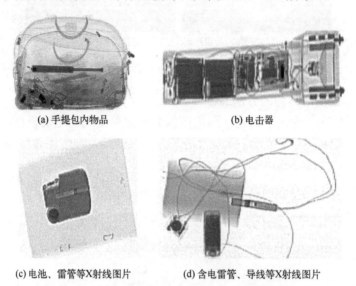

(a) 手提包内物品　　　　　　　　(b) 电击器

(c) 电池、雷管等X射线图片　　　　(d) 含电雷管、导线等X射线图片

图 6-11　不同物品的 X 射线图像

物品的 X 射线图像所呈现的轮廓形状受其摆放角度的影响而改变，呈现为物体的投影形状。对一种可疑物品可从几种不同角度进行透视检查，以便得到准确的结论。

目前，先进的 X 射线探测器能够提供反映被检物化学成分的信息，并根据被检物的原子序数区分出有机物和无机物，并赋予不同的颜色在彩色监视器将其显示出来，并对可能含有炸药成分的爆炸物品给予报警提示。

**3. 炸药探测法**

炸药探测技术方法主要分为痕量炸药探测和块体炸药探测。

1）痕量炸药探测法

痕量炸药探测是指对痕量的炸药残留物进行取样和分析的技术。爆炸品在处理过程中总会留下气体或固体颗粒形式的残留物，通过搜集这些残留物并使用相关的探测技术对其进行分析，从而判断是否存在爆炸物。常见的痕量炸药探测法炸药有基于离子迁移谱（IMS）、激光拉曼光谱、荧光聚合物技术的炸药探测器，以及化学试验、气相色谱分析等方法。

基于离子迁移谱技术的炸药探测器目前最为常用，一般为便携式设计，具有液晶触摸屏控制，软件操作界面明晰，方便易用。主要可用于检测箱包、环境中是否有痕量炸药存在，被广泛应用于机场、车站、国防安全、公共安全等重要场所的安检。仪器需要空气作为载气，使用过程中不能隔绝空气，也不能将进气孔堵住，否则将影响仪器的正常工作。开机"就绪"后，可先用洁净采样纸检查仪器是否有污染残留，如果没有误报便可以正常工作。该类设备中含有一枚低剂量 $^{63}$Ni V 类密封放射源，仪器表面剂量符合辐射安全防护规定，但不能自行拆卸仪器，以防止辐射源电离辐射。

2）块体炸药探测法

块体炸药探测是指探测可见数量的炸药。通常包括 X 射线、γ 射线成像技术、中子元素分析检测技术和其他的电磁波技术。X 射线、γ 射线都是高能电磁波，当它们遇到物质时，会发生透射、吸收、散射或反向散射，可以确定出物质的密度、原子序数等特征量。与普通日常用品相比，炸药的特征就是密度高、原子序数低。炸药中子检测设备，由于中子源需要防护，一般设备体积较大，操作使用复杂，目前实用化的设备很少。X 射线等电磁波检测设备，很难准确识别炸药成分，对块体炸药的直接探测技术还不够成熟。

**4. 声音探测法**

利用电子听音器侦听人耳难以听到的定时器发出具有一定节奏（固定频率）的声音，进而判明是否为定时爆炸装置的方法称为声音探测法。定时爆炸装置所用的定时器有机械、电子定时器两种，机械定时器可发出机械走动的低频声信号；电子定时器内部都有振荡电路，一般多为石英振荡器，振荡器实质是正反馈电路，电容电感确定了它的振荡频率，电路工作时产生交变电流，发出高频电磁波信号。一般的电子听音器类似于话筒接收器或天线接收台，接收这些固定频率的低频声信号或高频电磁波信号，通过滤波电路检波成音频信号，再通过低频放大器推动耳机，把人耳听不到的频率转换成可听频率，从而发现藏匿的定时装置。目前，定时装置探测器有两种类型：一是接触式（利用固体传感振动波）；二是非接触式（通过空气传递声波）。非接触式探测器，对于电子定时器的探测距离很近，一般为厘米级。如果电子定时器的屏蔽措施做得好，即防电磁泄漏性能好，比如目前的手机或将手机再放入屏蔽袋中，就很难用电子听音器探测到。

国产的 TYQ02 型电子听音器为手提便携式，性能稳定，使用方便，主要由主机、耳机、充电器等组成，主机结构如图 6-12 所示。采用多普勒雷达技术，多普勒模块向空间中发射基波，如遇到运动被测物体，空间中基本会发生频偏，同时向空间中再次发送信号。多普勒雷达接收模块收到频偏微波信号（载波），将信号转化为模拟电信号，再将电信号放大之后传递给信号处理模块。信号处理模块将接收的电信号整形为可用波形后，经过分析处理获得被测物的频率特征信号，把真实目标信号还原为人耳可以监听到的声音，进而发现探测目标。

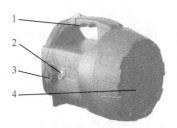

1—把手；2—耳机/充电接口；3—电源开关；4—探测区。

图 6-12　TYQ02 型电子听音器主机结构图

探测前，要用随机配备的机械手表和电子模块进行测试。探测过程中，探测器要围绕目标匀速缓慢地扫描，探测现场尽可能关断产生电磁干扰的设备。日光灯就是很明显的干扰源，白炽灯则无妨。探测到目标后，会将信号传输到耳机，如果遮盖物复杂或范围较大，可采用相交探测法确定被探测目标的具体位置。根据从耳机中所听到声音的特征可以初步判断探测到的是何种引爆装置，如探测到哒哒的声音则判断为机械式定时装置；如探测到间断脉冲的声音则判断为电子式定时装置；如探测到周期性脉冲的声音则判断为无线式遥控装置。

**5. 非线性结点探测法**

利用非线性结点探测器，探测含有电子元器件的定时爆炸装置或遥控爆炸装置的方法称为非线性节点探测法。非线性结点探测器能够在搜查区域一定范围内发出高频波，激发各种定时器、遥控器及窃听器中的非线性结点，并产生自激回波，接收器捕获这些回波信号，并经处理后通过声、光报警方式实时显示二次、三次谐波信号的强弱，以达到定位搜查电子装置的目的。

探测器工作时，天线辐射面上有微波功率辐射，请勿将天线辐射面照射人体。探测器发射功率较大时，存在潜在触发引爆敏感装置的可能性。

**6. 光学探测法**

光学探测法是利用光学或红外光学原理及摄像系统，探测人的视力不能看清、不能观察到或人体不易到达的缝隙内是否存在爆炸物的一种方法。目前主要有窥镜法和红外观察法。

（1）窥镜法。窥镜法是利用窥镜、潜望镜等器材，探测人不能直接观察到或无法观察到的区域（特别是缝隙内）是否存在爆炸物。车底搜索镜，可探明藏匿在车辆底盘等人的肉眼无法观察的部位的爆炸装置。

（2）红外观察法。红外观察法就是运用配有潜望镜和高功率红外光源的红外潜望镜工具组，搜查或观察建筑物、船、飞机、车内是否存在爆炸、纵火装置和违禁品的方法。

### 6.1.3 生物探测法

利用一些生物所具有的特性探测炸药，是一种爆炸物搜索行之有效的方法。探测炸药的生物，包括利用训练的犬、鼠类、野猪等动物灵敏的嗅觉嗅探炸药；利用某些发光的微生物，如菌类、酶类，在有炸药蒸气存在的环境中发光强度的变化，可以判断有无炸药的存在。

**1. 生物探测性能比较**

某些动物、植物和微生物可用于对地雷、未爆弹及民用爆炸物的探测，在 2003 年爆发的伊拉克战争中，美英联军使用探雷犬、探雷海豚等，在地下、浅滩搜寻爆炸物，以及精确探测地雷等方面发挥了重要作用。研究用于炸药探测的生物（动物）有犬类、蜂类、鼠类、菌类和植物类，其应用情况如表 6-1 所列。

表 6-1　各种探测生物性能对比

| 名称 | 目前状况 | 使用方法 | 探测过程及性能 | 培养周期 |
| --- | --- | --- | --- | --- |
| 探测犬 | 成功用于人道主义扫雷，多国机场使用，人造狗鼻研究中 | 训导员牵引或指挥 | 地面行走，机动性强，存在触雷危险，持续能力弱，每次30min | 训练周期半年以上，训练费用较高 |

续表

| 名称 | 目前状况 | 使用方法 | 探测过程及性能 | 培养周期 |
|---|---|---|---|---|
| 探测蜂 | 美、英、法等国进行蜜蜂、黄蜂等蜂类爆炸物探测研究。美军计划将蜜蜂投入反暴恐战场使用 | 自己飞出蜂巢探测后返回,人工后台电脑分析 | 飞行方式,探测距离约1~2km,不存在触发地雷危险 | 训练周期短仅2天,具有探测传播能力,能将探测到炸药的信息传播给同类 |
| 探测鼠 | 美国在坦桑尼亚进行了老鼠探雷试验。南非人道主义扫雷组织在安哥拉试用 | 身上带有微电脑,需人员使用皮带牵引 | 身体轻,不易触发地雷。受到炸药气味刺激后,脑电波变化,微电脑记录并传输信号,定位爆炸物 | 繁殖力强,母鼠可自动遗传探测能力。需要适应工作环境的过程 |
| 探测植物 | 美国、加拿大、丹麦从事植物炸药探测技术研究 | 在实验室内通过人工改变植物的基因组后,通过飞机散布播种 | 爆炸物释放二氧化氮,植物根部接触后吸收,使得花的颜色从白色、绿色变成红色,从而标示位置 | 种子便宜,生长迅速。从播种到具有标示能力大约3~5个星期,适用于人道主义扫雷行动 |
| 探测细菌 | 处于实验室研究阶段,目前已经培养出了多种能够探测炸药的细菌,但未在野外试用过 | 实验室内用培养皿培养,未来可通过飞机撒布细菌探测 | 细菌对爆炸物散发出的氮、TNT、DNT、硝酸盐、一氧化二氮及其他含有爆炸性成分的化学物质具有刺激反应作用,细菌产生发光元素,标示爆炸物 | 需要一定的生长周期,不适用于战场探雷,但可通过机载平台撒布远距离大面积雷场探测 |

**2. 搜爆犬**

目前,实用的生物探测方法依然是搜爆犬。搜爆犬搜索,是专业训导员指挥犬对特定场所、运输工具、物品等进行搜查,以发现可能存在的爆炸物。

犬的嗅觉极其灵敏,不仅对气味的感受性强,而且辨认气味也十分精确。犬能感受200万种物质。犬的听觉也很好,能准确分辨出同一个声音中的不同音调。犬的视觉不完善,是色盲加远视,对光的明暗度反应灵敏,善于夜间观察事物。视野也十分广阔,善于捕捉远处的活动目标,可以发现825m处的运动目标,但对固定目标只限于50m以内。犬的味觉极差,品尝食物的味道、鉴别食物的好坏,主要是靠嗅觉和味觉双重作用。犬对触觉最敏感的部位是身体的末端,耳、嘴边、尾、趾、脚掌等处,也是痛点集中的地方。犬的痛觉较迟钝,且个体差异很大,犬的鼻端是最怕打击的部位。犬的品种不同,运动能力差别较大。犬灵活、好动、有快速奋力奔跑的习惯,而且有耐力。犬有天生的游泳本领,且能抵抗寒冷和潮湿。犬的性格特征:强健的体质、勇敢的性格;依恋性强,对主人忠贞不移;具有强烈的责任心;智力发达;喜欢运动、集群,群体位次明显;环境适应能力强,喜欢清洁;有很好的归家本领。

用于军警部门的搜爆犬主要有德国牧羊犬、比利时马里努阿犬、中国昆明犬、英国拉布拉多犬、英国史宾格犬等,因其良好的特性和特殊的嗅觉,经过专业训练能对各种炸药气味做出快速的条件反射,可以适应各种环境进行搜爆作业。

搜爆犬可嗅出隐藏在包裹里的炸药,能够查出硝化甘油、TNT、C-4、硝铵炸药和无烟火药等,其准确性胜于一般的炸药探测器。同时,犬的机动性好,既能爬高,又能深入到人和仪器都难以进入或不宜进入的目标内检查。

爆炸物探测方法很多,但大多是根据目标特征间接探测的,现场直接探测识别的方法目前通常是采用炸药探测器探测、搜爆犬嗅探和人工检查的方法进行搜查。单一的搜查方法,难以达到百分之百的成功率。加拿大警方曾在DC-8飞机内放置了炸药,用各种手段去寻找,其试验结果如表6-2所列。

表 6-2　3 种检查方法的试验结果

| 检查方法 | 放置物（件） | 发现物数（件） | 发现率 | 平均每件搜查时间/min |
|---|---|---|---|---|
| 人工检查 | 97 | 70 | 72% | 29 |
| 警犬嗅探 | 41 | 28 | 68% | 17 |
| 炸药探测器 | 23 | 11 | 47% | |

结果表明：单靠一种方法去搜查是不够的，应使用多种方法进行综合性搜查；即使采用综合性方法检查，也难以做到 100%的发现率。经验证明：最好的方法是进行综合性搜查，以人工搜查为主，用警犬嗅探、炸药探测器为辅的方法，效果最佳，如图 6-13 所示。

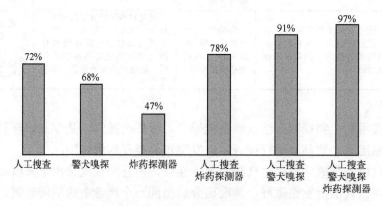

图 6-13　各种检查方法的发现率比较

搜爆犬也是针对爆炸物炸药特征的探测方法，与炸药探测器相似，从两者的使用性能方面进行分析比较，如表 6-3 所列。

表 6-3　搜爆犬与炸药探测器使用性能对比表

| 项目 | 搜爆犬 | 炸药探测器 |
|---|---|---|
| 基本原理 | 生物探测 | 低剂量 X 射线成像、离子迁移谱、拉曼光谱、中子探测等 |
| 使用方法 | 训导员引导，自主搜索 | 人工操作 |
| 探测炸药种类 | 根据训练情况，一般识别 13 种左右的常用炸药 | X 射线成像不能辨识炸药种类；<br>离子迁移谱炸药探测器，国内外均有便携式的商用设备，是一种痕量炸药探测方式，可探测的炸药种类，根据仪器数据库情况确定，一般 10~30 种；<br>拉曼光谱是一种非接触式的针对透明容器内的液体炸药进行探测的仪器；<br>中子探测是一种专业设备，可穿透外壳探测内部炸药，探测炸药种类 10 余种 |
| 可靠性 | 在正常情况下准确性较高，受外部物品干扰较小 | 专业人员在仪器特定的使用环境下，炸药探测准确率高。使用条件限制时判断准确率不高，存在较多缺陷 |
| 工作效率 | 可大面积快速搜爆，工作效率高 | 针对疑似爆炸物二次检测，工作效率低 |
| 有效期 | 5~8 年工作期 | 使用期视保养情况，一般有效期 10 年，但需要定期保养维护 |
| 成本 | 犬购买成本约 10000 元；<br>16 周训练成本约 12000 元；<br>饲养、医疗成本约 800 元/月 | 便携式 X 光机：约 25 万；<br>便携式离子迁移谱炸药探测器：约 20 万；<br>中子探测无商用；<br>拉曼光谱炸药探测器：约 80 万（进口） |

续表

| 项目 | 搜爆犬 | 炸药探测器 |
|---|---|---|
| 优缺点 | （1）环境适应性好；<br>（2）搜爆速度快；<br>（3）需进行专业性训练，周期较长；<br>（4）人犬结合性要求高 | （1）人员培训简单；<br>（2）维护成本低；<br>（3）设备价格昂贵；<br>（4）特定条件下使用，适应性不足；<br>（5）工作效率较低 |

目前，现有的爆炸物探测识别方法和技术手段，还难以满足对爆炸物快速准确有效探测的要求。上述介绍的人工直观识别、仪器探测、生物探测3种方法，各有所长，也各有欠缺，具体应用时要结合具体的任务要求、作业环境、目标对象等合理选用。

人工直观识别：发现率较高，但费时费力，工作效率较低，无法在短时间内完成大量被检物品的检查，且不安全，通常只在被检物品较少，或需要进一步作重点检查时采用。

仪器探测法：金属探测只能探测爆炸装置中的金属部件；X射线探测只能通过物体的形状特征图像进行识别；炸药探测器主要适用于疑似爆炸物沾染炸药的取样式检测判别，不适合大面积非接触式爆炸物的快速探测。

搜爆犬搜查：搜爆犬训练周期长，对作业环境要求高，需要专业训导员。

### 6.1.4 化学比色法

化学比色法是根据炸药和某些化学试剂混合后发生化学反应的原理，从反应后的颜色分析炸药的成分及种类的一种方法。

**1. 基本原理**

根据某些化学试剂与炸药发生化学反应后的颜色变化来判定炸药种类。化学试剂法的优点是操作简便、成本低，适合于现场检测，类似于试纸的检测。缺点是对颜色识别的可靠性有一定的误报率。

例如梯恩梯和多硝基芳香族化合物的显色剂，是1,3-二苯基丙酮-氢氧化四乙胺，以乙醇为溶剂。配制方法：将5g 1,3-二苯基丙酮和5mL的20%氢氧化四乙胺的甲醇溶液加入到100mL乙醇。该显色剂对梯恩梯显红色或橘红色，可检测到0.4μg浓度的梯恩梯。这种显色剂对多硝基芳香族化合物的检测也是有效的，因此多硝基芳烃能干扰对梯恩梯的检测。

二苯胺酸显色剂配制方法：将1g二苯胺试剂，溶于50mL纯浓硫酸（密度1.84g/cm$^3$）中备用。将1mg检材放在洗净的点滴板（调色板）上，然后将配制好溶液滴上1~2滴，如显示蓝色则为硝酸铵类炸药、氯酸盐类炸药或硝化甘油类炸药。

氢氧化钠显色剂配制方法：将1g氢氧化钠溶于9mL蒸馏水中备用。将5mg检材放在点滴板上，用3~5滴丙酮溶解后，再滴上配制好的试剂3~5滴，如显示红色即为TNT炸药、铵梯炸药、黑梯（B炸药）炸药，或特屈儿（CE）、泰安（PETN）炸药。

水解试验法：对硝酸盐类混合炸药，取清水一杯，将5g炸药放入杯内搅拌，待2~3min后，硝酸盐则被水溶解，木粉则飘浮在水面，水杯底的黄色物质则是TNT。

## 2. 炸药化学比色检测器材

化学比色法，是公共场所检测炸药和可疑人员物品的一种简便、迅速的手段，化学比色器材目前正在推广使用。

中国科学院新疆理化技术研究所安全科学实验室，在炸药识别分析领域开展了创新性的研究工作，研发出一系列炸药检测器材。

1）XJ-TW-001 炸药立显试剂箱

运用化学比色法，研制的 XJ-TW-001 炸药立显试剂箱，如图 6-14 所示。具有检测特异性强、检测范围广、准确性高、操作简单、结果立显等特点。

（1）检测种类。

自制炸药原料：氯酸盐、高氯酸盐、硝酸盐、硫、铵盐、无氮爆炸物（TATP、DADP、HMTD）、过氧化物、蔗糖、尿素及其衍生物、汽油、煤油、柴油、高锰酸钾；

制式炸药：TNT、DNT、PNT、HMX、PA、RDX、PETN、特屈儿、硝酸甘油、亚硝酸盐等。

（2）检测灵敏度：微克级。

（3）检测时间：小于 10s。

（4）检测次数：≥600 次。

（5）应用场景：可应用于大型活动安检、涉爆现场炸药定性检测、入户排查、物流安检等现场炸药定性检测。

2）XJ-TW-002 炸药检测试剂盒

XJ-TW-002 炸药检测试剂盒，如图 6-15 所示。具有体积小、质量轻（150g）、可随身携带、取用方便、结果立显、检测效率高等特点。

图 6-14　XJ-TW-001 炸药立显试剂箱　　图 6-15　XJ-TW-002 炸药检测试剂盒

（1）检测种类：制式及自制炸药（TNT、DNT、PNT、PA、特屈儿、硫、亚硝酸根、硝酸甘油脂、HMX、RDX、PETN、硝酸盐、铵盐、尿素及其衍生物、高锰酸盐、TATP、DADP、双氧水等过氧化物、氯酸盐、高氯酸盐、糖类）。

（2）检测灵敏度：微克级。

（3）检测时间：小于 10s。

（4）检测次数：≥300 次。

（5）应用场景：针对爆炸物排查现场，进行快速、准确的识别。

3）XJ-TW-007 手持式痕量炸药比色检测仪

通过化学比色原理和机器视觉技术，研发出具有智能化分析多种非制式爆炸物特点的手持式痕量炸药智能比色检测仪。基于主流操作系统开发了智能化 APP，将其搭载其中，通过独立反应区设计，结合机器视觉方案，实现了解决现场快速分析非制式爆炸物的需求。

同时，其配套的数据库可进行扩容及二次开发，并将终端检测结果上传至服务器数据库。可以通过大数据比对分析各地区爆炸案中的检测结果，有针对性地对爆炸案进行预警及智能化分析。

（1）功能特点：检测特异性强、范围广、准确性高、操作简单、结果立显等。
（2）检测种类：TNT、DNT、PNT、HMX、RDX、PETN、PA、特屈儿、硝酸甘油、亚硝酸盐、黑火药、硫铵炸药、硝酸盐、尿素及其衍生物、铵盐、高锰酸钾、过氧化物、氯酸盐、高氯酸盐、硫等。
（3）检测灵敏度：微克级。
（4）检测时间：小于 10s。
（5）应用场景：涉爆现场爆炸物及炸药、自制炸药残留物的快速定性分析，人员密集场所（机场、地铁站、大型活动现场等）安检等。

### 6.1.5 液体炸药识别法

近年来，液体炸药以其隐蔽、方便、技术含量低等特点，越来越受到恐怖分子的青睐。液体炸弹以其体积小、便于伪装、难于防范等特点成了恐怖分子的"新宠"，液体炸弹实施爆炸恐怖开始升温。恐怖分子试图在希思罗机场使用液体炸弹并非首次用于"实战"：1987 年韩国一架客机在印度洋海域上空爆炸，机上 115 人全部丧生，据称所用的就是液体炸弹。1995 年，菲律宾也曾发生过和英国炸机阴谋相同版本的炸机未遂计划，所用的攻击手法也是液体炸弹。依照这一计划，恐怖分子准备在太平洋上空炸掉 11 架从亚洲飞往洛杉矶、旧金山、檀香山及纽约等地的航班，如其阴谋得逞，将有 4000 人丧生。

早在 1847 年，意大利科学家索布雷诺在冷却的浓硝酸和浓硫酸的混合液中加入了甘油，首次制成了液体炸药——硝化甘油（NG）。从此以后，液体炸药就以其独特的优点得到了广泛的发展。1958 年，英国人发明迪西吉特（Dithekite）液体炸药，它是由 62.6%硝酸、24.4%硝基苯和 13%水组成，具有良好的爆轰性能。1963 年，美国人研制出高爆速液体炸药奥斯屈莱特 G（Astrolite G），它是以硝酸 $NFDA_4$ 和无水肼为主体的液体炸药；20 世纪 70 年代，日本研制出 80%硝酸 $NFDA_4$、15%乙醇胺及 5%水的液体炸药；1978 年，美国研制出硝基烷烃与硝基胺类混合的液体炸药，该炸药的冰点特别低，低温下也具有良好的爆轰性能；1984 年，我国自行研制出硝酸 $NFDA_4$ 水合肼耐寒液体炸药，爆速为 8300m/s。

液体炸药种类繁多、品种复杂、使用场合和起爆手段各异。按组分，可分为单质液体炸药和混合液体炸药；按照主要组分特性，可分为 12 大类，约 150 种。

TATP 是三丙酮三过氧化物的代号。三丙酮三过氧化物可由丙酮和过氧化氢（高浓度双氧水）在酸（如盐酸）作催化剂的条件下制得。对撞击和摩擦都极为敏感，其爆速为 5300m/s（TNT 炸药爆速为 6900m/s），猛度较大。制造 TATP 的原料为丙酮、过氧化氢（双氧水）和盐酸都是很普通、很常用的化学药剂，市场上很容易购得。防范控制难、检测也很难，这是 TATP 被恐怖分子选用为恐怖爆炸装药的主要原因之一。

**1. 液体炸药检测技术**

按检测原理的不同，对液体炸药的检测主要表现在以下几方面：

1）拉曼光谱探测技术

拉曼光谱探测技术采用的是激光源，因此样本的容器必须是可透光的玻璃、塑料等，不能是陶瓷的或金属的，探头与样品不接触时，探测距离为 2cm 量级。每种物质都有特定的拉曼光谱，已有资料给出了乙腈、5%乙醇水溶液、氯仿、异丙基苯、甲苯、环己烷、中档汽油、聚四氟乙烯、硝酸铵、碳酸钠、硫酸钡、硼酸、斜方硫晶体、二氧化钛、黑索今和太安等物质的拉曼光谱图。利用拉曼光谱技术可以测定物质的组成和结构，用于探测液体炸药。

美国 AHURA 公司研制的一种便携式激光拉曼光谱探测仪（图 6-16），它无须取样，可在几秒内快速侦检密闭玻璃或塑料瓶/包中的液体炸药，通过内置软件数据库自动进行多次、快速地检索比较、识别和存储，一次最多可以甄别 5 种混合物。

该仪器主要包括主计算机、感应器和电池，总质量约 1.8kg，电池可供连续操作 5h，能探测出 2500 种固体和液体形状的危险化学品。有两种工作模式：一种模式是样本装在瓶中（或探头侵入瓶中）进行探测；另一种是采用定向发射技术，拉曼分光镜透过玻璃或塑料（不需要打开瓶子）来分析探查包中或瓶中的物质，不需要接触样品。该仪器附带有庞大的数据库，收集了完整的市售的、工业级的化合物的数据，包括炸药、推进剂和毒品。

2）中子活化缓发 γ 技术（DGNAA）

DGNAA 为 delayed gamma neutron activation analysis，中子射线能够迅速穿透包括金属在内的多种物质，被广泛应用在炸药探测领域，在液体炸药探测方面也显示出较好的前景。DGNAA 技术就是在辐照后，通过对样品中放射性子核的感生 γ 谱进行测量，从而推出靶核的含量等信息，如图 6-17 所示。

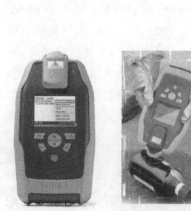

图 6-16 AHURA 首席卫士

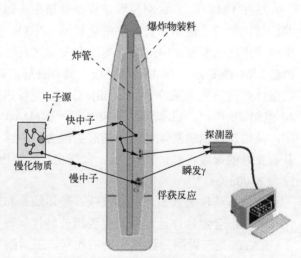

图 6-17 DGNAA 探测技术

中子源有同位素放射源、中子管（小型加速器）和反应堆中子源 3 种。中子管在不使用时没有辐射，体积小、运输保管方便、机动性好、利于制成便携式仪器。仪器工作时安全距离，在没有屏蔽条件下约为 15m，有屏蔽时为 2～3m。

绝大多数有机炸药含有碳（C）、氢（H）、氮（N）、氧（O）4 种元素，少数炸药还含有氟（F）、氯（Cl）、硫（S）元素，炸药中元素组成比（C/O、H/N、C/N、O/N 等）含量具有唯一性。因此，利用 DGNAA 方法可检测 C、N、O 含量和比值（图 6-18），并进一步来分辨炸药种类。目前，这一种成熟的市场化产品还很少。

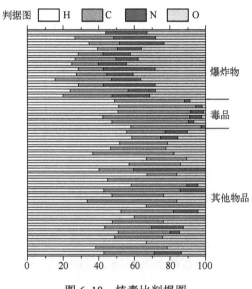

图 6-18 核素比判据图

### 2. 液体炸药识别方法

1）外观识别法

事先对可能用作爆炸物的化工材料的种类、物理性状、颜色和黏稠度等进行研究，掌握其主要特征，在实施安全检查的过程中就可快速发现它们，或认定为疑似物，以便进一步用其他手段加以确定。以下述 4 种典型液体炸药外观为例，说明其判断方法：

（1）TATP。刚制成的 TATP，为无色透明溶液，呈强酸性，（pH=1～2）。静止 12h 后，有白色结晶析出。干燥后的 TATP，为白色晶体，密度 $1.18g/cm^3$，熔点 94～95℃，遇火焰时能激烈燃烧，有时爆轰。TATP 不溶于水，可溶于多数有机溶剂，可用丙酮溶液处理后销毁。TATP 易挥发，14 天失重 69%，结晶体感度与起爆药相当，对撞击和摩擦极为敏感，感度高于氮化铅起爆药。

（2）硝化甘油（NG）。无色至淡黄色透明液体，比水重，较黏稠，黏度 36mPa·s(20℃)，密度 $1.596g/cm^3$（20℃），受外界刺激时极易爆炸，微溶于水和很多有机溶剂，遇碱分解，可用 10 倍量的 18%硫化钠溶液销毁。

（3）硝酸类液体炸药。黄色透明液体，溶液呈强酸性，具有浓的苦杏仁味，密度 $1.336g/cm^3$。

（4）硝基甲烷类液体炸药 XJW0-1。无色透明液体，密度 1.163g/cm³。该类液体炸药通常由硝基甲烷、敏化剂组成。

判断基本方法：都是均匀透明液体（开瓶观察时注意眼睛防护），可能是双氧水、硝基甲烷等；多数无色，少数为淡黄色至棕色，可能是浓硫酸、甘油等；部分量油状或黏稠状，可能是甘油、硝化甘油等。

2）气味识别法

用来制作液体炸药的化工原料与常见的日用品在气味上有着本质区别，通过一定的检查方式和检查程序可发现其真伪。

（1）氨味（谨慎开盖，扇闻气味），可能是硝酸肼类混合液体炸药等。

（2）芳香味，可能是丙酮、硝基甲烷等。

（3）苦杏仁味，可能是硝基苯、硝酸类液体炸药等。

3）燃烧识别法

用来制作液体炸药的化工原料燃烧时有的易于燃烧、有的会放出难闻的气味，与常见的日用品相比较，其燃烧炽烈程度、火燃状况、散发的气味、残留物颜色等有很大不同，据此也可判断其真伪。

4）自身品尝法

安检时，要求携带液体的旅客自身进行品尝（要求"喝一口"）的做法，如果仅看他会不会喝，不能说明问题。但是，毕竟用于制作液体炸药的化工品不是食品，人喝后味觉神经必有反应，即使有意进行伪装，其面部或多或少能够表现出来，因此，用此类方法检查时，需要安检人员对其旅客的品尝表情进行细致观察方可奏效。

5）动物嗅识法

利用搜爆犬等动物的特殊嗅识本能，并加以训练，也有较好的检查和识别效果。

6）pH 试纸检验法

通过 pH 试纸检验，可进行以下初步判断：

（1）酸性，可能是 TATP、硝酸类液体炸药和含硝酸、硫酸成分的液体炸药等。

（2）碱性，可能是硝基甲烷类混合液体炸药等。

（3）中性，可能是甘油等。

**3. 液体炸药现场应急方法**

如果在搜爆现场发现了液体炸药，可采取一些必要的应急处置方法。

（1）过氧化物类。用大量水稀释后，再用稀碱水溶液中和后，移至安全地带，暴晒分解。

（2）硝酸酯类。用有机溶剂如乙酸乙酯或氯仿稀释后，迅速移至空旷或指定地带，用适量木屑粉吸附后，点燃焚烧。

（3）硝酸类。用大量水稀释后，迅速移至空旷或指定地带，再用稀碱液如 2%～5% 的碳酸钠水溶液进行中和处理至 pH 为 7 后，直接排放。

（4）硝基甲烷类。用惰性有机溶剂如乙酸乙酯或氯仿、丙酮等稀释后，迅速移至空旷或指定地带，用适量木屑粉吸附后，点燃焚烧。

## 6.2 重点目标安检搜爆

搜爆实施时，若条件允许，作业人员应充分运用各种检查识别手段对被检目标进行检查。各种手段综合运用，互不排斥，相互印证，以提高其发现率、可靠性和安全性。

通常按照检查的重点，首先运用器材（探测仪器）进行检查，对特殊场合或人员不便于检查的目标，应调用搜爆犬检查，对可疑物品和检查对象也可采用人工等方法细检。

### 6.2.1 场地的安检搜爆

对场地的安检应进行现场勘查，确定重点部位和巡检，巡检以器材检查为主，人工检查为辅，尽可能使用搜爆犬搜查。

**1. 检查原则**

（1）按照"先内后外、先上后下"的顺序进行，利用、人、器材、犬相结合的检查方法，有顺序、无遗漏地开展全方位检查。

（2）安检前要清理现场，清理无关人员，检查后要封控现场直至使用。

（3）检查实行责任制，定岗、定人、定器材。必要时要制作详细的安检责任表，使每个人明确自己的检查范围，责任到人，责任到片。

**2. 实施方式**

（1）顺序检查。根据被安检目标确定检查人数，从远至近（或从近至远）、从上至下（或从下至上）、从左至右（或从右至左）顺序地、无遗漏地推进式检查。检查后还要试用。

（2）分片包干检查。根据被检查目标情况，确定检查人数，分组分片，责任到人，定人定区域，分头在各自的区域内检查。

（3）重点检查。对规模较大的大型活动场所，可在对活动场所内地形地物透彻了解、对可能设置爆炸物的部位科学分析的基础上，根据搜查力量多少和安检时间限制，确定重点部位组织力量检查。

**3. 室内场地安检人员分工**

一般以安检小组为单位实施，室内安检小组一般安排 5 名安检员，各自使用不同器材分工开展检查。

1 号安检员使用工具组和手持金属探测器，对室内家具及其他的配套设施进行检查。

2 号安检员使用工具组和检查镜，对顶棚、座椅底下等不易肉眼直接观察到的部位进行检查，并协助 1 号安检员对床垫、沙发等不易翻动的大型家具进行直观检查。

3 号安检员使用工具组和非线性结点探测器、探针等，对墙壁、壁画、悬挂物、花卉植物等有可能藏匿爆炸装置的部位进行检查。

4 号安检员使用工具组和窥镜，对室内电器、暖气、天然气、管道、卫生洁具及配电设备进行检查，可协助小组成员对重点部位进行检查。

5号安检员使用工具组和炸药探测器、对重点部位进行检查，并协助小组成员对可疑物品予以鉴定。检查后负责登记安检区域、对被检查物品加盖安检标识，对检查干净区域加贴封条。

**4. 室外场地安检人员分工**

1号、2号安检员使用地下金属探测器对草坪、树坑、灌木丛等室外地面进行检查，对发现可疑的地面插三角旗。

3号安检员使用工兵铲、手电、探针对垃圾桶、花盆、树根及树上悬挂物进行安全检查，并对插三角旗的可疑地面、有翻动、松动等可疑迹象的地面和其他有可能改造成爆炸装置的物品进行重点检查。必要时使用水下金属探测器对水面进行安全检查。

### 6.2.2 道路的安检搜爆

对道路的检查，主要采取器材与人工检查。一是对路面的检查；二是对桥梁、涵洞、隧道的检查；三是对道路两侧建筑、设备、设施、树木、草丛等的检查；四是对特殊路段（弯道、坡路、悬崖、山坡等）的检查。其检查程序和检查内容如下：

（1）路面检查。初步检查，并确定需重点检查的对象或路段；然后对需要作进一步检查的部位进行详细检查，对路面修复处如有怀疑，应使用探雷器或探地雷达进行重点检查。

（2）桥梁、涵洞、隧道的检查。一般采用人工检查和搜查，对个别部位，应使用探测器材进行重点检查。检查的重点部位和主要检查对象是：桥梁的下部结构、桥墩桥台的上部、梁柱的结合部位；涵洞、隧道、桥下的地面、砌筑缝隙等；涵洞、隧道、桥梁附近的地形地物、树木草丛等。

（3）道路两侧的检查。对道路两侧建筑、设备、设施、树木、草丛等可采用人工检查和搜查，必要时使用探测器材进行重点检查。

（4）特殊路段的检查。对特殊路段的弯道、坡路、悬崖、山坡等，可采用人工检查，对有怀疑的部位，应采用探测器材进行重点检查。

### 6.2.3 交通工具的安检搜爆

对交通工具的安检应首先进行普检。经过普检，发现内部物品含有爆炸物的，应进行处置；发现有疑似爆炸物的，应进行精检，确认爆炸物时，应及时处置。普检采用人工直观检查和器材检查相结合的方法，必要时采用搜爆犬检查。精检应使用要求配备的设备进行检查。

**1. 船舶**

以搜爆犬搜查为主，并对其重要部位采用人工检查。

**2. 飞机**

飞机的检查一般要重点检查机内、机外和货物。

（1）机内的检查。以搜爆犬搜索为主，对客舱、货舱、驾驶舱以及各种辅助设备，如厕所、服务间、座位等要逐一检查。

（2）机外检查。以人工检查为主，重点检查飞机外表可设置、能塞入、易吸贴异物的要害部位以及其他可能放置爆炸物的孔、洞、仓等地方，不能放过任何可疑点。

（3）机内货物检查。以仪器检查为主，辅以搜爆犬搜索，对货舱内所有行李、物品逐件检查。

**3. 火车**

以搜爆犬搜索为主，并对其重要部位采用人工检查。

**4. 汽车**

汽车的检查重点是车外、车下、车内、发动机、行李箱等部位。

（1）车外的检查。以人工检查和搜爆犬搜查为主，仪器检查为辅。首先要对车的外观及附近环境进行检查，如无异常，则按顺序继续检查，直至检查完毕，才可发动车辆。重点检查汽车附近及车下有无异物及包裹等；检查路面上有无零碎的胶布、铁丝、绳子、保险丝等；检查车门、窗、行李箱有无被撬的痕迹；同时还要从车窗向内看，检查车内座上、地板上有无不属于车内的东西，如发现可疑物品应彻底调查来源，妥善处理。

（2）车下的检查。以车底检查镜检查和人工检查为主。车下具有隐蔽、不易被发现等特点，是检查的重点，也是恐怖分子易设置爆炸物的地方。首先，进行表面检查，检查车下的土地有无可疑痕迹；车底盘有无吸附异物；加油口有无被动、撬的迹象；车顶前、行李箱及车轮上有无手印；车底有无松动铁丝或电线；用车底检查镜及手电检查保险杠下面、油箱、电动机等处有无异物。其次，进行内部检查。检查油箱、管道和排气管内有无被人动过的迹象、有无异物。

（3）发动机部位的检查。以人工检查为主。首先打开发动机盖，检查水箱罩的空隙间和发动机左右侧遮蔽空间部位，有无吸附的异物；其次，检查离合器、加速器、方向盘、雨刮器、蓄电池上有无连接可疑线头、电线夹子和异物；再次，检查空气过滤器和电动装置，如空调机有无异物。

（4）行李箱的检查。不同的车型，其行李箱的位置不同，检查时可根据实际情况灵活处置。行李箱应重点检查地毯、后座下面和工具箱、备用轮胎内有无异物。

（5）车内的检查。以人工检查为主。车内要自上而下仔细检查，注意检查地毯、座位、枕头、仪表盘（特别是里程表和转速表）等部位下面（内部）和烟灰缸、点烟器、收音机、车内灯具、手套盒及遮阳板有无异物。如果在检查中发现可疑物品，不要轻易触摸和移动，应查清可疑物品的来源及类型，对于查不清来源的可疑物品，要请专业人员进行处理。

总之，对交通工具的反爆炸检查，主要采用人工直观检查法和搜爆犬搜索为主，也可以结合其他检查方法。检查时，应先内部后外部；先电路部位，后机械部位；先重点后一般的顺序进行。

### 6.2.4 特殊水域的安检搜爆

**1. 水下检查器材**

进行水下安全检查，所需要的器材主要有船只、潜水服、高压氧舱、水下通信设备、声纳、水下金属探测器、水下机器人等。

**2. 水下安全检查方法**

水下检查通常按照 3 个步骤进行：

（1）调查摸底。主要对需要检查的区域，派潜水员对该水域的深度和水底情况做重点抽查。

（2）普查并画出海图。由于水域面积较大，要靠潜水员全面检查。若水底为沙底，或只有少量石块，可采用声纳逐片探测，一旦发现障碍物，先在海图上作出标记，然后由潜水员有目的地对这些物体进行深入检查，弄清后再在海图上标明性质（是石块还是铁器）。普查应提前一周左右时间进行。不管何时查，必须做到查后派人看守，不允许外人和船只再进入该水域。

（3）重点复查。在正式使用该水域前夕，选择重点部位（海底有石块或其他物件的地方）派潜水员重点探查，以便考察水底物体的移动情况。如果变动不大，就不必再检查中间水域。

### 6.2.5 人身和物品的安检搜爆

人身和物品的搜爆安检时，应当设置专门的安全检查通道，配置安全门、X 射线探测器等设备，以及必要的安检人员。首先对乘坐飞机、车船等交通工具的旅客，进入会场等公共场所以及重要住地的人员和携带物品应首先进行普检。经过普检，发现人身持有或物品含有疑似爆炸物的，应进行精检，发现爆炸物的，应及时进行处置。人身普检一般采用金属探测门、手持金属探测器检查，辅之以人工检查。物品普检一般采用 X 射线探测器检查。精检采用专用设备和程序。

**1. 普检**

安检员利用金属探测门初检、手持金属探测器复检，对通过人员进行身体检查。经安全门初检，没有报警的受检人，可初步认定为安全，不一定复检；如果安全门报警，则必须复检。视受检物品流量，在安全门旁设立通道式或便携式 X 射线探测器，由引导员告知受检人员将行李物品放在 X 射线探测器上检查，X 射线探测器执机员负责观察分析每个物品的 X 射线透视图像，特别要注意分辨电池、导线、炸药等危险可疑物品。

**2. 精检**

经普检发现可疑人员，应对其进行精检。精检应在精检区利用专用仪器检查，如使用炸药探测器检查其衣服、手部是否沾染过炸药。经精检仍然不能确认安全的受检人，应对其搜身检查。搜身时，要重点检查被检人的腰部、腋下；如果被检人是女性还要特别检查胸部；如果被检人是肢体残疾者，还要特别注意检查残疾处。

经 X 射线探测器普检的物品，如没有发现异常现象，可认为是安全物品。如在 X 射线透视图像上发现了违禁品和可疑情况，执机员要提示安检员对这些可疑物品进行开包开箱精检。开箱开包检查时既不要损坏箱内物品，也不能粗心大意或放过可疑情况。必要时可使用炸药探测器、液体检查仪配合检查。

以上介绍了搜爆安检的基本程序和实施方法，如图 6-19 所示。搜爆人员在现场发现了可疑或疑似爆炸物时，应组织进一步精检和分析，如确认为爆炸物，应立即转为爆炸物现场处置状态。同时，搜爆人员可视情采取必要的应急处置措施，并上报情况协调专业排爆力量处置。

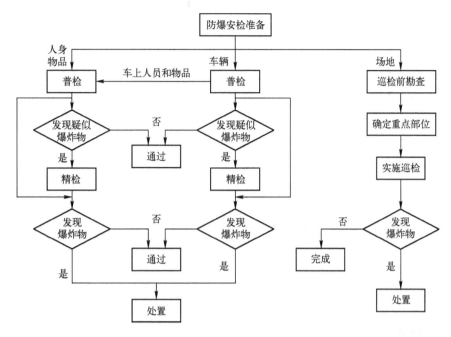

图 6-19　搜爆安检流程

## 6.2.6　搜爆现场应急处置

搜爆安检现场出现突发情况时，需要及时采取措施进行应急处置，以争取主动控制事态发展，尽可能最大限度减小危害和损失。下面以人身、车辆搜爆安检现场为例进行介绍。

**1. 人身搜爆安检现场突发情况**

1）爆炸物应急处置

（1）携带可疑物。

① 分离人、物。检查过程中如发现爆炸可疑物，检查人员应迅速将人、物分离，控制好爆炸物携带者。

② 采取应急措施。利用现场配备的防爆器材采取应急措施，由专人将爆炸物移至防爆容器内或加盖防爆毯。

③ 上报情况请求支援。此时带班负责人应迅速将情况上报领导，并请求专业排爆人员前来进行进一步处置。

④ 疏散人群。向安检通道前负责维持秩序的有关工作人员通报情况，阻断入场人流，将现场其他无关人员向外疏散。

（2）持爆炸物挟持人质。

① 上报情况请求支援。如有犯罪嫌疑人携带爆炸可疑物或自称携带有爆炸可疑物，在安检现场挟持人质或扬言自爆的，带班负责人应迅速将情况上报，以便有关各方面处置人员按相应预案尽快进行处置。

② 疏散人群。向安检通道前负责维持秩序的有关工作人员通报情况，阻断入场人流，将现场其他无关人员向外疏散。

③ 稳定嫌疑人。在此过程中，安检人员应采取措施稳定犯罪嫌疑人情绪，尽可能阻止其进入场馆住地。

④ 观察装置情况。安检人员应注意观察犯罪嫌疑人所持爆炸可疑物特征，发现其起爆方式，估算其大致重量，为下一步处置工作提供重要信息。

(3) 匿名威胁爆炸。

① 上报情况。如安检现场接到匿名电话威胁将要发生爆炸，或接到友邻单位通报同样情况的，带班负责人应迅速将情况上报。

② 开展自查。组织本岗工作人员对工作岗位周边范围进行细致自查，注意发现来历不明的物品。

③ 疏散人群。必要时可根据上级指示将现场其他无关人员向外疏散，同时关闭安检通道，等待专业搜爆人员前来处置。

(4) 人体炸弹。

① 疏散人群。在安检现场如发现携带爆炸装置试图强行冲入场馆住地，进行自杀爆炸袭击极端情况的，安检人员应立即高声示警，将现场其他无关人员迅速向外疏散，最大程度减少爆炸可能导致的人员伤亡。

② 强行制止、分离人物。安检人员应当协助现场处突力量制服袭击者。努力将起爆装置与犯罪嫌疑人分离，阻止爆炸发生。必要时依照反恐处突方案，狙击手可现场将自杀袭击者击毙。

③ 上报情况。带班负责人应迅速将情况上报，对缴获的爆炸装置进行进一步处理。

(5) 发生爆炸。

① 开展自救互救。如在安检现场突发爆炸，安检人员应迅速开展自救互救，尽可能减少人员伤亡。

② 上报情况。带班负责人应迅速将情况上报，以便救护人员和其他应急处置人员能尽快前来处置。

③ 保护现场。控制现场，防止无关人员趁乱混入场馆住地或做坏现场痕迹。

④ 发现未爆装置。注意观察发现是否存在未爆装置，防止二次爆炸对幸存人员和救援人员造成伤害。

2) 放射性物品应急处置

(1) 确定来源。在现场如射线探测装置发出报警指示有放射源，安检人员应迅速判断发现放射源位置，是放射性物品的可暂时放置在X射线探测器通道内以降低辐射危害。

(2) 上报情况。带班负责人迅速将情况上报，请求专业人员前来进行进一步处置。

(3) 疏散人群。如辐射强烈情况严重的，经请示上级同意，可将现场其他无关人员向外疏散，同时关闭安检通道。

3) 危险物品应急处置

(1) 分离人物上报情况。如发现入场人员携带有枪支及管制刀具等危险物品，应立刻将危险物品扣留，控制好可疑人并对其进行初步审问，迅速将情况上报。根据指示，可将可疑人及其所携带违禁物品一同移交治安部门处理。

（2）机智勇敢确保安全。如遇犯罪分子逃避安检企图行凶时，安检人员应首先利用手中警械具或其他物品进行抵挡保证自身安全，然后协助现场处突力量将犯罪分子制服。如犯罪分子持枪无法制服时，应尽量寻找合适的地方进行躲避，高声示警向外疏散无关人员并迅速上报领导请求支援，以免付出不必要的牺牲。

（3）做好防火准备。对于检查发现的易燃物品已发生燃烧的，应使用现场配备的灭火器进行扑救，拨打火警电话报警。

（4）做好防毒准备。对于检查发现的剧毒物品可能泄漏的，应组织群众迅速疏散或卧倒，避开迎风的地方，利用手帕、毛巾、衣物等进行自我防护或加盖在毒源上，尽量遏制毒源不再扩散，以免造成更多的人员中毒。

4）发生拥挤骚乱应急措施

（1）入场人群发生拥挤骚乱。

① 上报情况。在入场人群发生拥挤骚乱时，安检人员应迅速将情况上报，必要时应当申请调配警力增援。

② 做好人员控制。由于入场处一般都设置有有效的人流疏导限流措施，入场人员发生拥挤骚乱一般是由于少数人急于进场寻衅所致，人数较少。此时，安检人员应在确保自身安全的前提下，与现场工作人员、治安力量一同将骚乱人群限制在安检现场附近，待事态平息、秩序恢复正常后进行补检，尽量避免未经安检观众进入场馆情况的发生。

③ 暂时停止放行。在此同时，应当向安检通道前负责维持秩序的有关工作人员通报情况，要求暂时停止入场，以避免拥挤骚乱情况进一步恶化。

④ 发现控制闹事人。安检人员要注意发现挑动闹事、制造骚乱的带头人，报告相关管理部门，按有关规定对其进行处置。

（2）场内人群发生拥挤骚乱。

① 确保自身安全。当场内发生骚乱，人流大量外涌时，安检人员应当注意保护自身安全，情况允许时应将设备移开减少损毁。

② 协助疏散人群。采取各种可能措施开放出场通道，协助疏散人群尽快离开现场，避免拥挤踩踏、群死群伤事件的发生。

**2. 车辆搜爆安检现场突发情况**

1）爆炸物品应急处置

（1）控制可疑人。根据检查程序，在车辆接受防爆安全检查时，驾驶员应当使汽车发动机熄火，拔下车钥匙，离开驾驶室进行登记。如在检查过程中发现车辆内或底盘下安置有爆炸装置或放射源迹象，检查员应立即向负责登记的带班负责人报告，并协助其对可疑驾驶员进行有效控制，注意发现其身上可能藏匿的各类遥控起爆或发射装置。

（2）上报情况。带班负责人在疏散现场无关人员的同时。应及时将情况报告上级，请求专业处置力量前来进行处理。

（3）转移覆盖。如所在位置极其重要或者即将有重要目标经过的，且发现的可疑爆炸装置与车辆无明显连接认为不是联动爆炸装置的，可以由一名安检人员上前将可疑爆炸装置转移到大厅外相对安全的地点，并用防爆毯覆盖，或投入车检大厅配备的防爆罐内。

（4）拖离现场。如所在位置极其重要或者即将有重要目标经过需要尽快转移的，但发现的可疑爆炸装置与车辆有连接认为可能是联动爆炸装置，应使用拖车将可疑车辆拖离现场。注意此时不能将可疑车辆发动驶离，以免触动藏匿的开关引发爆炸。

（5）请求支援。对于发现车上有放射源的，应当请求相应部门专业人员前来处理，情况紧急的可参照以上措施处置。

2）管制刀具等危险物品应急处置

（1）控制可疑人。在检查过程中，如发现车辆内藏匿有枪支及管制刀具等危险物品，应迅速控制可疑驾驶员，注意检查发现其是否随身携带有其他危险物品。

（2）在有效控制嫌疑人之后，带班负责人应及时将情况报告上级。

（3）移交处理。根据上级领导指示，由带班负责人将可疑车辆、驾驶员及查出的危险物品移交有关部门处理。

3）发生驾车冲撞应急措施

（1）上报情况。当有车辆在进入车检大厅后拒不停车，或者被检车辆在被发现有危险品后驾驶员挣脱控制发动车辆强行冲撞的，安检人员应在高声示警的同时，将情况迅速、准确地报告上级，由有关人员及时阻截可疑车辆。

（2）做好自身和设备防护。在发生驾车冲撞时，安检人员要注意保护自身安全，在可能的情况下还要做好设备的保护。

（3）做好协助灭火救助准备。对于由于驾车冲撞引起的火灾或人员伤亡等情况，安检人员应配合有关人员进行灭火和救助。

## 6.3　简易爆炸装置现场处置方法

简易爆炸装置现场处置主要分两种情况：一是在安检搜爆现场发现了疑似爆炸物需要采取的应急处置方法；二是专业排爆分队（小组）到达现场采取的专业处置方法。

### 6.3.1　应急处置方法

一般来说，对搜爆现场发现的可疑爆炸物，原则上不要轻易触动，应请求专业排爆队前来处置。但在此之前，安检搜爆人员、先期赶到的一线人员或保卫人员应对疑似爆炸物采取一些应急防护措施和处置手段，尽最大可能降低爆炸发生时造成的损害程度。在实施应急处置过程中，应以确保人员安全为原则，采取适宜的应急处置方法。

**1. 防爆毯覆盖**

1）适合条件

如果预估装药量小于1kg的爆炸物，如果没有被移动过，又没有马上将其移走的必要时（如在场馆外围等并不是人们必经之路发现了爆炸物），可以用防爆毯就地苫盖在爆炸物上，设置警戒线，等待排爆专业人员前来处置。

2）实施方法

先选择一个安全处理点（一般距离爆炸物50~80m或有坚固遮蔽物的地方），在处理点准备防爆毯。先由一人接近爆炸物,用防爆围栏围住爆炸物,再由两人分别扯住防爆毯四角,苫盖在爆炸物上。如果现场没有围栏或爆炸可疑物较大,现成的围栏不足以围挡住爆炸可疑物时,可以利用现场地形地物作临时支撑物,再盖防爆毯。

3)注意事项

切忌用防爆毯包裹爆炸物。因为防爆毯一旦包裹、捆扎爆炸物,就会失去泄爆空间。产生的威力会更大。将防爆毯虚盖在爆炸物上(苫盖),不可用力压实。避免因用力触碰引发意外爆炸。

**2. 液氮冷冻法**

液氮器材一般是一个盛满了液氮($N_2$)的钢桶或铁桶。液氮是无色无臭无毒易发挥的液体,密度 $0.808g/cm^3$($-195.8℃$),熔点$-209.8℃$,沸点$-195.8℃$,可用来临时存放爆炸物。液态氮蒸发时吸收热量可使桶内的温度下降到$-198℃$,很多物质放入后,其物理化学性能就会有所改变,使某些爆炸物在一段时间内失效。通常炸药和火工品的使用温度为$-40\sim+50℃$,电子元件的使用温度为$-40\sim+70℃$,所以把爆炸装置浸没在液氮中,可以使其部件冻坏或失效,以便在失效状态下进行安全处理,保证排爆人员的安全。

1)适用范围

(1)机械钟表定时爆炸物,被浸入液氮3s后,机械钟表体停止走动。

(2)各种电起爆的爆炸物,被浸入液氮90s后,电力起爆系统失效。

(3)液氮可使导火索的燃速减慢,在短时间内不能使之失效。

2)注意事项

(1)液氮是一种易挥发的液体,爆炸物放入容器后,要定时检查液氮的数量,不足时及时补充。

(2)液氮是一种超低温液体,人的皮肤接触后,会造成冻伤,因此操作时要注意防护。

(3)经过液氮浸泡爆炸物被取出后,过一段时间仍可恢复原来的功能,为此要格外注意。

3)适用条件

如果爆炸物已经被人拉动或提动过,且爆炸物内有钟表走动的异响声(如在小件包裹寄存处发现了一个逾时无人认领且其内部有嘀嗒声的小木箱),可以用液氮冷冻爆炸物。

4)实施方法

先将爆炸物放入一个能盛放爆炸物的封闭容器内,将液氮缓慢倒入,浸没爆炸物。之后始终保持液氮浸没爆炸物的状态,直到排爆专业人员到来,将冷冻状态的爆炸物取出,小心迅速分解。

**3. 放入防爆容器**

1)适用条件

如果爆炸物已经被动过,可以将其投入到事先设置在附近的防爆容器内,等待专业排爆人员前来处置。

2) 实施方法

一线安检人员轻拿发现的爆炸物，平稳地将其轻放入防爆罐内，而后盖上抗爆盖。放置抗爆盖的正确方法是双手拿两条带（或边），使抗爆盖挡住操作人员的头、胸和手，然后迅速放在罐上躲开。如有防爆毯再盖上效果更佳。

3) 注意事项

使用此方法进行处置时，要特别注意防爆罐的设计抗爆能力，只有当估计爆炸物内的炸药量小于防爆罐的设计抗爆能力时，才能将其投入防爆罐内，否则一旦发生爆炸将造成更为严重的后果。

**4. 减弱爆炸威力**

如果发现爆炸物时，手头或现场没有任何应急处置器材和工具时，可根据爆炸杀伤作用原理，采取减弱爆炸威力的紧急措施。

1) 适用条件

无任何应急处置器材，不能使用前述方法时。

2) 实施方法

将爆炸物周围的钢铁硬物、玻璃片等较硬的东西移走，防止一旦发生爆炸，产生更多的弹片对周围人、物的杀伤。如果在室内发现了爆炸物，应将门窗打开，移走爆炸物周围的大衣柜、桌子、床等阻挡物，以利发生爆炸时爆炸冲击波的泄散。将爆炸物周围的易燃、剧毒物移走，防止一旦发生爆炸，形成大火或泄漏剧毒气体等。总之要尽可能采取一切减弱爆炸威力的方法。

3) 注意事项

不要触动爆炸物。

### 6.3.2 专业处置方法

**1. 处置方法及选择**

现场专业处置方法，是指专业排爆人员运用专业排爆器材，按照专业程序要求，对爆炸物在现场进行专业性处置，以解除现场的爆炸危险。现场专业处置方法，主要包括在现场对爆炸装置进行最终的人工排除、解体失效、现场销毁、转移等处置方法。

人工排除法，是指排爆员着排爆服运用排爆工具拆除爆炸装置，分离炸药、火工品等组件，暂时解除现场的爆炸危险。这种方法，一般是对疑似爆炸装置进行探测识别和移动试验后，排爆员清楚其内部结构无反排装置，有绝对的安全把握且由于案情需要或地点特殊等必须采取人工排除，不得已而采取的方法。

解体失效法，主要包括利用爆炸装置解体器、高压水射流切割、小量炸药或水压爆破等非诱爆式失效手段，使爆炸装置结构解体，炸药火工品分离，现场爆炸危险暂时解除的一种方法。这种方法，适用于爆炸装置内部结构复杂，难以识别清楚；周围有重要目标，不允许现场发生爆炸或案情分析需要等情况下。特别注意：如果爆炸装置含敏感装置，采取这种方法有引爆的可能性，需要采取一定的防护措施或预案，万一发生爆炸，使其引起的危害安全可控。如声控装置，使用爆炸装置解体器时，在起爆火药弹的同时可能提前触发引爆声控装置。

现场销毁法，主要包括利用集团或聚能装药诱爆炸毁、燃烧法烧毁、用枪射击引爆、定向能武器销毁等在现场（就地、就近）销毁爆炸装置的方法。这种方法，适用于爆炸装置内部结构不明没有把握人工排除或带有反排装置，现场允许爆炸或燃烧，危害安全可控的情况下。

转移法，是指在现场利用排爆绳钩组、排爆机械手、排爆机器人将疑似爆炸装置放入防爆容器转移，或直接将其转移至安全地点，以解除现场的爆炸危险。这种方法，适用于爆炸物处于重要场所或敏感区域，现场处置时间受限，且具备移动转移条件的情况。在飞机和车船上发现爆炸物，可迅速转移、投抛到车船和飞机以外的安全地域。转移到安全地点销毁时，要派出警戒，防止无关人员误入危险区。销毁完毕，应组织人员对销毁场地进行严密细致的清理，以防留下隐患。

现场专业处置时，具体选用哪种方法，排爆指挥员和主排爆员要根据处置的具体对象、场合、时机、条件、要求等进行综合评估，研究确定。一般的原则是：按照转移优先、现场销毁为主、解体失效为辅、人工排除慎选的顺序，在确保排爆人员安全的前提下合理确定处置方法。

**2. 处置的一般原则**

爆炸物处置是一项十分危险的专业工作，排爆人员必须具备较全面的专业技术知识和过硬的排爆技能，遵守爆炸物的处置原则、处置方法、处置程序、安全规则及注意事项。为防止在排爆工作中发生意外，必须采取严格的安全防护措施，为排爆人员配备足够的防护器材，以保证排爆人员的人身安全，同时应严格按照安全规程进行操作。

爆炸物处置的一般原则：一是专业化处置，排爆专业人员运用专业器材按照处置原则、流程和措施对爆炸物现场进行专业处置。二是最少接近，在爆炸物现场尽可能不接近或不接触爆炸物，尽可能减少同时接近或接触爆炸物的人员。能够遥控处理的，不应接近处理；能够接近处理的，不应直接接触。三是方法科学，尽可能不使爆炸物在现场发生爆炸，按照转移优先、销毁为主、人工慎选的顺序合理确定处置方法。同时要做到封控现场迅速，访问调查到位，检查目标细致，器材运用合理，安全措施到位，把风险降到最低。

**3. 处置的安全规则**

为了顺利完成爆炸物现场处置任务，确保作业人员安全，在处置爆炸物时，作业人员应遵守以下安全规则：

（1）发现爆炸物后，立即封控现场；预备齐全所使用的器材，使用防护装具。

（2）未接受过专业训练的人不准从事排爆工作，排爆时应最大限度地减少直接操作人员。

（3）不要轻易触动爆炸物，不能仅凭外形尺寸判断爆炸物的威力，不轻易相信可疑物上的标志、说明和定时爆炸物上所指示的时间。

（4）排爆现场不使用除频率干扰仪以外的其他无线电设备和无线电通信工具，排爆人员要考虑防静电、防感应电流、防射频电流等外界电能的影响。

（5）人工排除前，仔细检查有无诡计装置和反拆卸装置，特别应注意防拆装置和水银接点、钢珠滑动等反能动装置，查清起爆装置和电源的连接方法以及发火原理，严禁盲目行动。

（6）查明外露铁丝、绳索、导电线与爆炸物的关系后，再进行处置，不要随便松开其捆线和拉动其绳线；不要用常规方法开启可疑物。

（7）尽可能不要在现场排除爆炸物，应尽快将爆炸物转移到安全地点处置；不要把室外的爆炸物移至室内排除；不要将爆炸物投入水中或者在水中排除；排爆现场要保持安静，严禁高声喧哗。

（8）发生意外情况时，应按照指挥员的指示行动，不得蜂拥而上，以免造成更大的伤亡。

（9）要注意保护爆炸物上的痕迹和物证；不要把排除爆炸物的方法和案情告诉无关人员，以防泄密。

### 6.3.3 处置流程及措施

简易爆炸装置现场，是指确定有、疑有和疑似爆炸物的未爆现场和已爆现场，通常可分为疑似爆炸物现场、疑有爆炸物现场、持爆威胁现场、爆炸现场和爆炸袭击对抗现场等。遵守涉爆现场的处置原则和程序，是排爆人员成功处置涉爆现场的根本保证，是防止在排爆工作中由于排爆人员或外来干扰等原因发生意外爆炸事故的必要条件。

**1. 疑似爆炸物现场处置**

1）疑似爆炸物现场的处置原则

除应遵循一般原则外，还应遵守下列处置原则：

（1）搜排结合。在发现疑似爆炸物的现场，进行排爆操作时应兼顾对中心现场区域和现场周围的搜爆。

（2）慎用手工拆解。只有在爆炸装置结构简单、内部组成清楚、外包装破拆难度不大，且处于非定时起爆状态下，经现场指挥长批准，可对爆炸装置进行手工拆解。

2）先期处置

先期处置采取的措施要求包括：

（1）设立警戒范围，保护现场，疏散群众，对警戒范围外附近的道路和路口应实施交通管制。

（2）消防、救护人员在现场外围集结待命、做好救援准备。

（3）及时控制与追踪现场犯罪嫌疑人。

（4）初步判明情况、及时上报情况。

（5）先期处置的人员不能触动或移动疑似爆炸物，并尽可能远离疑似爆炸物。

（6）必要时切断现场电源、煤气、水源，移除现场易燃易爆物品等，等待专业处置人员的到来。

3）专业处置

（1）排爆准备。准备工作的内容要求包括：了解和观察疑似爆炸物以及现场环境情况；划分中心现场区域，确定现场指挥位置及防爆设施或掩体，确定现场排爆人员快速撤离路线、爆炸物转移路线；确定人员分工，着相应爆炸防护装备；准备所需器材。

（2）频率干扰。设置频率干扰仪，应使疑似爆炸物处于其有效干扰半径范围内；在设置频率干扰仪的行进路线上可先行搜爆。

（3）现场观测。现场观测的措施要求包括：如果疑似爆炸物没有被触动、移动，可在中心现场范围外借助望远镜仔细观测；借助爆炸防护装备可进入中心现场进行观测，观测可能的起爆方式、外包装特点，估计疑似爆炸物的装药重量，必要时扩大警戒范围。

（4）现场记录。现场记录的措施要求包括：借助爆炸防护装备抵近中心现场区域拍摄疑似爆炸物以及现场照片、录像；拍摄疑似爆炸物被原地摧毁后或转移过程中的现场照片、录像。

（5）现场搜爆。现场搜爆的措施要求包括：对中心现场区域内外，分别进行搜爆检查，查清是否还存在其他的疑似爆炸物；根据疑似爆炸物所处现场环境情况，决定搜排结合的顺序；搜爆人员之间应保持适当的安全距离。

（6）现场检查。现场检查的措施要求包括：现场检查通常于爆炸物转移前进行，也可于机器人转移后进行；使用便携式 X 射线探测器，检查疑似爆炸物内部结构；可使用排爆机器人、排爆机械手、绳钩组之一种工具进行移动试验，测试爆炸物能否被安全移动而不发生爆炸；宜采样的，可采取少量样品用炸药探测器或炸药显示试剂进行检测，判明是否为炸药或何种炸药。

（7）现场处理。现场处理的措施要求包括：确定是爆炸装置，可使用爆炸装置解体器就地解体爆炸装置；转移过程中有发生爆炸危险的爆炸物，可使用合适的销毁方法就地销毁爆炸物；若爆炸后会对周围建筑造成明显损害以及不良的政治影响和社会影响，可遥控转移处理；确定是安定性爆炸物，可转移至爆炸物储存点存放或转移至合适地点处置；符合手工拆解非制式爆炸装置条件的，宜采用侧面开洞法破解其外包装；处理室内爆炸装置前，应先打开门窗以便泄爆；不应将室外的爆炸装置移至室内处理。

（8）现场移交。爆炸装置被解体后，应仔细收集并拍摄爆炸装置残片，照片与录像应能真实反映是否为爆炸装置；应对炸药称重，填写现场移交登记表格，说明爆炸物原存放处、转移摧毁过程及结果，移交现场。

（9）后期处置。后期处置的措施要求包括：撤销封控现场、恢复交通；确定是爆炸装置的，可复原制作模拟爆炸装置，并附文字、图片说明爆炸装置的构成与起爆机理。

**2. 疑有爆炸物现场处置**

疑有爆炸物现场的处置原则，除应遵循一般原则外，还应遵守处置原则：不置疑，即宁可信其有、不可信其无。

1）先期处置

先期处置采取的措施要求包括：

（1）设立警戒范围，保护现场，疏散群众，警戒范围应包括整个威胁爆炸区域；根据威胁信息的时间、场所、威胁程度等情况，由现场指挥员决定是否疏散群众及疏散范围。

（2）确定疏散群众的，应明确疏散范围并设置警戒范围，对警戒范围外附近的道路和路口应实施交通管制。

（3）控制事态发展，宜与威胁者保持通信通话，尽可能获得更多的信息。

（4）若威胁无明确指向具体的爆炸部位，可组织指挥该场所内部人员先对各自岗位及周边进行自查。

（5）初步判明情况、及时上报情况。
2）专业处置
（1）频率干扰。可设置频率干扰仪，应使搜查范围处于其有效干扰半径范围内。
（2）现场搜爆。现场搜爆的措施要求包括：有明确袭击部位的，以及外来人员能够到达的公共区域等重点部位，应由专业搜爆人员进行搜爆；现场搜爆发现疑似爆炸物之后，应转入"疑似爆炸物现场"处置流程。
（3）现场移交。现场搜爆未搜出疑似爆炸物，即移交现场。
（4）后期处置。撤销封控现场、恢复交通，恢复该场所的正常秩序。

**3. 持爆威胁现场处置**

1）处置原则
持爆威胁现场的处置原则，除应遵循一般原则外，还应遵守下列处置原则：
（1）确保人质安全。人质安全获救是衡量处置是否成功的标准，确保人质安全获救应贯穿于处置行动的全过程；处置初期要利用一切机会或尽可能创造机会，实现人质与爆炸物分离。
（2）谈判为上。根据持爆劫持人质的特殊性，应把谈判作为所有处置方法的上策。
（3）措施相适应。成功实现人质与爆炸物分离的现场，或利用爆炸物准备自爆的现场，若犯罪嫌疑人没有实施使他人遭受严重伤害的行为，应尽最大限度劝降。

2）先期处置
（1）持爆炸装置劫持人质或扬言自爆的现场先期处置的措施要求。占据有利地形、控制现场局势，防止意外引爆；设立警戒范围、疏散群众，警戒范围以距爆炸装置半径不小于80m且围观群众看不到持爆者的距离为宜，对警戒范围外附近的道路和路口应实施交通管制；消防、救护人员在现场外围集结待命、做好救援、救护准备；对持爆胁迫人质逃窜的劫持者，可设置障碍、围追堵截；初步判明情况、及时上报情况。
（2）持爆炸装置欲自杀式袭击的现场先期处置的措施要求。占据有利地形、包围遇袭现场、控制事态发展；对围控范围外附近的道路和路口实施交通管制；可设置防汽车炸弹的路障、使用搜爆犬等措施，加强重要场所防爆炸、防袭击措施；加强遇袭地点的警戒措施，防范恐怖分子袭击现场抢险救援人员；初步判明情况、及时上报情况。

3）专业处置
（1）频率干扰。频率干扰的措施要求包括：可设置频率干扰仪，应使干扰目标处于其有效干扰半径范围内；必要时应联系相关部门关闭现场附近的通信基站。
（2）现场侦查。现场侦查的措施要求包括：远距离观察犯罪嫌疑人的行为，是否持爆炸物，是否暴力犯罪团伙，是否持有恐怖组织信仰的旗帜、标语、横幅等，是否有继续进行爆炸袭击的迹象等；注意发现、查获现场外围未暴露的犯罪嫌疑人的同伙；做好现场甄别、避免误伤无辜群众；借助望远镜仔细观察、判断其所持爆炸装置的真伪，确定是导火索起爆还是电起爆，按钮开关是压发还是松发式，估计爆炸装置的装药量，划分中心现场区域。
（3）谈判。开展谈判要求：谈判者与爆炸装置之间应保持安全距离；在谈判过程中进一步确认爆炸装置的真伪和起爆方式。

（4）检查爆炸物。检查爆炸物要求：犯罪嫌疑人投降后，令其将爆炸装置从身上取下，将其带离现场；犯罪嫌疑人被制服或击毙后，排爆人员应先对其身上的疑似爆炸物进行鉴别；鉴别不是爆炸物，移交现场；鉴别是爆炸物，应及时处置爆炸物。

（5）处置爆炸物。应迅速将犯罪嫌疑人与爆炸物分离，对爆炸装置进行解体操作或转移处理。

（6）现场移交。爆炸物处置完毕，移交现场。

（7）后期处置。后期处置的措施要求包括：勘查取证，清理现场；核对现场伤亡人员的身份、数量，核对现场相关人员的身份，统计现场财产损失情况；撤销封控现场、恢复交通；必要时应复原制作模拟爆炸装置，并附文字、图片说明爆炸装置的构成与起爆机理；及时摧毁制爆窝点，收缴爆炸装置、制爆原材料以及其他犯罪证据。

**4. 爆炸现场处置**

1）处置原则

爆炸现场的处置原则，除应遵循一般原则外，还应遵守下列处置原则：

（1）排险为先。首先应排除可能危及救援人员生命安全的险情，再进行救人救援，避免爆炸造成的次生危害发生。

（2）及时救援。不能等待爆炸现场的险情得到全部控制后再救人、救援；应针对被困人员较多、有幸存人员的部位，边排险边救援，树立争分夺秒的救人、救援意识。

（3）先搜爆后勘查。应对现场范围内以及现场外围彻底搜查，确定没有未爆的爆炸物后，才允许现场勘查人员进入现场进行勘查。

（4）保护爆炸物证。在现场处置过程中，尽可能避免破坏现场爆炸物证。

2）先期处置

先期处置采取的措施要求包括：

（1）保护现场、疏散群众。

（2）组织抢险救援、控制事态发展。

（3）控制与追踪现场犯罪嫌疑人。

（4）以大于发现的爆炸抛出物最远距离的 1.5 倍为半径划定现场警戒范围，严禁无关人员进入。

（5）对警戒范围外附近的道路和路口实施交通管制。

（6）如果爆炸发生在运行中的车辆上，要注意保护发生爆炸的原始地点、紧急停车抢救伤员与灭火排险地点、最后停靠点，以及此三点之间的路线。

（7）初步判明情况、及时上报情况。

3）专业处置

（1）现场访问。访问现场相关人员需要了解的情况包括：了解爆炸发生时间、爆炸现象等；查清现场是否存放爆炸物，是否存在爆炸的隐患等。

（2）现场搜爆。现场搜爆的措施要求包括：在控制与排除现场险情时，要迅速对爆炸中心范围及现场周围搜查疑似爆炸物；采用人工查看、警犬搜索、器材探测的配合检查方式，彻底检查是否还有未爆的爆炸物；必要时可使用无人机航拍巡查。

对发现的爆炸犯罪嫌疑人应迅速控制，检查其是否随身携带爆炸物后进行讯问；现场搜爆发现疑似爆炸物，应转入"疑似爆炸物现场"处置流程。

（3）现场移交。现场搜爆未搜出疑似爆炸物，即移交现场。

（4）后期处置。后期处置的措施要求包括：清理爆炸现场，撤销封控、恢复交通；对爆炸犯罪嫌疑人住处等相关场所搜查，进入时要注意防爆；应注意收集与现场爆炸物组成相同的制作原材料以及制作工具、制作参考资料、能够反映作案动机的证据等；排查爆炸物品来源，可复原制作模拟爆炸装置，并附爆炸现场照片、录像等现场记录，说明爆炸装置的构成与种类；可进行爆炸模拟试验。

**5. 爆炸袭击对抗现场处置**

这个现场一般是指双方正面进行武力对抗，且袭击者布设使用简易爆炸装置，多见于局部冲突中的战乱地区或战场环境。处置这个爆炸物现场时，除应遵循一般原则外，还应遵守的原则：提高警戒级别、快速反应、战斗处置、主动进攻、不妥协。处置的基本流程：火力警戒、现场侦察、政策攻心、武力攻坚、设卡围捕、现场销毁、摧毁制爆窝点，准备抢险救援。

## 6.4　典型爆炸物现场处置

### 6.4.1　简易爆炸装置分类处置

**1. 投掷类装置**

投掷类爆炸装置是一种手榴弹式的爆炸物，其结构比较简单，如各种自制手榴弹、自制手雷、炸药包、玻璃瓶炸弹、铁皮罐头盒炸弹、水泥壳炸弹等。此类爆炸装置主要用于近距离破坏，可直接将其投向预定的目标，如投向院内，砸坏门窗投入室内及会场等场所。投掷类爆炸装置既有导火索点火的，也有拉火管点火或火帽拉火的。当此类爆炸装置处于非发火状态时，是相对安全的，只要按照一定的方法小心分解引信和弹体或转移销毁即可。

投掷类爆炸装置一般由外壳、炸药、雷管、导火索等组成，用拉火管或火帽点燃导火索，导火索燃烧使雷管爆炸，引爆炸药爆炸，炸碎外壳，产生爆炸杀伤效应。

常见的投掷类爆炸装置如图 6-20 所示。

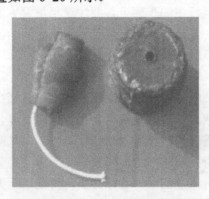

图 6-20　自制手雷示意图

(1) 导火索已点燃。处于待发状态，在导火索自然外露的情况下，迅速测定导火索燃烧的位置，估计即将爆炸的时间。可用观察法和手感法测定。

观察法基于"燃烧过的导火索呈黑色、未燃部分呈白色"的现象确定燃烧部位；手感法则是基于燃烧过的导火索温度高（烫手）、未燃部分呈正常温度。据此确定导火索燃烧部位，并快速选定排除方法：

① 用剪刀从导火索的根部剪断。
② 用手将导火索拉出。
③ 移至安全地带。
④ 来不及排除时人员要紧急躲避。

(2) 导火索未点燃。处于非待发状态，不会爆炸，采取人工解体方法，分离炸药、雷管、导火索。

**2. 触发类装置**

1) 压发型爆炸装置

一般由压力弹簧、炸药、电雷管、电池、导线、极片、伪装物等组成，电路中的正负极靠弹簧的支撑力处于断路状态。示意图如图 6-21 所示，外力的大小由弹簧力决定。

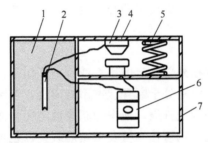

1—炸药；2—电雷管；3—金属触点；4—上盖；5—弹簧；6—电池；7—外壳。

图 6-21 直压式 IED 示意图

排除方法：该型结构的爆炸装置，主要是其伪装方式变化不定，一定要根据不同情况，具体对待。一般情况，可在保证不对爆炸装置施加外力的情况下，先用 X 射线探测器、窥镜等进行检查，以判明内部结构；如果是有上下行程电极接触的机构，先从靠电极一侧打开或钻孔；剪断导线；取出电池；拆开包装，分离取出炸药和雷管。

2) 拉发型爆炸装置

拉发型爆炸装置有机械发火和电力点火两种，机械拉发发火有两种方式：一是直接撞击发火；二是摩擦发火。电力点火的拉发也有两种方式：一是设置好的电路处于断开状态，当某一组合部件受拉后，电路闭合，引爆电雷管；二是在电路中两个接点之间用绝缘体隔开，当绝缘体被拉出后，电路接通，使电雷管爆炸。

以手提包拉发式装置为例，该装置由拉火管、导火索、火雷管和炸药组成。拉火管固定在手提包的衬里上；拉火管的拉柄（或拉线）连接一根较长的拉线，并将另一端固定在手提包拉锁的拉头上，结构示意如图 6-22 所示。

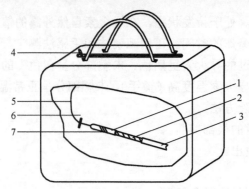

1—拉火管；2—导火索；3—火雷管；4—拉锁拉头；5—拉线；6—炸药；7—固定线。

图 6-22　手提包拉发式 IED 示意图

排除方法：

（1）剪断拉线，宜在拉锁末端将手提包打开，或从侧部开口，然后剪断拉火管拉线。

（2）取出拉火管和火雷管。

（3）将拉火管与火雷管分离。

注意：必须准确地判明手提包内的起爆装置是拉发还是松发，防止在剪断拉线时导致松发爆炸；拉火管的拉线有可能连接在与手提包相邻的物品上，所以不要轻易移动手提包。

3）松发型爆炸装置

爆炸装置中的起爆装置在外部一定的压力或拉力作用下，使机械引信受到控制不能打火，或使电力起爆装置的线路处于断开状态不能闭合。当起爆装置所受的压力或拉力被解除后，机械引信失去控制而打火，或电力起爆线路闭合而接通，将电雷管引爆。使用这类起爆方式的爆炸装置，均可称为松发型爆炸装置，也可称为减压型和去压型爆炸装置。

以松发简易诡雷为例：该爆炸装置由外壳、压盖、弹簧片接点、绝缘压杆、电池、电雷管和炸药组成。外壳用木盒、纸盒或罐头筒制成，两个弹簧片接点各连接有导线，并固定在一块绝缘板上。绝缘压杆用木块制成，固定在压盖上，将上部的弹簧片压下，使两个弹簧片分离。结构示意如图 6-23 所示。

排除方法：用绳子将压盖与外壳捆成一体；将外壳的侧部或底部打开；倒出炸药；剪断导线；取出雷管和电池。

**3. 延时类装置**

延时类爆炸装置根据时间控制的精度，可分为延期型和定时型。延期的时间相比定时装置误差较大，主要有利用导火索延期、机械延期、衰竭电路延期、化学延期等方式。定时型爆炸装置主要有利用钟表定

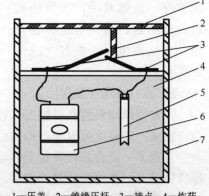

1—压盖；2—绝缘压杆；3—接点；4—炸药；
5—电雷管；6—电池；7—壳体。

图 6-23　松发简易诡雷示意图

时机构、机械或电子定时器、民用电器定时器制作的定时爆炸装置。

1）衰竭电路式延期爆炸装置

利用继电器、电源构成的衰竭电路作为延期作用的爆炸装置，原理如图 6-24 所示。系统起动后，靠衰竭电路来控制继电器，使起爆回路处于断开状态，但随着时间推移，衰竭电路中的电池能源将被逐渐消耗，等到电流不足以维持继电器工作的最低电流时，继电器接点状态翻转，从而导通起爆电路，使电雷管起爆，引爆装药。

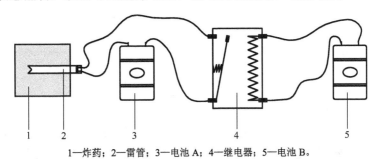

1—炸药；2—雷管；3—电池 A；4—继电器；5—电池 B。

图 6-24 衰竭电路式延期 IED 示意图

排除方法：一般不采用人工排除，而是就地销毁。需要人工排除时，应首先查清其电路构造，特别要查清诡计电路，先剪断靠近雷管的电线，再分离雷管、炸药，切勿剪错连线。

2）化学延期式爆炸装置

化学延期爆炸装置，主要是通过酸的腐蚀作用，腐蚀连接装有黑火药混合物容器的密封口，从而达到延期的目的。

一般可由盛装硫酸的容器、硫酸、黑火药混合物、炸药等部分组成，如图 6-25 所示。

处置方法：一般不采用人工法排除，应就地销毁。

3）石英钟定时装置

石英钟定时装置，主要有利用石英钟时针作为起爆电路触点开关改制成的定时爆炸装置，或利用石英钟蜂鸣器报鸣来接通起爆电路。

（1）石英钟时针触点定时装置。双股导线的一头从表塑料壳穿孔插入石英钟表面（根据插入点可确定其定时时间），露出金属丝向上弯曲，石英钟只保留时针，并在其表针缠有金属丝，使之成为导体，当时针同时碰到两个金属丝时，电路接通，如图 6-26 所示。

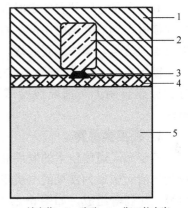

1—填充物；2—硫酸；3—瓶口软木塞；4—黑火药混合物；5—炸药。

图 6-25 化学延期式 IED 示意图

（2）石英钟蜂鸣器定时装置。石英钟闹铃蜂鸣器定时方式是从蜂鸣器引出一根导线，因其电流信号小，不足以起爆电雷管，其电流信号经过三极管放大电路后，可控制一个继电器开关。由继电器、电雷管、电池组构成一个串联电路，当石英钟定时时间到，蜂鸣器输出信号，电路接通。

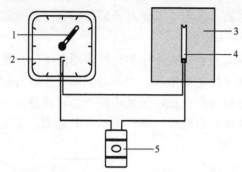

1—绕有金属丝的石英钟时针；2—导线接触头；3—炸药；4—电雷管；5—串联电池组。

图 6-26　石英钟定时 IED 示意图

4）机械定时装置

机械定时装置使用机械定时器控制 IED 按照预定的延时时间起爆。目前市面上的机械定时开关绝大部分都是延时断开的，即经过一段时间后断开电路。因此，使用这些定时开关制作 IED，一般需要对开关触头进行改造，或者采用断路发火电路。

5）电子定时装置

一般由外壳、炸药、电雷管、导电线、电源、电子定时装置等组成，高级的电子定时装置还包括单片机定时控制电路、定时时间设置电路、点火执行电路、输出装置等部分。利用电子定时装置的定时控制开关预定在某一时刻，当到达预定时刻，时标信号产生并被引入到放大电路中产生直流电，继电器工作，开关触点闭合，接通点火执行电路，输出点火信号，爆炸装置起爆。

以上定时装置的排除方法：一般不采用人工排除，应就地销毁。确需人工排除时，应在查明无防剪断保险或无其他线路后，应首先剪断为雷管供电的电线、切断电源。

**4. 遥控类装置**

随着无线通信技术的发展和无线遥控器件的普及应用，无线遥控爆炸装置已成为爆炸袭击活动中最为常见的一类形式。无线遥控爆炸装置一般由发射器、接收器、电池、雷管、炸药等组成，如图 6-27 所示。

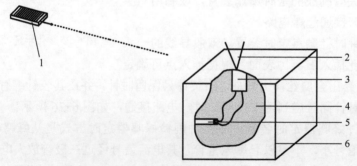

1—发射器；2—接收天线；3—接收器及电源；4—炸药；5—电雷管；6—外壳。

图 6-27　无线遥控 IED 原理示意图

遥控器件多由工业、民用遥控器，玩具遥控器，移动通信器材改制而成，遥控距离取决于发射和接收器的功率、通信模式、使用环境等。使用时，接收器安装在爆炸装置上，当它收到发射器发出的指令时，使爆炸装置起爆电路闭合，电路接通，雷管爆炸，引爆装药。

实际应用中遥控 IED 可以分为两类：一类是无线发射端不经过其他设备中继直接控制接收端，这类 IED 的遥控距离一般较近，可以称为近程遥控 IED。近程遥控 IED 可以采用无线收发模块控制继电器，市面上常见的无线收发模块载波频率为 230MHz、315MHz、433MHz、490MHz、868MHz、915MHz、2.4GHz 等。另一类是无线发射端经过其他设备（移动通信网络）中继后控制接收端，这类 IED 的遥控距离较远，可以称为远程遥控 IED。

排除方法：设置频率干扰仪；拆除接收器和破坏电路；移至安全地点分离电池、雷管、炸药。注意：现场禁止使用无线通信设备，需要分析判断装置是否还带有反排或定时的附属起爆装置，以免在排除时发生爆炸。

**5. 反能动类装置**

带有反能动机构的爆炸装置设置好后，在外界的作用下，如移动、震动、触动、拆卸等，则会发生爆炸，给排爆工作造成极大危险和困难。但是所谓的反能动，也是相对而言，并不是绝对不能动的，关键在于排除前要准确地识别它的结构和发火方式。如果判断识别不清，尽量在采取可靠的安全防护措施后，就地摧毁。

如果由于爆炸装置所设位置的周围环境所限，不具备在原地摧毁的条件时，可先在原地用液氮进行深度冷冻处理，在电路临时失效期间再装入盛有液氮的容器内，运往安全地点后，进行彻底处理。

1）自由触点式爆炸装置

以钢珠自由触点式为例，由绝缘盘、钢珠、电池和电雷管等组成。绝缘盘水平设置在装置中，盘的内缘贴有金属片，并在盘角处断开，留有一定的间隙，金属片与导线相连，并同电池和电雷管构成点火电路。当爆炸装置被移动时，钢珠便会滚动到绝缘盘的一角，同两个不同极性的金属片同时相接触，则点火电路被导通。

2）水平开关式爆炸装置

起爆装置主要是由一个水平开关起控制起爆的作用，常用的水平开关有钢珠触点式和水银触点式。

钢珠触点式开关，管子两端设置两个接触接点，当开关处于水平状态时，钢珠处于中间位置没有与任一端触点相接，开关未接通，无电流通过，如图 6-28 所示。钢珠是导电体，当装置被移动一定的角度时，钢珠滚动到管子的一端，接触到两个触点，则点火电路导通。

一般的水银开关，因重力水银珠会向容器中较低的地方流去，如果同时接触到两个电极，开关便会将电路接通。水银开关容器的形状会影响水银水珠接触电极的条件，水银开关容器的形状还有倒 V 字形的、多触点形的等。

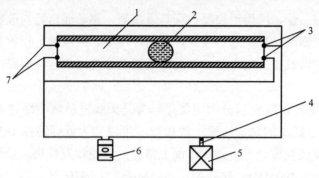

1—水平管；2—钢珠；3—触点；4—雷管；5—炸药；6—电池；7—导线。

图 6-28　钢珠触点式 IED 示意图

以上反能动 IED 的排除方法：一般不应人工排除，尽可能就地摧毁。一般处置方法如下：

（1）结构不清：采取安全措施后，就地摧毁。

（2）不能原地摧毁时：先在原地喷入液氮进行冷冻处理，在电路临时失效期间再装入盛有液氮的容器内，运往安全地点。

（3）如需人工解体：应原地原位 X 射线探测，查清其内部结构的基础上，保持爆炸物绝对稳定或将装置向触点难以接触的方向倾斜，然后从侧边开口，剪断雷管脚线，使点火线路不再构成回路，然后再分离其他部分。

**6. 传感器类装置**

随着科学技术的发展和普及，各种传感器在简易爆炸装置中的应用逐渐增多，包括气压、温控、声控、光电等各种类型传感器。

1）温控式爆炸装置

利用温度的变化来控制爆炸装置点火电路导通的时机。它的控制机构就是借助于温度的变化，可利用的温度传感器、温控开关类型很多，如利用某种金属物质的热胀冷缩原理来实现接触从而接通电路，由双金属片、电雷管、炸药等组成，如图 6-29 所示。

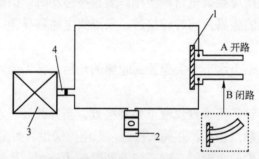

1—绝缘物；2—电池；3—炸药；4—雷管。

图 6-29　双金属片温控式 IED 示意图

由于两种金属的膨胀率不同，所以由两种金属复合而成的金属片在一定温度下受热后，会向一个固定的方向弯曲。调节两金属片之间的距离，可以控制发火的时间和温度。

在达到一定的温度和时间时，两金属片由于受热弯曲而接触，点火电路导通。

排除方法：在双金属片之间插入绝缘片；剪断导线；取出电池、电雷管、炸药。

2）光电接近开关装置

光电接近开关是利用被检测物对光束的反射，由同步回路选通电路，从而检测物体的有无。物体不限于金属，所有能反射光线的物体均可被检测。光电开关将输入电流在发射器上转换为光信号射出，接收器再根据接收到的光线的强弱或有无对目标物体进行探测。安防系统中常用光电开关设计烟雾报警器，工业中经常用它来记录机械臂的运动次数。

光电开关由发射器、接收器和检测电路三部分组成。发射器对准目标发射光束，发射的光束一般来源于发光二极管（LED）和激光二极管。光束不间断地发射，或者改变脉冲宽度。受脉冲调制的光束辐射强度在发射中经过多次选择，朝着目标不间断地运行。接收器由光电二极管或光电三极管组成，在接收器的前面装有光学元件如透镜和光圈等，其后面的是检测电路，它能滤出有效信号和应用该信号。光电接近开关发射和接收端配置形式和检测原理可以分为漫反射式、反射板式、对射式和槽式。

（1）漫反射光电开关爆炸装置。主要由漫反射光电开关、点火执行电路、电源、电雷管、炸药等组成，如图 6-30 所示。漫反射光电开关：集发射器和接收器于一体的传感器，当有物体经过时，发射器发射的光线反射到接收器，光电开关就产生开关信号，进而控制开关接通和关闭。点火执行电路：由放大电路和点火执行电路组成，保证输出足够点火能量，完成起爆。一般不排除，应就地销毁。

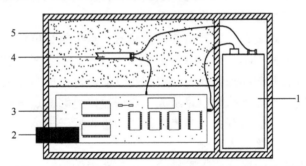

1—电池；2—漫反射光电开关；3—点火执行电路；4—电雷管；5—炸药。

图 6-30 漫反射光电开关式 IED 示意图

漫反射式光电开关根据使用光电晶体管的类型进一步可以分为 NPN 型和 PNP 型，根据开关功能可以分为常开型和常闭型。常开型检测到物体反射光（物体接近）时，开关闭合；常闭型检测到物体反射光（物体接近）时，开关断开。

（2）电感接近开关爆炸装置。电感式接近开关能检测各种金属物体，快速、无触点、动作可靠、性能稳定、使用寿命长、抗干扰能力强、防水、防震、耐腐蚀等特点，广泛应用于机械、化工、电力、安保等各个行业。电感接近开关，由 LC 高频振荡器和放大处理电路组成，产生一个交变磁场，当有金属物体接近这一磁场时就会在金属物体内产生涡流，从而导致振荡频率降低或停止，这种变化被后级电路放大处理后转换成晶体管开关信号输出。

电感接近开关 IED 主要由电感接近开关、点火执行电路、电源、电雷管、炸药等部分组成，如图 6-31 所示。当有金属物体接近时，传感器开关闭合，电路接通。点火执行电路由放大电路和点火执行电路组成，保证输出足够的点火能量，完成起爆。这种 IED 感应距离较小，一般用于针对接近 IED 的携带武器（金属）的武装人员或排爆人员，也可以用于制作分离起爆式 IED。一般不排除，应就地销毁。

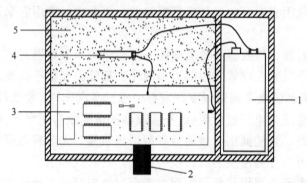

1—电池；2—电感接近开关；3—点火执行电路；4—电雷管；5—炸药。

图 6-31　电感接近开关 IED 示意图

电感式金属接近开关，根据使用的晶体管的类型可分为 NPN 型和 PNP 型；根据开关功能可以分为常开型（NO）和常闭型（NC）。常开型检测到金属物体时，会将负载接通；常闭型检测到金属物体时，会将负载断开。

（3）红外反射式爆炸装置。主要由红外传感器、点火执行电路、电源、电雷管、炸药等部分组成，如图 6-32 所示。红外传感器利用发射和接收红外线作为开关信号，当有物体经过时，发射器发射的红外光线被反射到接收器，进而控制开关的接通和关闭。点火执行电路由放大电路和点火执行电路组成，保证输出足够的点火能量，完成起爆。红外传感器一般使用红外反射式开关，是集发射器和接收器于一体的光电开关，开关本身还集成了继电器，可以直接接入负载。

光电接近开关类装置一般不应人工排除，应就地销毁。

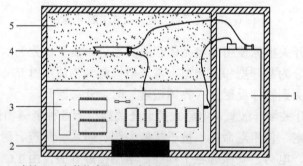

1—电池；2—红外传感器；3—点火执行电路；4—电雷管；5—炸药。

图 6-32　红外反射式 IED 示意图

### 7. 多元组合类装置

袭击者为了对付排爆人员和提高爆炸装置的可靠性,将几种起爆方式集中设置在同一装置上而制成多元组合式的爆炸装置。这类装置一般经过精心设计,结构复杂,所用的各种器件较多,掌握了相当丰富专业知识的人员才能制作。由于它是由多种发火方式组合而成,爆炸的可靠性较高,一经设置便很难排除。袭击者在制作此类爆炸装置时,可以根据自己掌握的知识以及能够得到的材料,将各种类型各种方式的爆炸装置的起爆方式组合搭配,制作出种类繁多、五花八门的多元组合爆炸装置。

譬如二元组合,就可将延时与触发起爆方式相结合,制成多种既能延时起爆、又能经触发而起爆的爆炸装置;可将延时与遥控起爆方式相结合,制成既能延时起爆又可通过遥控随时起爆的爆炸装置,等等。只要把两种不同的起爆方式设置在同一爆炸装置上,就制成了各种各样的二元组合爆炸装置。同样,还可以制成三元、四元等多组合的爆炸装置。

下面以继电器制作的二元爆炸装置为例进行说明。

该装置由定时和继电器控制的反拆卸起爆装置控制。装置中有两套电路和电源:一套是用来引爆雷管用的点火电路,包括连接定时器和继电器触点的两条点火电路,通常设置得较隐蔽;另一套是控制继电器工作的,设置较明显,设置时,将电源接通,在电磁铁的作用下,两触点不相接触,点火电路未导通,不会发生爆炸,如图 6-33 所示。

爆炸装置设置后,打开定时装置,进入工作状态,定时时间未到,该套电路不会接通,雷管不会被起爆;但在时间未到时,发现了该装置,特定人员或排爆人员误认为爆炸装置外侧的电池是电雷管的电源时,在断开其导线的瞬间,继电器线圈中的电流被切断,继电器的触点状态翻转,两触点接触,点火电路导通,电雷管爆炸,装药引爆。若在定时时间内没有人员切断继电器电流,则在定时时间到达时,由定时装置接通电路,使装置发生爆炸。

对于多元组合类爆炸装置,一般情况下不能人工排除,应就地摧毁或转移后销毁。

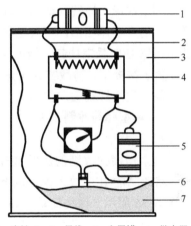

1—电池 A;2—导线;3—金属罐;4—继电器;
5—电池 B;6—电雷管;7—炸药。

图 6-33 二元组合爆炸装置示意图

### 6.4.2 弹药改制爆炸装置分类处置

战场上,军用弹药加装起爆装置后可以很容易地制作成 IED。弹药改制的 IED 多是利用地雷、炮弹、手榴弹、火具、炸药、引信等爆炸性器材临时制作和设置的,具有隐匿性较强、排除难度较大、毁伤程度较高等特点。

**1. 弹药改制 IED 的设置特征**

弹药改制 IED,具有一定的欺骗性。例如将机械压发防坦克地雷改装成电压发起爆 IED,如图 6-34 所示,具有一定的反排性能。由压发防坦克地雷和迫击炮弹组合而成的 IED，如图 6-35 所示，排雷手在取出地雷的同时有可能触动装在迫击炮弹弹头的拉发引信。

图 6-34 地雷改装 IED 示意图

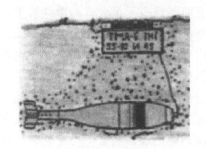
图 6-35 地雷与迫击炮弹组合 IED 示意图

弹药改制 IED，通常设置在有计划撤离的地区内，也可设置在地雷场内。设置时，可根据敌对方活动规律和当地条件，正确选择诱惑物，采用多样方法，实施巧妙伪装。如在遗弃的弹药、食品堆中设置有松发引信的诡雷，使其在搬运这些物品时发生爆炸；在建筑物的门上和房间内的沙发、写字台、电灯开关中设置有拉发、压发、电发引信的诡雷，使对方在开门和使用上述物品时发生爆炸。

利用地形、地貌、地物等环境条件设置 IED，如在公路中间埋设迫击炮弹和杀伤榴弹改制的电引爆 IED，可人工待机或目标触发动作；利用马路边的大树将杀伤榴弹改制的电引爆 IED 悬空挂起，仍可采用人工待机或目标触发动作；将杀伤榴弹改装的压发式 IED 置于楼板下，待敌方人员进入后触发作用；将迫击炮弹改装的拉发式 IED 设置在道路一侧，利用绊线触发作用。

**2. 典型弹药改制 IED**

1) 压发型

由杀伤榴弹改制的压发 IED，起爆装置使用铁钉、火帽、雷管、软木塞等制作而成。将改制的 IED 放入挖好的孔洞中，用细树枝支撑的压板覆盖并用细土和草木伪装，如图 6-36 所示。结构简单，易于伪装，可设置于敌方人员常常活动或经过的地方。

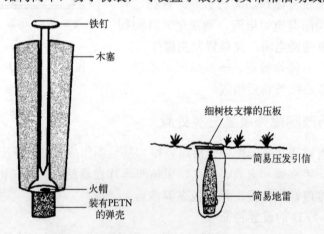
图 6-36 杀伤榴弹改制的压发 IED 示意图

2）松发型

由手榴弹改制的松发 IED，起爆装置为卵形手榴弹的引信。将改制的 IED 平卧在地面或支撑物上，用一个重量合适、容易被敌方人员触碰的物体压置在引信的翻转片上，拔掉引信保险销，就成了一个松发式 IED。如图 6-37 所示。

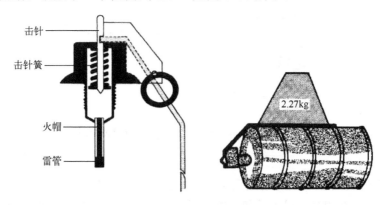

图 6-37　手榴弹改制的松发 IED 示意图

3）拉发型

由手榴弹改制的拉发（绊发）IED，起爆装置为卵形手榴弹的引信。取一个内径比手榴弹外径稍大的圆柱形金属罐（手榴弹在罐内能自由移动且确保翻转片张开时不释放击针），将金属罐水平固定在树枝叉上，用强度足够大的细绳一端捆住手榴弹体，另一端固定在树干或固定桩上并进行伪装。拔掉引信保险销，就设置成了一个拉发式 IED。

4）松拉两用型

松拉两用机构是一种较为复杂的引爆装置，一旦剪断或松开紧绷的绊线，装置都会动作。图 6-38 所示为一个设置在门后，用炮弹改制的松拉两用 IED。拉动紧固绳或是剪断限位绳都会使引爆装置动作，IED 爆炸杀伤目标。

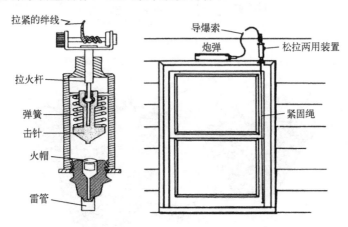

图 6-38　炮弹改制的松拉两用 IED 示意图

5）有线控制型

由 155mm 杀爆榴弹改制的有线控制 IED，起爆装置为电雷管，由电源或起爆器供电。

旋下炮弹引信或螺盖，在弹头空腔内填入塑性炸药，插入电雷管，接入干线就设置成了一个有线控制 IED，如图 6-39 所示。

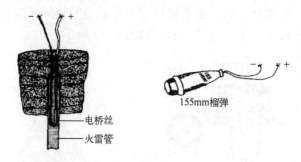

图 6-39　155mm 杀爆榴弹改制的 IED 示意图

6）抛射集束型

用手榴弹/子炸弹改制的抛射集束型 IED，可用于反人员/车辆或反直升机配置，主要由手雷、小炸弹、抛掷坑、抛射药包、抛射板、回填土、固定桩等构成，如图 6-40 所示。反人员/车辆时设置倾斜抛射板，反直升机时设置水平抛射板。

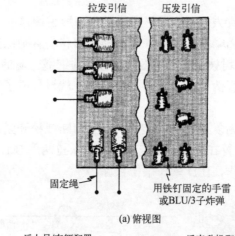

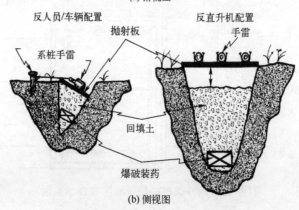

图 6-40　抛射型集束型 IED 示意图

**3. 弹药改制 IED 的排除**

弹药改制的 IED 一般比较容易探测和识别,现场应着重根据其结构特点和设置特征,分析其起爆方式和安全风险,一般主要按照起爆装置的类型确定相应的排除方法。如装置比较复杂,难以判断清楚,慎用人工排除,宜就地炸毁。

### 6.4.3 自杀式炸弹处置

自杀式炸弹主要包括汽车炸弹和人体炸弹,是非常极端的恐怖袭击手段,已成为国际恐怖组织的主要袭击形式,且有愈演愈烈之势。自杀式炸弹难以有效处置,重在加强预先防范,必要时可采取一些紧急处置措施。

**1. 汽车炸弹处置**

1)汽车炸弹的特点

汽车炸弹,炸药量大破坏严重,采用无人驾驶或驾车强行自杀式攻击,机动性强,隐蔽性好,使得至今对汽车炸弹缺乏有效的处置方法。汽车炸弹袭击通常有两种实施战术:一是行进的汽车炸弹战术,恐怖分子驾驶装有炸药的车辆直接撞向目标并引爆炸药实施攻击,常表现为正常行驶的车辆突然加速冲向目标,是一种自杀式的攻击;二是停放的汽车炸弹战术,恐怖分子将一辆装载炸药的汽车停在袭击目标的附近,选择时机用延时器或遥控装置引爆炸药。

汽车炸弹之所以越来越多地被使用,成为国际恐怖组织的首选,主要因其以下几个特点:

(1)爆炸威力大。汽车炸弹的装药量非常大,可达几十千克至数吨,使用汽车炸弹可以轻而易举地重创目标。

(2)成功率高。如果恐怖分子使用汽车炸弹,一旦装有炸药的汽车进入袭击目标范围,就很难有什么可以阻挡恐怖分子的步伐了。即使有些路障可以阻挡,也只是针对小型汽车,如果是一辆大型货车全速冲过路障,那么惨案就注定要发生了。

(3)难于破案。利用汽车炸弹进行恐怖袭击易于恐怖分子销毁直接证据,很难找到真正的元凶。炸药爆炸时产生的冲击波可以使其周围物质瞬间粉碎。随着一声巨响,爆炸物也不复存在,与爆炸物有关的各种附件也随之灰飞烟灭,很难从那些焦糊的碎片中找到证据。

(4)难于防范。汽车是最普遍的交通工具,处处都有。在汽车内设置炸弹轻而易举,而检查防范起来非常困难。普通人员对过往的或是停在路边的汽车根本没有防范意识,即使是经过特殊训练的反恐排爆人员,要想快速发觉有问题的车辆和司机也很困难。

2)汽车炸弹的形式

(1)自杀式。利用汽车炸弹进行自杀式爆炸袭击已成为爆炸恐怖活动最显著的一个趋势,它将是今后很长一段时间内世界各国关注和防范的焦点。

(2)遥控式。将载有遥控爆炸物的汽车停靠在预伏地点,待袭击目标靠近时以遥控的方式引爆,或者是将遥控爆炸物预先装置在指定汽车上,等车辆靠近袭击目标时引爆炸弹。

(3) 定时式。将载有定时爆炸物的汽车停靠在袭击目标处，爆炸物按预定时间爆炸。

3) 汽车的防爆安检

汽车防爆安全检查的目的有两点：一是确保内部车辆尤其是重要领导人的车辆安全，严防恐怖分子在汽车里放置爆炸物；二是对停放在重要部门、要害部位可疑或身份不明的车辆进行检查，以尽快鉴别是否是汽车炸弹，争取主动，把损失降低到最小。汽车防爆安检参见 6.2.3 节。

4) 防范对策

汽车炸弹袭击目标多为重要部门、建筑物、设施等高价值目标，防范策略主要可从下面几个方面考虑：首先在重要目标外围设置车辆进出检查口，加强对进入车辆的安检，在车道上要安装自动路障，以防车辆强行闯入。在重要部门、要害部位的建筑结构环境方面构筑防爆体系，以防恐怖分子驾车闯入。建筑物要形成一定的层次，要有围墙、水池、小墙、建筑的结构布局错落有序、曲折迂回，形成几进院落；第一层要有围墙和巡逻人员；第二层要有矮围墙相隔，汽车道要形成 90°拐弯，院落之间用水池、假山、塑像、转盘隔开，避免车道直行。要安装视频监控系统，监控区不留死角。对于外部送货车辆、人员要规定时间或事先电话预约，送货车辆不准靠近建筑物，货物要由内部人员用小推车送入，以防恐怖分子有机可乘。

防范与制止针对某种特定目标（建筑物）的汽车炸弹爆炸恐怖活动，关键是防止汽车炸弹过于接近目标，使汽车炸弹与目标设施之间保持相当的距离。由于爆炸威力随着距离增大而明显减弱，因此在重要目标外围建立障碍物与防冲撞阻击物，可以有效地保护重要目标。近年来，遥控阻车钉、组合式投掷阻车钉、遥控三角锥、伸缩式拒马、阻拦网等器材相继投入使用。

（1）防冲撞阻击器。为防范与阻止汽车炸弹袭击，一种弹跳防冲撞阻击器，可阻挡住载重 7t、时速 80km 的卡车冲击，而阻挡物本身仅有 2.5cm 的微小变形。平时，一般把该弹跳防冲撞阻击器埋在目标外（如大使馆栅栏门）1.8~2.4m 的地下。如果警卫发现有可疑的汽车开过来，可随即按动电钮，防冲撞阻击器就像推土机铲一样从地下弹出，挡住开过来的汽车，从而保障建筑物的安全。

（2）路刺装置。路刺装置是在通往重要目标的汽车通道的适当距离上，预先埋设带有锋利铁刺的阻车板，并设置启动开关。当发现可疑车辆冲击目标时，警卫人员即可启动路刺，扎破冲击汽车的轮胎，使其无法前进，以阻止其接近目标实施爆炸。

（3）便携式车辆阻截器。主要用于场所警卫、毒品缉查、军事基地安全警卫和公共场所保卫等，可快速临时设置进行道路车辆拦截。

**2. 人体炸弹处置**

1) 人体炸弹的形式

恐怖分子将炸药或易于成形的塑性炸弹缠在自己身上，用外套隐蔽起来，然后来到袭击目标的内部或外部，或接近受害人，在适当的时机引爆身上所携带的炸药。这是一种自杀式人体炸弹，起爆装置比较简单，多为导火索拉发或电点火触发。还有一种是被动式的人体炸弹，恐怖分子通过定时或遥控方式控制人质身上的炸弹。人体炸弹隐蔽性很强，在未进入安全检查通道前非常难以发现。虽然装药量一般较少，但是因其随机性和不确定性，相当于一个移动炸弹，在人群密集地方随时随地都会引起爆炸，形成惨烈的场景，对人们造成强烈的心理恐惧。1991年5月21日，印度总理拉·甘地在参加竞选活动时，遭到一名献花女子人体炸弹袭击，随着一声巨响，拉·甘地顿时倒在血泊之中，送鲜花的女子也被肢解成碎块。

2）人体炸弹的特点

（1）极端残忍。恐怖分子，利用人群作掩护，隐蔽地接近目标，引爆人身上携带的爆炸物，使其突然爆炸，采取与被害对象同归于尽的自杀爆炸方式，手段极其残忍。

（2）起爆装置简单可靠。自杀式人体炸弹多采用导火索拉发、电点火触发起爆装置，简单可靠，实施的成功率极高。

3）紧急处置方法

人体炸弹一般来不及反应和处置，为此应重点加强对人员密集公共场所的管理和安全检查，防止和避免恐怖分子携带炸弹混迹其中实施袭击破坏。

如发现人体炸弹，应根据具体情况，可采取以下处置方案：

（1）对发现的人体炸弹恐怖分子，如有机会可采取政策攻心，争取使其终止恐怖活动。

（2）通过政策攻心无效者，可采用防爆网、高能激光器等措施制服恐怖分子，或根据情况采取紧急果断措施将其击毙。

（3）若发现恐怖分子的爆炸装置是导火索点火装置，按照前述的导火索已点燃和未点燃两种情况分别予以处置。

（4）若发现恐怖分子的爆炸装置是电点火装置，在制服恐怖分子的基础上，查明无防剪断保险或无其他线路后，剪断为雷管供电的电线、切断电源。

（5）若发现恐怖分子的爆炸装置是机械发火引信装置，且查明无诡计装置和反拆卸装置，可利用保险装置使其失效，或从爆炸物中卸下引信，然后卸下起爆组件，分解爆炸物。

### 6.4.4 未爆弹现场处置

未爆弹处置，包括战场、演训、战争遗留未爆弹处置，其未爆弹的特征、处置要求、方法措施有所不同。战场中的未爆弹主要是敌方来袭遗留的未爆弹，其性能状态不明，有些敏感未爆弹在人员装备接近或状态改变情况下可能发生爆炸，排除安全风险大；为排除未爆弹障碍，恢复地域保证我方机动，往往要求处置速度快；处置时还可能面临敌方火力威胁，因此对战场未爆弹应进行敌方来袭观察、现场侦察、前期扰动处置、原地炸毁，必要时人工拆除引信。演训未爆弹产生的原因主要有：弹药可靠性和保管等引起的弹药性能下降、场地设置不当、操作使用不当等，虽是我方弹药，型号性能参数比较明确，但未爆时的状态不明，有时钻入地下，处置比较困难。对于演训未爆弹，应进行现场侦察、现地炸毁、必要时进行挖掘和转移后彻底销毁。战争遗留未爆弹，遗弃年代久远，经历地下长期掩埋，被意外挖掘出来，状态比较稳定，一般进行转运、临时储存，按照废旧弹药集中销毁。

**1. 未爆弹风险评估**

所有出现未爆弹的区域都有一定的危险。另外，还会有不少未爆弹落点没有被标识出来，因此必须十分谨慎地对待可能存在未爆弹的区域，避免过度依赖警示标志和人员屏障所起的警告和保护作用。

1）风险评估方法

对未爆弹的影响进行风险评估，应着重做好以下三方面的工作：

（1）对特定军事基地或设施遭受破坏的风险进行评估。

（2）对存在未爆弹区域的人员职业风险和未爆弹剩余风险开展标准化评估方法的研究工作。

（3）基于生活周期成本和公共风险，开展对弹药分类场所和炸药处废点的方法论研究。

不管采用何种方法，任何特定场所的风险评估结果，都受制于从该场所可以获得的资料总量及其可靠性。确定特定场所风险的第一步就是对该场所进行评估。典型场所评估的内容涉及收集诸如土壤和地质条件、地形、植被、气候以及现有的和可能的地域使用情况等因子的现有信息。另外，场所评估还需要进行直观的检查，即对土壤、水质和空气进行采样。上述结果可用于确定风险是否容易被有效控制，或是否需要更为细致深入地研究和分析。

如果需要进一步地研究和分析，就需要对场所进行评定，收集区域内曾使用的弹药类型、与弹药相关联的器材以及环境信息，从而对该场所造成的风险水平进行评估，以作出明智的风险管理决策。对未爆弹药进行风险评估分析时，要结合弹体本身的性能、所处的环境条件及对环境可能造成的影响等因素，进行综合分析评价，以求得到合理的风险因子。具体可以按照以下 3 个要素或事件来进行评估分析：

（1）遭遇未爆弹。

（2）未爆弹爆炸。

（3）爆炸后影响。

一般来说，未爆弹的风险评估通常采用保守的评价方法，即假设未爆弹爆炸的后果是严重的人员伤亡。第一个要素主要考虑人员从未爆弹区域穿行，并因某种程度的外力、能量、移动或其他方式改变了未爆弹状态的可能性；第二个要素则考虑了一旦遭遇未爆弹时，未爆弹发生爆炸的可能性；而第三个要素包含了广泛的后果，包括人员伤亡，化学战剂中有关联的生理健康危险，由未爆弹爆炸扩散到空气、土壤、地表水及地下水中化学成分及核物质所引起的环境恶化等。

2）影响遭遇未爆弹可能性的风险评估因素

（1）地域上未爆弹的数量或分布密度。某区域内未爆弹的数量越多，人员遭遇未爆弹的概率也就越大；相反，低分布密度的未爆弹区域，人员遭遇未爆弹的可能性也较低。未爆弹的分布密度主要取决于该区域内所使用的弹药类型和数量。例如，布撒子弹区域的未爆弹分布密度要大于其他类型未爆弹区域。另外，未爆弹的分布密度还受土壤类型和气候等条件的影响。

（2）未爆弹侵入地下的深度。通常情况下，人员遭遇地表或部分侵入地下的未爆弹要比遭遇那些全部侵入地下的未爆弹更有可能。对于侵入地下的未爆弹，遭遇未爆弹的可能性取决于人员在未爆弹区域内进行的活动，诸如浅层挖掘、挖沟、耕作、建筑以及其他作业活动都可以破坏到侵入地下的未爆弹的安定状态。而且，埋在冰冻线以上的未爆弹最终有可能迁移到地表面。

（3）未爆弹的形状和大小。未爆弹的形状和大小会直接影响到其是否易被发现。因为大型未爆弹比小型未爆弹更易被人们所发现，所以人们更容易看到并避免接触到大型未爆弹。

（4）现有的和可能的地域使用情况。增加某一地域上的人员使用次数，遭遇未爆弹的可能性也会增大。例如，当土地所有者将其土地用于消遣的目的（如徒步旅行、打猎或野营），而不是用于放牧或作为野生生物保护区时，遭遇未爆弹的可能性会更大。一般说来，某地区受土地使用活动的影响程度越深广，并且这些活动的强度越大，那么遭遇未爆弹以及导致未爆弹爆炸的可能性也就越大。

（5）未爆弹污染区域的易接近程度。某区域的易接近程度会直接影响到进入该地域和遭遇未爆弹的人数。例如，公路附近没有篱笆的区域要比远处有篱笆的区域更易进入，这就增加了遭遇未爆弹的可能性。

（6）地貌。地貌会影响可能进入某场地的人数，也会影响到土地使用的数量和类型。人们较可能进入居民区附近的平坦地域，而不会到远处具有崎岖地形的地域活动。另外，地貌的影响可以使未爆弹集中起来，通过地表水的运动和土壤侵蚀，未爆弹更可能迁移到山谷和洼地中。

（7）植被或地表覆盖情况。繁茂的植被和地表覆盖可以隐匿甚至位于地面的未爆弹。然而，可以采取限制进入某区域的措施来防止可能遭遇未爆弹的威胁。

（8）土壤类型。土壤类型会影响不管引信是否动作的未爆弹的侵彻深度。有些类型的引信在其动作之前需要大的撞击，如果弹体在泥浆或碎土中着地，则引信可能不会动作，这样的现地条件可能依次增加出现未爆弹的可能性以及未爆弹的分布密度。未爆弹侵入某些土壤要比其他类型的土壤更为容易，因此，松软土壤中发现的未爆弹深度要比预期的深度大。

（9）气候条件。气候条件会影响未爆弹的地表迁移，未爆弹的可见度以及埋在地下的未爆弹向地表迁移。暴雨和强风天气更可能使未爆弹通过地表水和土壤侵蚀发生迁移，而大雪的覆盖可以隐匿地表的未爆弹。最后，气候还会影响冰冻线和冰融循环。一般来讲，天气越冷，冰冻线越深，可能迁移至地表的未爆弹数量也越多。同样地，经历一段时期内冰融循环的次数越多，未爆弹迁移到地表所花的时间也越短。

3）影响未爆弹爆炸可能性的因素

（1）未爆弹的引信类型和敏感度。就引信类型概括来讲，磁引信和近炸引信被认为是最敏感的引信，而拉发和压发引信是最不敏感的引信。引信的敏感度以及引信是否解除保险、引信在弹药中的位置等其他因素均会影响未爆弹发生爆炸的可能性。

（2）人员出入未爆弹区域的活动频度。人员在有未爆弹（要结合引信类型具体分析）的区域内活动，会增大未爆弹发生爆炸的可能性。例如，在大规模挖掘地域，带碰炸引信的未爆弹发生爆炸的可能性要比野生生物保护区的大得多。

以上这些因子之间相互关联，并不能根据某一因子来对未爆弹进行风险评估。

4）未爆弹药风险评估软件简介

"未爆弹药风险评估 V1.0"是用于对大面积未爆弹药风险程度进行多因子、多层次科学评估的专用软件。该软件对未爆弹药风险的评估基于层次分析法，将可能影响到未爆弹药的 14 个因素按照"可获取数据因子""整体风险因子""暴露因子"及"生态风险因子"分为四大类，并在每一类内的多个因素之间及各类因素之间进行重要性比较，构建比较矩阵，计算出权重因子，并按照每个因子的权重及赋值计算出整体的风险值，确定风险等级。共划分 5 个风险等级，分别为极高、高、中、低、极低。在具体应用时，使用者根据现场情况，逐一对 14 个风险因素赋值，该软件按照预设的层级权重矩阵进行风险等级计算，得出风险等级结果。

该软件有 Windows PC 版及安卓版，可分别运行于 Windows7 32/64、Windows10 64位、Android 4.4 以上版本，安装空间≥60MB，运行内存≥100MB。启动软件后，进入软件运行界面如图 6-41 所示。

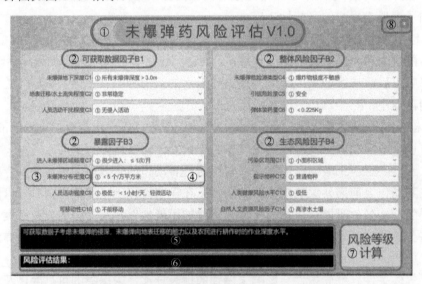

图 6-41　软件运行主界面

使用时，单击各因子层级标题，在提示信息显示区会显示出对应的说明信息。单击风险因子名称或在下拉选择框中选取风险水平后，在提示信息显示区会显示出对应的说明信息。确定所有风险因子的风险水平后，单击"风险等级计算"按钮，软件进行整体风险值计算，并对风险等级进行评估。评估完成后，结果显示于评估结果显示区，如图 6-42 所示。

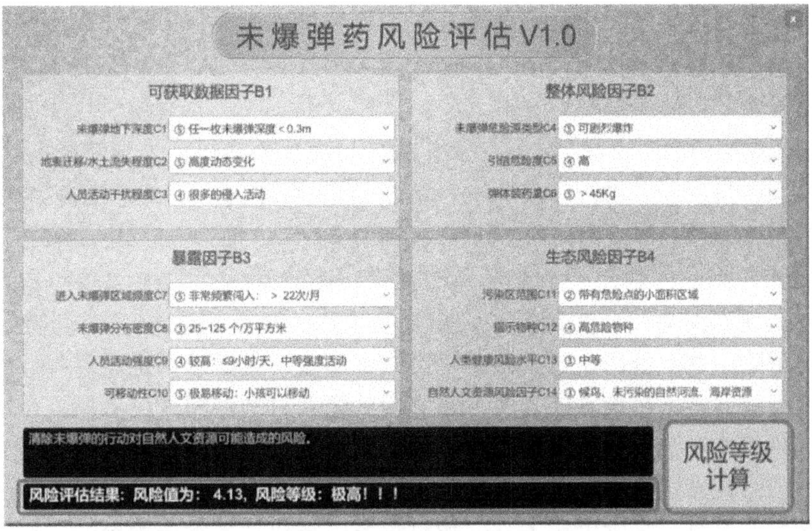

图 6-42　风险评估结果显示

**2. 发现未爆弹时的安全准则**

不论什么时候发现未爆弹时，首先应遵循以下的基本安全准则：

（1）不准擅自向可疑的未爆弹移动。由于在未爆弹中可能装有动磁感应引信，或装有延期自毁装置。一旦发现有未爆弹，不要擅自向其接近。如需要，应在安全距离之外用望远镜、无人设备等进一步观察和确认。

（2）使所有无线电发射信号离未爆弹在 300m 以上。这是由于无线电收发机传输时会由天线发出电信号，该电信号可能使未爆弹发生爆炸。

（3）不准试图从未爆弹弹体上或其附近取走任何东西，否则可能引起未爆弹意外爆炸。

（4）不准移动或搬动未爆弹，否则可能引起其爆炸。

（5）远离未爆弹，这是防止意外伤亡的最佳办法。

（6）用标志物正确标识未爆弹的危险区域，使无关人员远离未爆弹。正确标识未爆弹还有助于未爆弹处置人员根据所提供的可疑未爆弹报告快速、准确地找到未爆弹所在区域和位置。

（7）从未爆弹危险区域疏散无关人员，撤离设备。如果人员和设备无法撤离，必须采取有效的防护措施以降低未爆弹对人员和设备的威胁。

（8）许多类型的未爆弹除装填高爆炸药外，还可能装填燃烧剂、化学试剂、生物战剂或放射性物质，在对未爆弹标识或进一步处置时，对人员和设备应采取相应的防护措施。

**3. 敏感未爆弹的前期处置**

敏感未爆弹药是指装配较复杂引信的弹药，发射到预定位置后处于正常待机状态或某项特征条件不具备而未爆，引信随着目标物理场或周边环境的变化随时可能发火爆炸。前期处置主要指人员在安全距离之外依靠机器人、无人机、遥控机械臂或就便器材对弹体侦察、干扰的方法，目的是通过改变未爆弹附近振动场、磁场、声场和光学信号，移动、翻转未爆弹，使未爆弹爆炸或排除相关引爆条件，为人员接近弹体进行诱爆或转运创造相对安全的环境。

前期处置主要方法和步骤：

（1）根据观察记录，操控无人机，飞抵指定区域侦察未爆弹外形特征、弹径与长度、入土深度及倾斜角度以及周围环境状况，初步确定弹体装药大小、周围影响因素等。

（2）根据未爆弹产生的情景排除有关可能，譬如未爆弹出现之后附近有其他弹药爆炸后可以排除振动因素，车辆装备从附近经过时未爆炸可以排除振动、磁场、声场因素等。根据侦察结果和初步判断，确定处置方法、安全距离，必要时构筑防护设施。

（3）利用磁场发生器、微波发射装置等制式装备产生磁场和电磁场等环境变化从而引爆或排除相关因素。在设备缺乏时，可利用就便器材制造振动、磁场、声场等干扰诱爆未爆弹，排除人员接近时因振动或磁场、声场等变化引起爆炸的可能。例如，利用就便器材诱爆动磁炸弹，如拖拉铁件诱爆法、拖拉磁铁诱爆法、电力变化磁场诱爆法等。

（4）有条件情况下操控机器人、遥控机械等无人化装备靠近未爆弹，排除振动、磁场产生爆炸可能。利用无人化装备远距离移动、拖拽、翻滚未爆弹，排除因晃动或状态改变引起爆炸；或设置药包现地诱爆或转运。

未爆弹处置的无人化装备主要是指具有一定防护能力的大型遥控机械和机器人。美军 20 世纪 90 年代研制的未爆弹处置装备，由一个遥控操作的 25t 履带式推土机加反向铲组成，该系统配有立体摄像机、激光扫描仪、专业微处理器、GPS 导航和可更换的末端机械手，人员在远距离处遥控操作，进行地表清理和未爆弹挖掘，甚至可以设置装药进行诱爆。国内也有对履带式挖掘机驾驶室加装防护钢板，人员操作挖机长臂对中小型未爆弹进行移动和开挖的设备，目前在遥控大型机械挖掘处置未爆弹方面取得了很大进展。英美法俄等国家的装甲扫雷车、遥控扫雷车、机器人车辆也都可以用于清理地表的未爆弹。机器人方面，美国海军研制了爆炸物处置机器人，该系统由一部 6 轮铰接式履带车，装配可拆卸的 CCD 摄像机、照明装置、通信装置及万向多功能机械手组成，可以处置爆炸物和未爆弹。瑞典未爆弹处理机器人为一辆长 1.7m 的 6 轮遥控车、2 个摄像头、一个机械臂、导航系统、三维视觉系统、遥测装置、喷枪和可抓取装置组成，遥控、智能化程度较高。遥控机械等重型排爆设备只能用于场地相对平坦的环境，仍无法全部取代小型工具和人工作业。

（5）在排除扰动目标和环境变化引起爆炸的可能性之后，人员便可进入现场进行搜索和探测未爆弹，进行就地处置或转运。

**4．战场未爆弹的人工排除**

人工排除未爆弹是作战中不得已而采取的一项极其冒险的行动，因未爆弹可能处于解脱保险状态，外界任何扰动都有可能引发意外爆炸。有时未爆弹受到较大冲击力后，引信、弹体可能已经变形，人工无法拆卸。人工拆卸也仅限于外形没有明显变化、且结构性能熟悉的未爆弹，应由经过训练的专业人员现场拆卸未爆弹，主要工作是分离引信和装药，便于转移未爆弹和减小意外爆炸的伤害。这里主要列举几类航弹的人工拆卸法。

1）动磁炸弹

拆卸时禁止使用或携带铁磁物体。其步骤：①开挖弹坑：开挖弹坑的位置和大小，视动磁炸弹的大小、入土方向、深度、土质等而定。②炸接线盒：当挖到露出弹体上的接线盒时，使用 100g TNT 炸药将接线盒炸坏。如一次不能炸坏，可连续进行，直至将连接头、尾引信的电线炸断。用胶布包好暴露的电线断头。③取出弹体，将其运到安全地点。④拆卸引信：按反时针方向分别拧下头部引信和尾部引信。分解头部引信，取出外套筒、扩爆筒、柱形火帽体和雷管座。将尾部引信的电池取出，炸弹失效。

2）ФАБ-250M-54 爆破弹

把炸弹挖出后，按反时针方向旋出引信，并从引信上旋下起爆管，引信即失去爆炸的可能。为防止火帽击发和引起延期药燃烧，可用扳手旋出压紧盖，拧松延期药盘固定螺，取出延期药盘；拧开头部罩，分解惯性击针和惯性筒，并从惯性筒上取下火帽。

3）250 磅 MK81 低阻爆破弹

按反时针方向从弹体上旋出引信（可用扳手插入连接件的扳手孔内，将连接件和扩爆筒一起旋出），旋下扩爆筒和起爆筒，按下卡销，取出柱形火帽体。取出三角雷管座，引信即失去爆炸的可能。

4）500 磅 AN-M64A1 通用爆破弹（带箱形安定器）

（1）用推滚炸弹的方法旋出引信：将炸弹放于平地，弹尾朝向作业手右手方向，一名作业手（组长）右手握住引信体不使其转动，另外 1～2 名作业手位于组长左侧，按组长的指挥向前推滚炸弹（按引信位置顺时针方向推滚炸弹）。组长应时刻注意引信的松紧程度，如感到引信松动，说明反拆卸钢珠进入深槽，可继续滚动炸弹；如感到引信由松变紧，说明反拆卸钢珠进入浅槽，应立即停止向前滚动，然后慢慢向回滚动（不超过半圈即可），待引信松动后，再继续按原来方向向前推滚，直至将引信旋出为止。

（2）拆卸套管：由于引信的套管与弹体是用螺钉或铆钉固定的，故需用解锥取出螺钉或用钢锯靠近弹体锯断铆钉，再用扳手按反时针方向旋动套管，即可将套管连同引信一起取出。该方法可使反拆卸钢珠不起作用。欲分解引信，可按推滚炸弹旋出引信的方法进行。

5）AO-25-33 杀伤弹

用扳手按顺时针方向旋下引信，再旋下起爆管，炸弹即失效。

6）AO-2.5СЧ 杀伤弹

如果弹箱未被打开而落地，应首先按反时针方向将弹尾的 TM-24Б 定距引信旋下，并旋下引信下端火帽座。取出引信室内的黑火药盒。卸下弹箍上的螺栓，将弹箍移向弹尾或弹头，拔掉装弹窗盖一侧的两个铰链插销，打开装弹窗盖，即可按 AO-2.5СЧ 杀伤弹从弹箱中取出。取出的杀伤弹没有进入战斗状态，可将引信旋下，并旋下起爆管，炸弹即失效。

7）BLU-3/B 杀伤弹（菠萝弹）

左手握弹，弹头朝前，用解锥将弹盖的 6 个压合孔下凹部均匀撬起，保险簧即自行将弹盖连同击针弹出。如炸弹未解除保险落地，应先将 T 形钢片取下，翼片即可自行弹起，这时，引信会发出"沙沙"的声音，这是活动火帽座移动位置时，减速轮齿组发出的声音，且不可将弹掷出。将引信盒按反时针方向从弹体上旋下，揭开底部锡箔，取出雷管，炸弹即失效。如需分解引信盒，可把引信盒放在带酸（或碱）性的水中浸泡十天左右，将火帽失效，用齐头竹签将火帽顶出。把引信盖和引信盒接缝处的密封胶除去，倒置引信，将引信盒支起，使引信盖悬空，用小冲子插入放置雷管的圆孔内将引信盖冲出，即可分解内部零件。

8) 球形钢珠弹

炸弹落地后如有陆续爆炸现象，表明是延期的，应在 6h 后再接近弹落区域找未爆炸弹。如无陆续爆炸现象，表明是瞬发的，可以接近弹落区。未爆的球形钢珠弹，如不使其过分震动或滚动，一般不会爆炸。排除时，为简化作业，可轻轻将其拣起，集中进行诱爆。如需拆卸，可用钢锯将弹体上的金属箍锯断，将弹体两半球体分开，取出引信。揭下引信盒外面的锡箔，取出雷管，炸弹即失效。如需取出火帽，须从引信侧部中间锯断引信盒，取下击针弹簧片和方形离心块，使转盘转动 90°。这时火帽即对正雷管室，用直径 2～3mm 的齐头竹签从雷管室内插入，轻轻把火帽顶出。

9) ОФАБ-100М 杀伤爆破弹

用手扳手按反时针方向旋下引信，再旋下起爆管。拧出引信体下端侧壁的螺钉，取出延期药座和火帽座。旋掉打火筒上端的螺帽，使打火筒和惯性筒从引信体下端滑出，取出装有硝化棉火药的衬筒。如果炸弹落地时，旋翼控制器没有发火，则引信处于安全状态。应首先从弹体上将引信旋下，旋下起爆管，取出火帽座。然后，拧下旋翼控制器的击地筒和延期管，旋下带旋翼的保险筒，使保险块自动脱落，旋下打火筒顶端的螺帽，使打火筒、惯性筒从引信体下端滑出，再取出装有硝化棉火药的衬筒。

10) БРАБ-500М-55 穿甲弹

用手或扳手按反时针方向旋下引信，再旋下起爆管。用尖嘴钳或其他合适的工具，插入雷管固定座的两个扳手孔内，按反时针方向旋下雷管固定座，取出雷管。从引信体内倒出下延期药盘，引信即失效。

为检查活动火帽和上延期药盘中的延期药是否存在，应首先旋出螺圈，取出引信盖，并使上延期药盘和引信盖分开；旋下火帽簧螺塞，取出火帽。如火帽未发火或延期药未燃烧，还应再旋下螺塞，取出火药块。

11) MK118 反坦克弹

(1) 拆卸尾部机构：将炸弹挖出，一手握住弹体，一手用解锥或其他合适的工具将尾翼金属箍的齿从尾盖的环槽内撬出，将翼尾卸下，这时尾部机构即与弹体分离，最后将半尾部机构和通向弹体的导电线分开。

如欲将尾部机构中的火工器取出，应首先卸下起爆管，再将惯性着发机构中的钢柱从底部卸下，倒出针刺雷管。撬开引信外壳下部侧壁与引信体之间的扣合点，将引信体从引信外壳的下部抽出。如果旋转雷管座已经转正，即可用齐头竹签从引信体下部通过起爆管孔向上将电雷管顶出。如果旋转雷管座尚未转正，将引信体从引信外壳中取出时则会听到"沙沙"的声音（这是钟表装置在带动旋转雷管座旋转），声音停止后，应从引信体上部中心孔中拨动旋转雷管座，使其继续转动，直至转不动为止，然后再按上述方法顶出电雷管。

(2) 拆卸头部机构：用钢锯从辊口靠近击发体一侧（稍离开辊口）锯断，将头部引信体和弹头部分开，即可抽出压电部件。因火帽在压电部件中，应妥善保管。

12）ТАБ-2.5 反坦克弹

从炸弹尾部旋下引信，再从引信上旋下扩爆管。

13）АБ-100-114 燃烧弹

从引信室内旋出引信，从引信上旋下传爆管，炸弹即被排除。为使引信更加安全、须取出抛射管。取出的方法是：首先从引信体上旋出头部罩（头部罩上有两个扳手孔），用起子从头部罩下部侧面的圆孔内旋出定位螺钉，用一小圆棒从对面圆孔内顶压限制销，抛射管连同限制销即可被顶出。

两个火帽和延期药盘及延期体等，可留在引信内，无危险。如需取出，可将有关零件卸下，即可将其从引信内取出。需要注意的是，如果调整螺钉外面有塑料片，需先将其取下，然后将调整螺钉全部向里拧紧，延期体即可从引信体下端被倒出。

14）50 磅 M116A2 火焰弹

旋下头部引信和尾部引信，从引信体上旋下传爆管。如需取出火帽，则首先从引信体上旋下头部组合件体，使惯性筒和惯性体脱离保险螺杆，装有火帽的惯性筒即可与惯性体分离。

**5. 单体未爆弹炸毁**

为可靠炸毁单体未爆弹，需要切实掌握未爆弹的类型和结构，了解未爆弹内部炸药所在的位置、引信状态、弹药最易起爆的部位等，一般可采取药包装药或聚能装药诱爆两种销毁方法。图 6-43 给出了几种未爆弹炸毁时的诱爆装药设置情况。

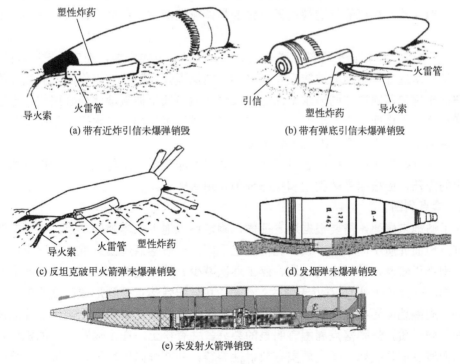

图 6-43　几种未爆弹的诱爆销毁

## 6.5 常规弹药销毁处理

常规弹药不含毒气弹药,也称通用弹药。弹药销毁处理主要采用拆卸、倒空装药、烧毁、炸毁等方法,不同的弹药往往采用不同的销毁处理方法,相同的弹药也可以采用不同的销毁处理方法。对于地下未爆弹药应首先挖掘出来,然后进行单体炸毁或集中炸毁处理。报废弹药包括战场遗弃弹药、收缴弹药、退役淘汰弹药,其处理方法的选择依赖于弹药结构、弹药材料、处理目标、处理技术及环境条件。报废弹药常用的销毁方法有炸毁、烧毁、拆解(分解拆卸、装药倒空)等方法,其中炸毁烧毁与废旧弹药类似,一般集中进行处理,而拆解主要是针对批量的退役报废弹药,有利于资源回收、经济、环保、高效,但需要建有专业设施的专职机构来承担。

### 6.5.1 地下弹药挖掘

弹药落地后没有爆炸,可出现在地表或钻入地下等多种姿态,地下或半埋的未爆弹通常需要进行开挖后处置。

**1. 一般要求**

(1)处置方式不同,开挖程度不一。战场、演训未爆弹采用原地诱爆时,只需要暴露出含有未爆弹主装药的部位,在主装药位置的弹体上设置炸药诱爆。平时遇到的废旧未爆弹,一般无法就地销毁处理,应全部挖掘出来,以便转运至安全地点再行销毁。

(2)挖掘时,如果未爆弹位置不是十分确定,应开展深入细致的调查,利用探测器材进行实地探测,尽可能摸清被挖掘对象的具体掩埋部位、深度、数量、品种、危险程度等。

(3)开挖前,要根据掩埋部位弹药的数量、品种和危险性能,确定开挖巷道的形状。开挖巷道应从远处审慎地向被掩埋弹药逼近。被掩埋弹药附近的工作面,其底面深度应保持与被掩埋弹药底层在同一水平面上,或底面适当低于被掩埋弹药底层线;靠近弹药底层边缘线的工作面,应不小于1m宽,2m长,并要求平展。在水平工作面以外的搬运巷道,也应不小于1m宽,其坡度不宜大于30°。

(4)挖掘操作人员一般不宜多于3人,并尽可能采用人工与机械结合挖掘的方式。挖掘出的弹药,应根据弹药类型和状态分类装箱后转运。

**2. 落点判断**

对于钻地未爆弹,需要根据地表征候,确定钻入地下未爆弹的落点,以便探测定位和挖掘。地面介质不同,落点或弹孔情况也不同。一般落点周围有堆积的碎土、土块,弹孔周围堆积较厚,散射出的土块、碎土逐次减少。被掀起的土块没有爆破的痕迹(如土壤发黑、有火药味等)、附近无弹片。在黏土中,炸弹落点处除形成高度不匀的半圆形土堆外,周围地面还会出现裂缝,地面向上膨胀。清除落点周围的土壤,往往能发现弹坑。在坚硬土质,炸弹落点周围有明显的裂缝,并有松土。在水泥路面(如机场跑道)上,路面遭受明显破坏,弹坑周围有放射性裂缝,并部分向内塌陷、下沉,清除杂物后可用探针探测,松软的位置即是弹坑,再向下挖掘即可发现弹坑的形状。炸弹落角对侵

入地下的落点和弹孔有较大的影响:

（1）炸弹落角在 45°以上时,能在地面形成 20～60cm 的弹孔。弹孔深度：硬土为 2～3m,软土为 5～6m,弹孔周围有 30～40cm 厚的新土。

（2）炸弹落角在 20°～45°时,则斜向侵入地下 1～3m。

（3）炸弹落角在 20°以下时,一般不会侵入地下,而在地面上构成弹沟。也有的炸弹入土 20～30cm 后又钻出地面。

（4）有的炸弹侵入地下后,改变了原入土方向,向左右或向上转弯。转弯过大时,其安定器可能被折断并堵塞在弹坑内。

**3. 挖弹**

根据炸弹落点、弹孔等地表特征,借助探测设备,在地面上确定未爆弹在地下的位置,即垂直投影点和垂直深度,以便决定挖掘的位置和开挖面积。除了专用的地下未爆弹探测设备外,利用就便器材探测未爆弹时,可用顶端削尖的竹片（或其他有弹性的长杆）顺弹坑插入地下,以手的感觉确定其位置。然后根据弹坑角度和长度,在现地标出炸弹的垂直投影点,并概略估算出垂直深度。挖弹是一项艰苦而又危险的工作,由于人工作业效率低,而且作业面狭窄,作业时间长。所以,事先一定要周密组织、明确分工,并尽可能借助遥控挖掘设备,提高工作效率和作业安全性,同时尽量减少现场作业人员。通常有 3 种挖弹方法:

（1）扩口法。通过弹孔口扩大挖弹,一般适合入土较浅或侵入地面后沿原方向直线行进的未爆弹的开挖。

（2）顺弹孔法。沿未爆弹入地的孔道开挖,适用于未爆弹入土较深,且水平位移相对较小的未爆弹的开挖。

（3）截挖法。从未爆弹所在位置的正上方垂直开挖,一般适用于水平位移大的未爆弹的挖出。

作业中,如发现侧坡有塌陷的可能时,应及时予以支撑或被覆。如土质松软,开挖坑口时要适当增大开挖的面积,侧壁坡度要大,以防止塌方。在挖掘过程中如出现过多的地下水,应及时抽水。

**4. 取弹**

从坑内取出炸弹的方式通常有 3 种。

（1）沿原弹坑拉出。对入土较浅的炸弹,可把弹坑稍加扩大,用绳索拴住安定器或弹体,然后由人员、汽车或拖拉机等将炸弹拉出。

（2）用滑轮组吊出。用圆木在坑口上方设一个三脚架,将滑轮组固定在三脚架顶部,再将炸弹吊在滑轮组上,拉动穿过滑轮组的钢索,即可将炸弹吊出坑外,如图 6-44 所示。取出较大的航弹时,应预先制作比弹体稍大的坚固木箱,木箱上要有供吊装用的牢固绳索。在弹坑口先用吊车或滑轮将航弹吊装在木箱内,再用引信护罩护好引信,弹体要用软质物品固定,然后再吊装在运输车上。在吊装航弹时,要严防引信与坑壁或其他物体碰撞。

（3）沿细长木拉出。顺着弹孔放入两根细长木,用绳索将炸弹沿细长木拉出。

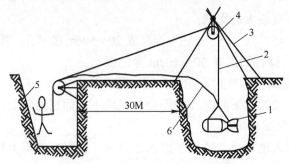

1—航弹；2—第一拉绳；3—三角支架；4—滑轮；5—掩蔽工事；6—第二拉绳。

图 6-44　航弹吊取示意图

### 5. 转运

挖掘出的弹药，应进行状态识别，做好记录和情况上报，不能就地销毁需要转运后进一步处理的要及时组织转运。未爆弹药搬运时应稳拿轻放，严禁拖拉、抛掷、立放和摔箱，在运输时应单层平放在木制沙箱中，木箱横向单层置于车厢，控制车辆行驶速度，以免震动或碰撞。

### 6.5.2　废旧弹药炸毁处理

#### 1. 场地选择

专门的弹药处理机构一般建有专用的炸毁场地，如没有专用场地，就需要临时进行销毁场地选择。炸毁场地要依据炸毁弹药品种、装药量确定弹药爆炸产生的冲击波、破片、振动、噪声等因素对周边环境的影响，提出安全要求和防护措施，避免弹药炸毁危害的发生，通常采用增加安全距离的方法规避风险。选择的原则：一是意外爆炸能保证周围安全，二是销毁爆炸的危害影响可控。一般要求远离城镇居民点、工矿企业、交通要道、高压输电线路、森林草原和易燃柴草地区等，距离最近的居民点不小于 2km。为有效阻止弹丸破片飞散，优选有天然屏障的隐蔽地域，可选择在周围环山、中间较为平坦的山洼地区。采用电起爆销毁时，为防止外界电能引发意外事故，销毁场地应远离射频源、高压电网等干扰源，距离短波无线电发射机 400m 以上，距离高频发射机 1600m 以上。

#### 2. 炸毁实施准则

1）强力诱爆

使用高爆速炸药作为引爆装药；根据销毁弹药和码放情况，采用合适形状的引爆装药，如柱形、扁平、聚能、直列装药等；引爆炸药质量优良，数量足够。对起爆性能较差的废旧弹药，可增加引爆药量；对厚壁弹药可采用聚能装药诱爆销毁。引爆装药采用药包形式，如果要获得最大的有效装药量，装药的有效高度和装药直径应满足：

$$h = \frac{9}{4}d = 2.25d \tag{6-1}$$

即装药的有效高度是装药直径的 2.25 倍。实际应用中，引爆炸药用量可参考表 6-4 确定。

表 6-4　弹药销毁引爆药量

| 序号 | 弹药直径/mm | 单发引爆药量/kg | 成堆引爆药量/kg |
|---|---|---|---|
| 1 | 37~75 | 0.2 | 0.8~2.0 |
| 2 | 80~105 | 0.4 | 1.5~2.5 |
| 3 | 105~150 | 0.6 | 2.0~3.0 |
| 4 | 150~200 | 0.6~1.0 | 3.0~3.5 |
| 5 | 200~300 | 1.0~2.0 | 3.5~4.0 |
| 6 | 300~400 | 2.0~3.0 | |
| 7 | 400 以上 | 3.0 以上 | |

注：①以上弹药均以榴弹计、药量以 TNT 当量为标准；②销毁穿甲弹等较厚壁的弹药，引爆药量可适当增加；③第一次炸毁不完全，二次炸毁时引爆药量应增加 1 倍。

2）可靠传爆

引爆装药与被诱爆弹药的位置必须合适，两者之间具有尽可能大的传爆、殉爆面积，防止夹杂惰性介质，引爆装药应放在弹壁较薄、接触面较大、较易诱爆的位置上。应避免将引爆装药放在空弹、失效弹或难起爆弹丸上。

利用威力较大、性能较好的弹药诱爆其他弹药，实现逐级传爆，使每一枚被销毁的弹丸都能获得足够的引爆能量。根据弹药码放情况，也可采用多点同时起爆，以利于可靠传爆和殉爆，确保销毁彻底。

3）覆盖起爆

引爆药包一般设置在被诱爆体上部中央，尽量覆盖起爆，切忌将炸药包埋藏在弹药堆中。当用炸药块做引爆药时，一般应做成高度大于直径的形状；采用多个引爆装药时，应分别设置在多个被诱爆弹药的上表面；也可采用扁平装药和直列装药相结合的方法，覆盖诱爆小型易飞弹药，最好结合装坑填埋方法，以提高殉爆效果。

4）减少震动

控制单坑销毁弹药的装药量一般不超过 40kg TNT 当量；多坑同时销毁时，可采用微差起爆技术降低爆破震动，也可以选择有利山谷地形，阻挡震动传播。

**3. 装坑掩埋炸毁**

将废旧弹药按一定的方式码放在炸毁坑内，设置起爆体，然后用土掩埋后诱爆销毁的方法。该方法适用于各类装填猛炸药的弹丸及元件的销毁，可分为装坑浅埋炸毁和装坑深埋炸毁。深埋炸毁是因场地条件限制，将弹药埋于地下较深的土层（一般深度不小于 6m）爆破销毁的方法。深埋炸毁虽然能有效控制爆炸时的危害效应，但由于挖坑工程量较大、炸毁是否完全不易检查，较少采用。浅埋炸毁的弹药埋设深度在 1m 左右，适合于在城市郊区有较大销毁场地条件的弹药炸毁，单坑销毁弹药所含炸药量一般不超过 40kg TNT 当量。浅埋炸毁时破片飞散距离较大，需要较大的警戒安全范围，也存在爆炸噪声和空气污染较重等缺点。

1）炸毁坑设置

根据废旧弹药的种类数量和场地条件，按照分类分坑销毁的原则，确定土坑的形状、数量、尺寸、间距等。炸毁坑的位置应选择在土质坚硬、不易塌方、不含石块的地块。坑的形状根据装坑堆码的方法确定，一般以平底漏斗状为好，梯形装坑时也可挖成方坑。

坑的尺寸由被销毁的数量和形状确定，坑的底部尺寸通常为 1.2m×0.8m，深度一般为 1m 左右。当炸毁场的地形较为平坦开阔时，坑应挖掘得深一些，以减少破片飞出的数量和飞散的距离。多坑弹药同时炸毁时，坑间距一般不应小于 20m，防止先爆炸的弹药坑影响后面弹药坑堆码结构，造成弹药堆移位或倒塌，从而影响弹药堆的正常传爆，出现炸毁不完全现象。

2）装坑方法

如果弹药的种类、口径复杂，数量多时，可采用辐射状装坑法，如图 6-45 所示。将弹壳薄、装药多、威力大、易起爆的弹丸作为中心弹，立放在坑的中央，然后将其余弹丸头呈辐射状逐层堆码在中心弹的周围，直至与中心弹单口平齐。每层弹的易引爆端（榴弹为头部、穿甲弹为尾部）紧靠着中心弹。如果有手榴弹和小口径弹头时，可放在各弹的空隙处。最上面的几层弹逐层减少数量，以便收缩堆顶，保证堆顶端能被引爆药包压住，最后用土填实。

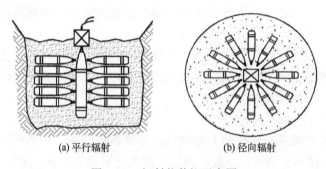

(a) 平行辐射　　　(b) 径向辐射

图 6-45　辐射状装坑示意图

如果弹药的口径大、品种单一、数量不多时，可采用立式装坑法，如图 6-46 所示。选一个弹壳薄、装药多、威力大、易起爆的弹丸作为中心弹，立放在坑的中央并埋至弹带部位，然后将其他弹丸倾斜立放在中心弹的周围，使弹口均向中心弹靠拢，以使弹壳薄的弧形部互相靠紧，便于放置引爆药包。并用土将弹堆周围的空隙填实，防止弹堆移位或倒塌。

如果弹药的种类、口径比较单一、偏小而且数量较多时，可采用梯形装坑法，如图 6-47 所示。将弹径一致的弹体一个紧靠一个，并排层叠起来，使上一层弹体堆码在下一层弹体的间隙处，互相紧密接触。当所堆码的弹体圆柱部较短且弹体重心不居中时，为提高弹堆的稳固性和使坑内的弹体装药分布均匀，宜按层颠倒码放。顶层堆两枚弹为宜，并用土填实。

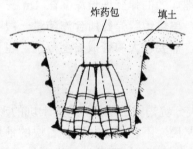

图 6-46　立式装坑示意图

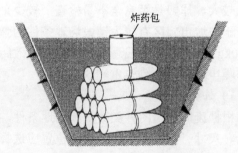

图 6-47　梯形装坑示意图

3）填土掩埋

填土掩埋的作用是固定引爆药包，阻挡和减少破片飞散，使引爆炸药在爆炸瞬间能量限制在坑内，起到瞬间能量闭塞作用，减少爆轰产物的逸散，有利于爆炸能量集中引爆弹药，提高炸毁效果。引爆药包和弹药之间空隙不要填土，可用小炸药块填充。填土时，应随时检出土中的石块。

**4. 地面炸毁**

地面炸毁可选在开阔地低洼处或山凹处，是堆积销毁弹药的一种方法，其优点是操作简便快捷，主要缺点是破片飞散距离、起爆药量、噪声都较大，榴弹破片飞散半径可达 1000m 以上。该方法比较适合原地销毁未爆弹，或黄磷弹。

地面炸毁时，弹药的堆码方式可参照装坑掩埋炸毁时的装坑方法，但较多采用平铺方式，将待销毁的弹药并排平铺于地面，在多枚弹丸上压一条炸药，并在上层垂直放置一列炸药。地面平铺炸毁通常采用塑性炸药，如塑-4 炸药，也可采用 TNT 药块，按照每发弹起爆需要的炸药量设置，如图 6-48 所示。

在地面上可以将黄磷弹和榴弹堆码混合炸毁，将少量的黄磷弹堆放于弹药堆中间，以保证榴弹爆炸时能引爆内层的黄磷弹丸，如图 6-49 所示。起爆后黄磷药剂被抛洒开，有利于其在空气中发生氧化反应生成无毒物质。

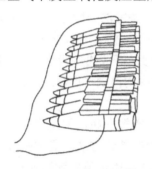
图 6-48 地面平铺炸毁

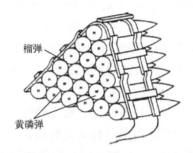
图 6-49 地面堆码混合炸毁

为减少地面炸毁时破片飞散，缩小安全距离，可以利用地形（凹地）或开挖大深坑，在大坑底再开挖小坑浅埋炸毁。外层大坑为防护坑，一般口部直径为 3～5m，底部直径为 2m，坡度 45°～60°，内部炸毁坑要求与前面装坑掩埋炸毁方法相同。为降低地面炸毁的不利因素，还可以在被保护目标方向上，采用堆土或堆沙袋的方式，构筑临时防护墙。防护墙的高度一般不小于 2m，墙体呈梯形结构，上部厚度不小于 1m。

**5. 组织实施方法**

组织实施涉及安全风险评估、安全应急预案、现场组织指挥、起爆方式、炸毁效果判断、爆后现场清理、安全注意事项等，按照实爆作业规范实施。弹药炸毁时，一定要进行爆后现场清理，首先判断炸毁效果，然后再进行清坑和对炸毁不彻底的废弹药进行处置。

1）炸毁效果判断

起爆时，除指挥所人员外，其他人员各自隐蔽，指挥所人员应注意观察和倾听现场爆炸情况。观察是指用望远镜观察爆炸烟柱的大小及爆炸后各炸毁坑内有无燃烧、冒烟的情况。倾听是指听爆炸声音的大小和记录爆炸的次数。当记录的爆声次数与炸毁坑数一致，声音强烈，观察到的各坑爆炸产生的烟柱较大，且各坑爆炸后没有燃烧、冒烟的情况时，说明弹药炸毁彻底。

2）爆后现场清理

根据指挥所发出现场清理的指令后，作业人员应分散开，由四周逐渐走向爆炸作业中心，边行进边观察，并收集未爆炸或爆炸不完全的弹丸，遇有带引信或状态不明的弹丸，不得随意触动，应就地炸毁。对炸毁坑，可进行挖掘检查，挖掘时动作要轻，从周围向中心逐渐地翻土查看，检出破片和未爆弹。对炸毁明显不彻底且又带有引信的弹丸，采取边用探针探测边挖掘的方式清坑，彻底清除钻入土中的未爆、半爆弹药。清理一定要认真细致，严防遗漏，对清理收集的弹药应重新进行炸毁。

### 6.5.3 报废弹药烧毁处理

烧毁法是对含能材料施以火焰（热能）刺激，促使其能量按照预定的途径释放出来的过程，又称热处理或加热破坏。弹药烧毁的能量释放有两种方式：一是自维持燃烧释放能量，含能材料引燃后直至全部销毁；二是靠外界火焰（热能）作用，能量以爆炸或爆燃的形式释放出来。含能材料的能量释放形式，主要依赖于材料的性质，材料是否有壳体等，即燃烧转爆轰的影响因素。鉴于能量释放形式的不同，烧毁法一般分为开放式烧毁法和封闭式烧毁法。开放式烧毁法多用于第一种能量释放形式的烧毁作业，封闭式烧毁法则多用于爆燃（或爆炸）形式释放能量的烧毁作业。野外烧毁是开放式烧毁法的常见形式，焚烧炉烧毁是封闭式烧毁法的主要方式，在报废弹药处理中均得到了广泛应用。

**1. 野外烧毁法**

弹药野外烧毁操作简便、成本较低、效率较高、销毁彻底，但是也存在污染环境、材料回收价值低、能源消耗大的弊端，不是弹药处理的首选方法。通常是针对不能安全分解倒空的弹药，或分解倒空处理费效比太大，或无再利用价值的弹药元件及含能材料。野外烧毁的弹药品种主要包括：废弃的火药、炸药、小药柱、弹药零部件、枪弹、信号弹、燃烧炬、基本药管、曳光管、底火、火帽、榴弹弹丸等。

1）烧毁场的选择

野外烧毁作业具有一定的危险性，因此烧毁场地应远离居民区、工厂、弹药仓库、电站等重要建筑物，距居民区不小于2km，同时避开草原、森林、易燃农作物等地点。烧毁场地应选择在开阔、平坦、无浮土、碎石、垃圾的坚实土质地面，直径不小于200m，应清除周围的杂草和易燃物，边缘开设宽30m的防火带。

2）废火炸药烧毁

废火炸药以及导爆索、导火索、导爆管等可以采用平地铺药方法烧毁处理。顺着风向将其铺成带状，带状药条的厚度、宽度、长度也与其易燃性和场地的安全性有关。通常TNT炸药铺药厚为1～3cm，铺药宽为50～100cm，长度可根据场地大小确定，通常小于25m。烧毁总药量较大时，可以铺成多条药带同时烧毁，各药带之间距离应大于20m。药带铺好后，应注意检查药带上是否有堆积，应避免烧毁品局部堆积现象。对于大块火炸药，应在远离铺药现场的地方，用木质或铜质工具破碎。废品火炸药的铺设可按表6-5

的要求进行。

表 6-5 火炸药烧毁铺设尺寸与安全距离

| 烧毁品种 | 一次最大烧毁量/kg | 铺药厚度/cm | 铺药宽度/m | 最小警戒安全距离/m |
|---|---|---|---|---|
| 单基、双基、三基药 | 1000 | 1～2 | 1～1.5 | 220 |
| 双基片状药 | 1000 | 5 | 1～1.5 | |
| TNT | 500 | 1～3 | 0.5～1 | |
| 含黑索今的混合炸药、硝铵炸药、含水 10%～15%硝化棉、火药 | 200 | 1～2 | 0.2～0.3 | |
| 特屈儿 | 100 | 1～2 | 0.2～0.3 | |
| 黑索今、太安 | 50 | 1～2 | 0.2～0.3 | |
| 大型药柱 | 单件烧毁 | | | |

3）小件火工品烧毁

对于基本药管、信号弹、曳光管、底火、拉火管、带基本药管的弹尾或炮弹部件、手榴弹柄等小件火工品，可挖坑烧毁。顺风挖成椭圆形烧毁坑，一般宽1m，深1～1.5m，纵向留有进风口和出风口。进风口在上风方向，长而坡缓，出风口短而陡，如图 6-50 所示。多坑同时烧毁，坑间距10m以上。在坑底交叉地铺设两层耐烧木柴，木材上铺放一层碎木屑，并在进风口处铺适量引火物，以利点火。交替地铺放待烧毁品和木柴，可铺3～4层，最顶上应铺一层木柴。坑口上盖一层粗铁丝网并压实，以防止未烧毁的火工品飞出坑外。多品种烧毁时，应注意按燃烧、爆炸强烈程度不同适当搭配混合装坑，并将燃爆强烈的品种在坑内分散开。坑内的木柴要一次放足，以保证烧毁彻底。燃爆结束、待坑火熄灭 5min 后，加水冷却，确认无燃烧后清坑，严禁带火或坑内灰渣未冷却时清坑。按照由外向内的顺序，仔细检查灰烬和残留物，严防未烧毁的火工品混入渣壳中。

4）弹丸堆放烧毁

弹丸堆放烧毁仅适用于不带引信，弹体内无传爆管，装药为梯萘、黑铝炸药的弹药，且弹体上的引信室或其他孔洞能够将主装药暴露出来。弹丸烧毁效率高，但污染较大，一般较少采用。对于适用烧毁的少量弹丸，可在地上挖一条两边有斜坡的沟，将弹体头部朝下稳固地放在斜坡上，如图 6-51 所示。在沟内装上足够的木柴、柴油等可燃物品，点燃后利用其燃烧的热能使弹体内部的温度达到炸药的熔点后，装药熔化自行从弹体内流出。燃烧尽后，弹壳可回收。每堆烧毁的弹药，按TNT总药量不宜超过 100kg。

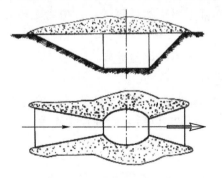

图 6-50 烧毁坑的形状

图 6-51 弹丸内炸药烧毁

### 2. 焚烧炉烧毁

为了适应环保法规要求，避免露天焚烧所带来的环境污染，世界各国采用了受控的焚烧炉烧毁技术，并在焚烧炉的基础上，发展了对废气和灰烬进行处理的附加设备以及热能回收利用设备。火炸药的主要组分是可燃的有机物，在受控燃烧后，能较完全地生成 C、N、S 的氧化物、水蒸气及少量灰烬。在焚烧炉中能创造较好的燃烧条件，使焚烧过程更加有效。初期的简易焚烧炉只有一个燃烧室，为提高焚烧效率，后期有的增加为两个燃烧室，即基本燃烧室和后燃烧室。

控制焚烧炉的燃烧时间及燃烧气体流动状态等条件，来保证被焚烧元件内炸药充分燃烧或爆炸，产生的有毒有害气体送入废气处理系统，使燃烧产物中氮的氧化物减至最低，降低对大气的污染。一般的焚烧炉装置配备废气处理装置，其中包括除尘器、过滤器或气体洗涤器。焚烧炉的弊端是设备投资大、维修要求高、难以实现完全燃烧、出现残渣和粉尘，防燃爆工艺控制较难，存在一定的危险性。

焚烧炉类型较多，有炉体采用厚钢板栓接或整体浇注而成的简易焚烧炉、圆筒形炉体可低速旋转的旋转焚烧炉、不同容积炉体的静态焚烧炉、炉底装在轨道小车上可进出焚烧炉的活动底焚烧炉、利用燃烧气体推动颗粒动态悬浮燃烧的流化床焚烧炉等。

### 3. 火炸药烧毁实施的主要安全要求

（1）只有燃烧不会转为爆轰的火炸药材料，才能利用野外铺药烧毁法销毁。

（2）禁止将火炸药放在容器或密闭空间，如山洞或坑道内烧毁，禁止发射药、炸药在堆积或存在较大结块状态下烧毁。

（3）严禁在火炸药中混入雷管或火帽进行烧毁，不允许火药、炸药、空包药盒与其他无烟药混合烧毁。

（4）烧毁火焰熄灭 20min 后，才能进入现场检查和清理，对残留药应集中后重新烧毁。

（5）不允许在原地连续铺药进行烧毁，必须待燃烧场地完全冷却后，才能进行下一批次弹药材料的烧毁。确实需要在原烧毁场地进行烧毁的，需要等待 4h 以上，并注意检查地表，防止藏有暗火，造成铺药过程中的意外事故。可以采取洒水方式降低地面温度，清除地表余火。

（6）铺药操作人员不得带有火源，严禁在作业现场吸烟。点火采用逆风，远距离、间接点火，需等待其他人员全部撤到安全区后才能进行。

（7）对受潮难以燃烧的硝铵炸药可先在下面铺上引火柴后再铺药，黑索今和太安只能在潮湿状态下铺药。

（8）黑火药的燃速太快，烧毁时危险性大，一般不作烧毁处理。

（9）禁止在严寒、雷雨、大风等恶劣天气进行烧毁作业。

（10）焚烧炉烧毁时，一次加入的炸药量不能超过最大安全投放药量，炉周围 50m 范围内不准有人，烧毁结束 0.5h 内不得靠近烧毁炉，2h 以后才能进行排渣作业。

### 6.5.4 报废弹药拆解处理

针对批量的退役报废弹药，通常可采用分解拆卸和装药倒空的处理方法，有利于资源回收、经济、环保、高效,但需要建立专门的设备、场地,由专职机构来承担。

**1. 报废弹药分解拆卸举例**

报废弹药的分解拆卸是一项高度危险的工作,应严格按照规定的技术程序进行。弹药分解拆卸一般是按照弹药生产时的装配逆顺序进行,是破坏性的不可逆过程,有多种技术手段可以采用,如旋卸、切割、挤压、加热、空气加压、冲压等。报废弹药拆卸工艺流程,通常由熟悉弹药结构和弹药处理技术的专家,经过严格的论证、程序推演、试运行等,并报上级批准后实施。每一种报废弹药的分解工艺流程,都应该严格经过以下程序:收集报废弹药信息、确定分解拆卸深度、画出拆卸部件间的关系图、模拟分解拆卸、形成完整的分解拆卸工艺流程等。弹药分解工艺流程是法规性技术性文件,作业人员必须遵照执行。

1)整装迫击炮弹分解拆卸

整装迫击炮弹分解拆卸流程如图6-52所示。

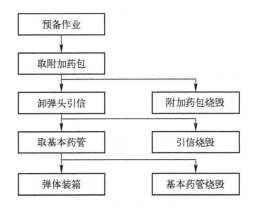

图6-52 整装迫击炮弹分解拆卸流程

预备作业,该工序包括开箱、切割塑料包装筒和弹药外观检查。

取附加药包,该工序应在单独的工作间(区)进行,工作台周围地面环境应保持潮湿,相对湿度不小于65%,工作台接地电阻不大于100Ω。工作人员着防静电工作服。附加药包定量装箱,及时送至指定位置存放,工作间存放的发射药量不应超过30kg。

卸弹头引信,该工序在单独的工作间(区)内,使用专用扳手进行,也可使用机动式弹药旋卸机操作。卸下的引信应装箱,并及时送至指定存放位置,现场存放量不得超过30枚。引信装箱时应装卡牢固,在箱内不能晃动,引信旋卸工序应采取防坠落措施,对于旋卸困难的引信,不得强行旋卸,取出基本药管后作炸毁处理。

取基本药管,应在单独的工作间(区)进行,先将弹体用夹具固紧,用专用工具手工取出或使用基本药管拔出机拔出。取出的基本药管应装箱,并及时送至指定位置,现场存放量不得超过限量规定。

弹体装箱,取下引信的弹体应装回原包装箱,并装卡牢固,填写装箱单,铅封标签,并认真登记入库。

2)无坐力炮破甲弹分解拆卸

无坐力炮破甲弹分解拆卸流程如图6-53所示,主要工序包括预备作业、取发射药包、取点火药管、卸带接螺的弹尾、取弹底引信、结合装箱。

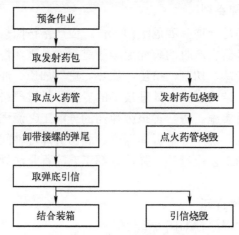

图 6-53　无坐力炮破甲弹分解拆卸流程

3）火箭炮弹分解拆卸

107mm、130mm 火箭炮弹拆卸顺序如图 6-54 所示，主要包括卸弹头引信或防潮塞、卸战斗部和发动机、卸保险圆盘或药盒夹、取出点火药盒。

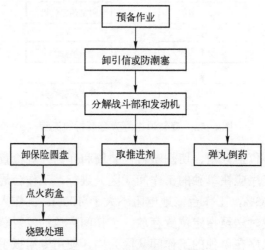

图 6-54　火箭炮弹分解拆卸

4）后装炮弹分解拆卸

后装炮弹分解拆卸一般可按图 6-55 所示的流程，分解为弹丸、药筒、引信、发射药和底火等元件或组件。

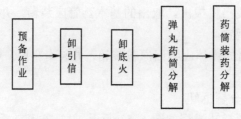

图 6-55　后装炮弹分解拆卸流程

## 2. 报废弹装药倒空

把装药从弹药金属壳体中分离出来的方法，分为弹丸装药倒空和发射装药倒空。一般后装炮弹发射药可采用分解拆卸时直接倒空，而弹丸装药由于装填材料、密度、方式不同不能直接倒出，需采用更复杂的技术手段才能倒出。弹丸装药倒空技术，已成为弹药销毁技术的主体内容，主要有蒸汽加热熔化、蒸汽水煮、热水浸泡、热水冲洗、高压水射流、涡流水喷射、有机溶剂冲洗等技术。

弹丸装药倒空，需要预先评估装药的热安定性、机械感度，不适宜倒空操作的弹药应采用其他方法销毁。弹丸装药倒空应按照操作规程进行，倒药之前应检查传爆管是否已经拆除，装药能否顺利倒出。弹丸装药倒空方法取决于装药材料和装填方式，一般装填 TNT 炸药的弹丸，采用加热的方法倒空。对于能够溶解于水或遇水后失去爆炸性能的装填材料采用水煮法或热水浸泡法。胶黏剂固定的炸药柱，则采用加热熔化胶黏剂的方法倒出药柱或采用铜质、木质工具挖出装药的方法倒空弹丸。

蒸汽加热倒药，是将弹口朝下置于蒸汽箱内，通入蒸汽加热弹丸，当弹丸炸药熔化后，液态炸药流入下部的接药槽内。

高压水射流倒空装药，是通过加压迫使高压水流通过一个喷嘴喷射出的高压水射流对弹体内的炸药药柱产生高压冲击，药柱一层一层由外及里剥离，达到炸药倒出的目的。由于利用常温水冲击，水能及时带走热量，消除热积累，提高了处理的安全性。剥离后的炸药与水同时流入收集槽，经过沉淀、过滤、净化后收集，水经多层过滤后循环使用，沉积物和过滤器中的废活性炭，可采用焚烧方式处理，避免环境污染。为了提高装药倒空效率，有时需切开弹体暴露内部装药，高压磨料水射流具有极强的切割能力，可以发挥作用。

# 思 考 题

1. 用 X 射线探测器探测识别可疑爆炸装置，X 射线图像识图的方法有哪些？
2. 简述简易爆炸装置现场处置的一般原则。
3. 简述疑似爆炸物现场专业处置的基本程序。
4. 简述汽车炸弹的主要特点及重要部门的防范对策。
5. 简述搜爆现场对场地的检查原则和实施方式。
6. 发现未爆弹应遵循的基本安全准则有哪些？
7. 地下未爆弹挖掘的一般要求和挖掘方式有哪些？
8. 装坑掩埋炸毁弹药的装坑方法如何选择实施？

# 第 7 章  爆炸物处置行动

爆炸物目标种类繁多，设置方式（状态）复杂，发火原理各异，在处置过程中探测、识别困难，处置危险性大，不可控因素多。担负爆炸物处置任务的分队，必须具备熟练的爆炸物处置技术和顽强的战斗作风。行动前要精心筹划，对各类爆炸物处置方案要多案准备，确保在受领任务后迅速定下决心和组织各种协同，第一时间进入作业现地。在行动过程中，要求作业人员心理素质过硬，能根据处置预案遵循作业流程和规则，安全、高效地处置不同种类的简易爆炸装置、未爆弹、水下爆炸物等。指挥员要严密现场组织，科学把控爆炸物处置行动关键环节，灵活处置行动过程中出现的各种问题。任务完成后，要上报相关资料，并组织分队总结经验，进一步提高实战技能。下面介绍的爆炸物处置行动组织实施方法，主要是以部（分）队遂行非战争军事行动爆炸物处置任务为背景，战时需加强火力协同和掩护，公安特警和武警部队平时执行相关爆炸物处置时也可参考。

## 7.1 行动准备

### 7.1.1 力量编组

爆炸物处置分队按照不同的建制单位，通常可编成指挥组、简易爆炸装置处置组、未爆弹处置组、水下爆炸物处置组、保障组等，各组成员数量可根据实际相互兼任调整。根据实际任务背景，可协调上级或友邻单位进行警戒、火力、救护、抢险等支援力量。

**1. 指挥组**

指挥员可由爆炸物处置分队负责人担任，编设通信员 1 名、司机 1 名。主要任务是组织协调爆炸物处置行动中的目标侦察、方案拟制、现场警戒封控和作业组织指挥，并及时向上级报告完成任务中的有关情况。可编配指挥车或防地雷反伏击车，及相关通信器材。

**2. 简易爆炸装置处置组**

通常以班组为单位进行作业。可设组长 1 名。编设搜爆小组，人员 2 名，负责疑似区域简易爆炸装置的搜索、探测和标示；排爆小组，人员 2 名，区分主、副排爆员，负责对简易爆炸装置的识别与处置；频率干扰小组，人员 1 名，负责设置频率干扰仪。器材保障小组，人员 1~2 名，负责器材调试与检测；通信小组 1 名（可由组长兼任），负责保障与分队指挥员和小组成员之间的联络。警戒人员和医疗救护人员可由分队统一编配。通常可编配运输车、防地雷反伏击车、搜排爆作业箱组、非线性结点探测器、排爆服、排爆机器人、防爆容器等。

**3. 未爆弹处置组**

通常以班组为单位进行作业。可设组长 1 名。编设搜索标示小组，人员 2 人（可根据任务情况增加），负责未爆弹药的搜索和标示；排爆小组，人员 2 人，区分主、副排爆员，负责标示后未爆弹的判断、定位、挖掘及诱爆销毁工作。器材保障小组，人员 1 名，负责器材调试与检测；通信小组 1 名（可由组长兼任），负责保障与分队指挥员和小组人员之间的联络。警戒人员和医疗救护人员可由分队统一编配。通常编配运输车、望远镜、探雷器、航弹探测器、高压水射流切割器、排雷爆破工具包、爆破器材、排爆服、非线性结点探测器和无磁排爆工具组等。

**4. 水下爆炸物处置组**

通常以班组为单位进行作业。可设组长 1 名。编设搜索标示小组，人员 2~3 人，负责搜索和标示水下爆炸物；排爆小组，人员 2 人，区分主、副排爆员，负责处置发现的水下爆炸物；警戒小组 2 人，负责作业水域的陆上和水下警戒任务。器材保障小组，人员 2 名，负责器材调试与检测；通信小组 1 名（可由组长兼任），负责保障与分队指挥员和小组人员之间的联络。医疗救护人员可由分队统一编配。通常编配运输车、水下爆炸物遥控探测艇、水下排爆机器人、蛙人搜排爆装置、水下探测器和爆破器材等。

### 7.1.2 准备工作

**1. 受领任务**

分队指挥员接受上级下达的任务或临时受领任务。受领任务必须准确领会上级的意图，正确把握完成本级任务与实现上级意图的关系，充分了解遂行任务的条件。主要应明确：上级的任务和意图；爆炸物发现的地点、时间、处置的要求；本级的任务及在完成上级任务中的地位和作用；加强兵力的数量和任务；被保障分队与本队完成任务的关系；协同和保障的要求；完成任务准备的时限等。

**2. 传达任务**

分队指挥员在受领任务后，应迅速向全队干部和骨干传达任务。时间充裕可会议传达，时间紧迫可分头传达。其内容包括：有关敌情和上级作战企图；分队的编成，加强的兵力和器材；已掌握的爆炸物的位置、类型、结构和原理信息；开进、展开的方式、方法和路线；负责掩护、支援的分队，掩护支援的方式、方法及协同事项；完成爆炸物处置任务的时限等。

**3. 组织侦察**

指挥员受领任务后，可利用有关情报资料获取目标信息。经报请上级批准，也可派遣侦察小组，对行动路线及目标地域实施抵近侦察。侦察的内容主要包括：敌情、水域、天候、社情等。

**4. 定下决心**

定下决心，通常按了解任务、判断情况、拟定初步实施方案、现地勘察、确定实施方案的程序进行。决心的主要内容包括：行动编组、任务区分、器材分配、展开方案、各种保障措施、对各种情况的处置方案等。

**5. 下达命令**

分队的作业计划，被上级批准后，应迅速下达命令。下达命令应由分队指挥员组织，根据情况可在开进实施前下达。一般情况下，应向全体人员下达，情况紧急时也可只向各组长下达。命令通常采取口头形式下达，并力求简明、准确。

命令的主要内容包括：有关敌情；上级的企图；行动编组、任务区分、器材分配、完成任务的战法及完成作业准备的时限；开进、撤出的方式、方法、路线及顺序；目标处置的基本方式方法；完成时限；友邻的任务及行动；有关协同事项；信（记）号规定；指挥位置和代理人。

**6. 拟制计划**

指挥员在定下决心后，应制定具体的作业计划。其内容主要包括以下几方面：

（1）现地部署要图。通常在侦察所获得的任务地区要图基础上标明以下内容：敌情态势；目标的位置、名称、编号；点火站位置、器材存放位置、作业准备位置，指挥位置及各编组部署位置，如警戒掩护位置，预备组位置等；接近、撤出路线。

（2）作业方案。主要包括：爆炸物探测识别和处置的基本方法；现场作业基本程序；所需器材。

（3）行动编组、任务区分和器材分配。应明确各编组的人员构成及负责人；主要任务及行动时机；作业方法与要求；所携带的主要器材等。进行编组及任务区分时，应根据专长尽量保持原建制，要留有一定机动兵力。当得到其他支援分队的配属时，也应明确赋予其任务、行动方法等。

（4）有关规定。作业时限；有关协同事项；情况处置预案；指挥位置、联络方式及代理人；有关信（记）号规定等。

**7. 装备器材准备**

下达命令后，根据上级的协同指示和本组的决心方案，由分队指挥员组织实施装备器材准备，主要检查落实装备器材的技术状态、携行数量、携行方法、伪装效果、防水处理等。

## 7.2 简易爆炸装置处置行动

简易爆炸装置处置可采用就地销毁、临时转移、人工解体失效等方法，具体应根据简易爆炸装置的类型结构、爆炸可能造成的破坏范围、周围环境和设施情况、排爆防护措施等各种因素综合考虑决定。简易爆炸装置处置时，应遵循最少接近、准确判断、密切协同、规范处置、确保安全的原则，充分预想各种可能出现的意外情况，根据排爆方案严密组织实施。

**1. 频率干扰**

排爆组到达现场后，在爆炸物不明的情况下，必须首先用频率干扰仪实施频率干扰，以防无线电遥控爆炸装置爆炸。

**2. 现场侦察**

排爆人员要借助高倍望远镜、无人机等侦察手段，查清以下情况：

(1）爆炸装置设置的具体位置，放置的方法及有无支撑物。
(2）爆炸装置的外形、体积、外包装材料，爆炸装置的外表有无连线。
(3）爆炸装置的周围环境及发生爆炸后可能波及的范围和造成的损失。
(4）机器人能否进入现场及驶入的路线。
(5）可能发生的险情和需要采取的措施。

**3. 划分警戒区域**

安全警戒范围通常根据简易爆炸装置的体积大小装药量估算、所处位置及周围环境等因素确定。当简易爆炸装置处于露天情况下时，警戒区域的最小半径为：装药量在9~20kg的炸弹为300m；装药量在3~10kg的行李炸弹为200m；装药量在3kg以下的爆炸装置为100m；信件等微型爆炸装置为10m。一般情况下，排爆作业时的安全距离不应小于80m，即在距简易爆炸装置80m的范围内为危险区。如果遇有大的简易爆炸装置或其附近有坚硬的物品、易燃易爆物品，或位于室外的带有金属壳体爆炸装置，为了防止爆炸破片的杀伤，安全范围还应加大，有时需划出两层安全区。

**4. 现场清理**

为了排爆作业的需要，确保排爆作业顺利、迅速、安全进行，在实施排爆作业之前，应首先对现场妨碍排爆工作的其他无关物品进行清理，主要包括爆炸装置周围的车辆和金属物品等，爆炸装置周围易燃、易爆物品，排爆人员快速撤离的路线及简易爆炸装置转运的路线等，并准备好可保护排爆人员的掩体等。

**5. 移动检查**

移动检查，是通过采取一些措施，移动简易爆炸装置，通过观察简易爆炸装置移动时的状况，在原有侦察基础上，进一步判明简易爆炸装置的具体情况，从而在初步定下的排爆方案的基础上，确定对该爆炸装置的处置方法。移动检查可以采取的方法：一是在远处用绳索或绳钩组合拉动爆炸装置，使其改变位置、状态；二是可以利用机器人、机械手或锚钩等器材试将其移离原位；三是较小的爆炸装置，可以借助于防爆挡板、防爆盾牌或用带钩子的长杆去触动或拉动爆炸装置。移动检查时，如简易爆炸装置带有反移动反排装置，可能引发爆炸，要有充分的准备。

**6. 拟定方案**

根据现场侦察及移动检查等情况的分析判断，结合平时实践经验，迅速定下具体的排爆方案：

(1）具体的方法步骤。
(2）所需工具、装备和防护器材。
(3）人员分工及其职责。
(4）险情紧急处置预案及其措施等。

**7. 实施排爆**

在必要的准备工作完成之后，排爆人员应按指挥员下达的作业命令，根据排爆方案，迅速实施排爆作业。

(1）就地销毁。对设置有反能动装置或没有把握进行人工排除失效的简易爆炸装置，通常选择就地销毁的处置方法。具体方法：一是利用炸药包或装药进行诱爆；二是用爆炸装置解体器将其摧毁；三是用爆破切割销毁器进行销毁；四是采用燃烧法将其烧毁；五是用高能激光器将其摧毁。在实施就地销毁时，应根据简易爆炸装置的类型、发火装置发火方式、现场空间及排爆装备器材可供利用的程度等，选择不同的销毁方法。在对简易爆炸装置实施就地销毁时，根据现场情况可以将简易爆炸装置周围用沙袋、防爆网、防爆毯及其他能有效防冲击、防破片飞散的器材围隔起来，以最大限度地降低简易爆炸装置的破坏程度。

（2）临时转移。当简易爆炸装置位于重要场所或装有反拆卸装置，又没有把握进行失效处理时，应运用转移法将简易爆炸装置转移到安全地点再作失效处理。该地点应远离市区、居民区以及重要目标、重要设施或重要建筑。在市区、城镇等人口稠密地区和重要场所发现可转移的爆炸装置，在没有专用储运设备时，可将爆炸装置临时转移到洞穴、深沟、枯井或窑坑内，或转移至其他空旷场地，以便将突然发生爆炸时的损失减少到最小。但选择的场地必须远离供热、供气、电力、输油等管线，同时还要考虑便于提取和运送。在安全地点销毁简易爆炸装置时，若简易爆炸装置较多，应分次销毁。销毁地点要进行警戒，防止无关人员进入危险区。销毁完毕，应组织人员对销毁场地进行严密、细致的清理工作，以防留下隐患。

（3）人工排除。人工排除，是手工将简易爆炸装置的起爆装置、装药、伪装物、包装物等进行拆解分离，使其由待发状态转为安全状态。当确定简易爆炸装置无反能动、反排、定时装置，而且有把握排除时，可利用人工技术将其就地解体失效，必要时借助便携式 X 射线探测器、窥镜、电子听音器等查清其内部结构，为人工操作提供可靠依据。人工排除的一般步骤：一是清除简易爆炸装置的伪装物、支撑物和外包装物；二是将爆炸装置由待发状态恢复到保险状态，如对压发、松发、拉发引信插入保险，阻止引信动作，剪断电雷管脚线等；三是将起爆装置，如火雷管、电雷管、电源等与炸药分离；四是进一步分离出炸药或其他易燃易爆物品，根据需要进一步进行销毁。

**8. 现场移交**

排爆工作完成后，应回收爆炸装置部件，撤收装备器材，清点现场物品，确保现场安全后移交给当事方。组织分队撤回，总结报告。

# 7.3　训练未爆弹处置行动

未爆弹处置背景包括演习训练、战场环境、战后遗留等几种情况，具体实施的要求和组织方式有所差别，但主要方法程序基本相似。下面以常见的演训背景下未爆弹处置的组织实施方法进行介绍。

部队演训活动一般都在训练基地或靶场内进行，周围安排有警戒人员防止无关人员入内，靶区和爆炸区安排专人进行观察，组织相对严密。一旦出现未爆弹，观察人员必须如实、准确、详细地记录时间、弹着点部位、数量，绘制略图。通知外围警戒人员加强警戒，同时在出现未爆弹区域周边设置警戒。迅速向指挥员汇报出现未爆弹的区域、数量等基本情况。

训练未爆弹处置时，通常在现地采用炸毁法进行销毁，处理的基本原则是及时、就地、安全、彻底。处置未爆弹往往时间紧迫，同时要求安全彻底销毁。在排除未爆弹的各个环节，需要排爆分队严密组织，确保行动万无一失，圆满完成任务。

**1. 现地勘察，明确任务**

演习训练时应设置观察哨，配备观察器材，或利用报靶系统确定未爆弹的大致位置，如靶场没有报靶系统，观察哨应利用观察器材观察，并在平面图上标画未爆弹药的种类、时间、位置、数量和大致分布情况。未爆弹处置组到达未爆弹附近安全区域待机位置时，分队指挥员应组织各组长迅速进行现地勘察，结合观察哨的情况通报，查明地形和周围环境，对前期所拟制的行动方案进一步修正完善，以符合未爆弹处置实际需要。

现地勘察主要查明下列内容：未爆弹周围的地形和植被情况；附近进出路；附近重要建筑和设施；周围高压线塔和电磁环境情况；附近隐蔽物等；销毁爆破作业可能对周围环境和设施的影响。

指挥员应结合现地勘察情况和行动方案，向所属人员现地进一步明确以下内容：各组的作业位置、前出和撤离路线；搜索标示方法；警戒位置；通信联络方法；信（记）号规定；安全防护要求等。分队所有人员应做到任务清，情况明，熟悉安全要求和信（记）号规定，按规定程序和方法展开作业。

**2. 警戒封控**

指挥员现地进一步明确任务和分工，提出安全要求后，应迅速派出警戒，对未爆弹落弹附近区域进行封控，防止无关人员和车辆意外进入。派出警戒时，要在附近道路、人员和车辆可能进入的位置设置警示牌，在可能进入的路口和视界良好的地方设置警戒哨，严禁无关人员、车辆和牲畜进入。

警戒范围确定。根据弹药口径、销毁场地形来确定，一般是以弹径的毫米数×10，以米为单位作为半径来确定警戒区域范围，比如销毁口径 120mm 的未爆弹，其警戒半径不小于1200m。在山地或有天然屏蔽的场地，警戒半径可酌情缩小。

警戒清场要求。警戒人员应佩戴醒目的警戒标志；夜间、恶劣天气等不便于立即组织排爆时，须派出警戒，防止无关人员进入危险区；各警戒点相互间应保持通视，明确联络信号，保持通信畅通；警戒人员要坚守岗位，接到撤离指令后，方可撤出；遇有意外情况，警戒人员应立即向指挥员报告，根据指令快速处置。

**3. 搜排实施**

对于未爆弹落弹区域，周围有可能存在其他未爆弹。对于位置和数量准确的未爆弹，排爆组根据指挥员命令，可以判断后直接进行销毁。对于位置和数量不明确的未爆弹，很有可能裸露于地表、半侵入地表或完全侵入地表，需要进行全面的搜排作业。分队指挥员应根据上级的任务和情报资料信息，结合现地特点，对落弹区域进行全面搜索，准确获知未爆弹的位置、数量和状态，安全、彻底地排除所有未爆弹。

1）搜索

进行搜索时，应运用目视观察法，分区划片，分组实施，每组 5～8 人，组长在队形后侧 5～8m 跟进指挥，一字队形平行推进，对落弹区进行"拉网式"搜索。应当做到：

（1）按照弹药配用引信种类，在相应时间间隔后，方可进入落弹区搜索。平时三实训练中，间隔时间通常机械引信大于 1h，机电引信大于 5h，无线电引信大于 24h，具体要求以弹药使用说明书为准，并以最后一发弹药完成射击时间为计时起点。战时发现的未爆弹，指挥员应根据相关情报资料信息、上级意图和弹药引信特点，在确保安全的情况下，合理确定开始搜索的时间。

（2）搜索人员着防弹衣，戴头盔，携带标示器材。

（3）通常相邻人员间距不大于2.5m，射击距离近、落弹地点明确、观察清晰、记录准确的手榴弹、枪榴弹、单兵火箭筒弹等，人员间距一般为25m，划区包片搜索。

（4）搜索人员发现可疑目标时，立即举起标示旗，发出"停"的口令，全体搜索人员停止作业，由组长确认。

（5）发现疑似未爆弹时，严禁触碰。

2）标示

当组长确认疑似爆炸物为未爆弹或可疑弹丸时，采取插标示旗、设警示标志或者警戒带等方式标示，必要时安排专人值守。由专人记录未爆弹的位置、姿态、状态和周边情况。应当做到：

（1）在未爆弹左、右、后侧大于1m处各插1面标示旗。

（2）在未爆弹后方大于1m处设置警示标志。

（3）值守人员应当阻止其他人员接近未爆弹。

3）定位

对搜索发现的可疑弹孔，沿弹孔入地方向及左右两侧5m范围，使用金属探测器或航弹探测器等装备，探测未爆弹的位置、深度、姿态等信息。应当做到：

（1）从标示位置开始探测，顺着可疑弹孔走向进行。

（2）探头尽量与地面保持平行，靠近但不能碰触地面。

（3）严禁触碰可疑物体。

4）挖掘

查明未爆弹位置后，应当使用工兵锹、手铲等挖掘工具，采取"考古式"挖掘方式，将未爆弹暴露出来，以便判定危险等级和销毁处理。应当做到：

（1）每个点位由1人实施，严禁多人多点同时挖掘，作业量大时，可轮班作业。

（2）基准杆设置在作业起点，位于目标中心点后方大于0.5m处。

（3）严禁猛抠猛刨，遇到石块不得用力撬挖，遇到树根或草根，使用剪刀剪除，不得用力拉扯。

（4）接近未爆弹时，动作要轻，放缓挖掘速度，严禁触碰和移动未爆弹。

（5）挖掘配用了电引信的未爆弹，在接近弹体时，应在弹药工程师指导下完成后续作业。

5）判定

判定主要是针对落入居民区或重要设施等不具备就地销毁条件的未爆弹药，重点是判断引信状态、评估危险等级、提出处置方案，为后续销毁决策提供支撑，通常按照外观识别、技术检测和综合判断的步骤组织实施。

（1）外观识别。由排爆组实施，对因烧蚀、摩擦等原因标志不完整的弹体，采取对照资料、外观比对等方法识别。应当做到：严禁触碰、翻转未爆弹；人员着防护服，并由一人前去识别取证；遇到无法识别的弹药，请求上级技术支援。

（2）技术检测。对于经过外观识别、难以判定是否符合安全搬运条件的未爆弹，由上级专业机构组织技术检测，必要时采取非接触或机器人检测。应当做到：最大限度减少作业人数；配用电发火装置的未爆弹严禁使用电磁检测；检测过程中，做好人员疏散与警戒防护。

（3）综合判断。根据外观识别和技术检测结果，对未爆弹的敏感程度、爆炸危险等级和处置方案做出科学判定。按照危险程度不同，未爆弹危险等级通常可分为3类。第Ⅰ危险等级的未爆弹严禁触碰；第Ⅱ危险等级的未爆弹只有在可靠防护下方可移动；第Ⅲ危险等级的未爆弹移动时做到稳拿轻放。

6）移动

当未爆弹落到居民区或者其他重要目标附近等不便于就地炸毁的位置时，要进行移动处理。能否对未爆弹药进行移动，需要由排爆人员做出准确判断，并经上级批准。移动的方法主要有机器人移动法、简易绳索移动法和人工搬运法。

（1）机器人移动法。通常配备操作手2名，1名操作控制面板，1名辅助监视操作。将排爆机器人运送至排爆地域后，操作手通过控制面板和图像信息显示，遥控进行作业，可实现长距离移动。

（2）简易绳索移动法。采用绳索牵引，逐段倒运的方法移动。第一步，将未爆弹套住，连好牵引绳，将防护挡板置放在距弹体50m处，操作员位于防护挡板之后，做好牵引准备；第二步，操作员牵引弹体，移动20m后停止；第三步，将防护挡板后移20m，并将卷缩部分的牵引绳伸展到防护挡板后，做好下一段牵引移动准备。依此方法步骤逐段进行直到到达指定位置。

（3）人工搬运移动法。当确认未爆弹可以人工搬运时，可采取人工直接搬运的方法来完成。搬运要由专业人员实施，必须穿戴防护装具，其他人员要位于安全距离之外。搬运过程中，搬运人员必须平稳牢固地拿住未爆弹药，避免剧烈晃动甚至让未爆弹药跌落，要平稳、匀速地走，不得跑、跳，避免意外摔倒。

7）销毁

未爆弹销毁，通常使用军用炸药就地诱爆销毁，对于不具备就地销毁条件、确需转移后销毁的未爆弹，要在确保安全的前提下，采取可靠防护措施移动到销毁地域。未爆弹销毁，按照"五定一爆"的作业步骤实施：

（1）定装药位置。诱爆装药应当设置在靠近引信、扩爆药、传爆管和弹壁最薄的主装药位置。手榴弹、迫击炮弹、后装炮弹、火箭炮弹，应将诱爆装药靠近圆柱部、弧形部放置；破甲弹、多用途弹，应靠近药型罩顶部一侧放置；底排弹、串联装药弹、末制导炮弹，应分别在两个装药位置各放置一个诱爆装药，但不得接触未爆弹。

（2）定诱爆药量。诱爆装药量通常根据未爆弹口径大小确定。单发未爆弹用药量参照标准：弹径小于50mm为200~400g TNT；弹径50~100mm为200~600g TNT；弹径100~155mm为600~1200g TNT。

（3）定安全距离。未爆弹销毁安全距离通常根据弹药口径、销毁场地形确定。手榴弹应大于500m，弹径小于57mm的未爆弹大于700m，弹径57~85mm的未爆弹大于

1000m，弹径 85～130mm 的未爆弹大于 1500m，弹径大于 130mm 的未爆弹大于 2000m。有天然屏蔽的场地，安全距离可酌情缩小。点火站掩体与销毁点之间距离不少于 150m，其他人员一律撤离至安全区。

（4）定起爆方法。销毁作业主要采用点火管起爆法或电起爆法，在销毁场附近有雷达、军用电台、发射天线、高压输电线等射频源时，应使用点火管起爆法。

（5）定防护措施。销毁未爆弹时，作业手应着防弹衣、搜爆服或排爆服，并根据其可能产生的飞散物大小、数量、飞散方向、距离，利用地形地物防护。必要时，设置点火人员掩体、爆破器材掩体。当未爆弹周围有不可移动的重要目标时，可在其周围设置防护墙。作为点火站的人员掩体，顶盖覆土厚度应当大于 0.5m，人员掩体出入口背向未爆弹销毁点。

（6）诱爆销毁。诱爆作业应当严格依据销毁方案和操作规程，按照明确任务、准备并检测器材、敷设线路、设置装药、点火起爆、检查效果的步骤实施。应当做到：

① 清场彻底，警戒范围和安全距离明确，警戒人员到位，通信联络畅通。

② 清理未爆弹周围易燃物，必要时开设防火隔离带。

③ 销毁带有电发火装置的未爆弹时，作业人员着全套防静电工作服。

④ 采用电起爆法时，敷设起爆线路，不可与照明线路、动力线路混在一起；待其他人员撤至安全区后，方可进行电起爆线路导通与测量，起爆器钥匙由指挥员掌握，没有指挥员命令，电源不能与干线连接。点火爆炸后，立即切断电源。在实施电起爆法作业中，采取相应安全措施预防外来电对线路的影响，避免早爆事故。

⑤ 采用点火管起爆法时，点火管由作业组长在插入装药时发给作业手，拉火管在实施点火时发给作业手，作业手按照指挥员口令或信号实施点火，禁止脚踏导火索或在其上压以重物。

⑥ 正常起爆 15min 后，作业组长进入现场检查，对瞎火、半爆、拒爆弹药，不得随意触动，应再次就地销毁。作业完成后，必须清理现场，不得遗留爆炸品，不得用掩埋方法处理未爆弹。

⑦ 异常起爆或者预计时间内没有爆炸，30min 后由作业组长检查起爆线路，分析原因，到未爆弹附近检查处理。

⑧ 禁止夜间和雷电、大雨、大雪、大雾、大风等恶劣天气进行销毁作业。

⑨ 作业现场严禁携带火种、手机、对讲机及其他电磁波发射源。

**4. 检查撤离**

销毁处置结束后，必须进行仔细检查，防止遗留弹药、炸药、火工品和器材等。现场指挥员要及时向上级报告完成任务情况，完成人员装备清点、现场移交等工作，并根据上级的指示组织撤离现场。

## 7.4 战场未爆弹处置行动

战场上的未爆弹会影响部队完成机动和作战任务的能力。当发现未爆弹时，必须快速作出应对措施。措施的制定取决于人员当前的首要任务、未爆弹的尺寸和位置以及排爆组的作业能力。

### 7.4.1 应急行动

对人员及装备，在所有可能情况中，远离或绕开未爆弹的危险区域是最为安全的选择。如果未爆弹是近期敌方攻击所遗留下来的，那么应在下一轮攻击之前，考虑将人员和设备从未爆弹的危险区域内撤离出来。如果因未爆弹的存在而没有完成当前任务，且危险不可避免，则必须采取防护措施以降低未爆弹对人员和装备的危害。

**1. 撤离**

撤离未爆弹影响区域内的所有无关人员和设备是最佳的保护措施。对于无防护的人员和设备，根据未爆弹的类型和装药量，确定撤离的安全距离。

**2. 隔离**

在某些情况下，对于承担相关任务的人员或由于其他特殊原因不能将未爆弹危险区域内的人员或装备撤出，则必须采取相应措施，将人员、装备和地面指挥所与未爆弹隔离。

**3. 构建防爆墙**

若未爆弹威胁到固定目标，则应将所有无关人员和装备撤离出未爆弹的危险区域。如果装备不能从该区域移走，则必须修建防爆墙对装备进行保护；并对未撤离的人员做好相应的防护措施。在未爆弹危险区附近构建防爆墙时，须事先评估该未爆弹发生爆炸时可能导致的破坏程度。根据未爆弹的大小，可以将防爆墙绕着未爆弹构建，从而对整个区域进行保护，也可以将防爆墙构建在不易撤离的装备和需保护的目标附近。

防爆墙可用沙袋堆砌或采用网箱等填充沙土构筑。防爆墙的形式有圆形、半圆形、堤形三种，圆形防爆墙适用于小型未爆弹防护；半圆形防爆墙用于小型和中型未爆弹防护，可以将未爆弹爆炸形成的冲击波和飞散物导向墙体开口一侧，从而远离被保护的区域；堤形防爆墙可为特殊装备和人员活动区提供保护，宽度应超过被保护的设备宽度或人员活动区，高度至少和设备高度或人员所处位置的高度相同。

**4. 移交**

向未爆弹处置的专业人员移交资料和现场，必要时协助处置。

### 7.4.2 处置程序

战争中出现敌方未爆弹，通常采取就地处置的方案。在应急行动基础上一般处置程序如下：

（1）人员撤离、实施警戒。根据初步判断，划定撤离范围，实施警戒。

（2）现地侦察、前期处理。通过对敌方来袭弹药落点观察，处置人员在安全距离之外依靠无人设备侦察和扰动未爆弹，使其爆炸或排除相关引爆条件，为人员接近弹体进行诱爆或转运弹药创造相对安全的环境。之后，处置人员进入现场侦察未爆炸弹的位置、数量、入土深度及方向、弹体特征等，报告侦察结果。

（3）未爆弹药探测。根据地表弹洞直径、走向、角度，判断未爆弹在地下的大致位置，采用设备对其进行详细探测，以判明未爆弹药的具体地点、位置和埋深。

（4）未爆弹药挖掘。为了及时消除未爆弹隐患，需要挖掘暴露出部分弹体再诱爆，或者全部挖掘后转运处置。挖掘过程危险性极大，作业时必须采取一定的安全技术措施，控制现场人员数量，稳步推进。

（5）未爆弹药识别。现实中的未爆弹残缺不全或仅发现弹药残体，给识别带来难度。依据弹体标识和外观特征进行识别，相互验证，确定未爆弹类型和状态。

（6）制定处置方案。根据未爆弹姿态、类型和周围环境，确定处置方案，明确排弹作业的基本方法、实施步骤、安全措施等。方案制定应立足于排弹保障实际，务必科学、严密、周详，并充分考虑到现场可能出现的各种情况。

（7）处置准备工作。按照处置方案和实施计划，合理编组做好组织准备，反复研究做好技术准备，认真检查做好器材准备。各项准备工作均应认真周密、确实可靠、按时完成。在完成上述准备的基础上，如有可能应组织有关人员进行演练，以便提高作业能力和组织指挥能力。

（8）组织处置。严格按照方案和计划组织未爆弹处置。

（9）检查撤离。销毁处理结束后，必须进行仔细检查，防止遗留弹药、炸药、火工品和器材等。现场指挥员要及时向上级报告完成任务情况，完成人员装备清点、现场移交等工作，并根据上级的指示组织撤离现场。

## 7.5　战争遗留爆炸物处置行动

战争遗留爆炸物，多为在地下经历很长时间锈蚀严重的废旧弹药，通常采用探测识别、挖掘转运、集中销毁的处置方案，一般处置程序如下：

**1. 上报情况**

对于因平时建设施工，无意挖掘发现的未爆弹，现场人员应初步判明情况、及时上报公安机关。同时要疏散无关人员，进行安全警戒，建立防火、防盗、防爆的安全环境。

**2. 探测识别**

公安机关组织人员到达现场进行识别分析，以确定进一步开展探测、挖掘处置的方案。战争遗留下来的弹药多数钻入或埋入地下土中，或沉落于江河淤泥之中，所处地点位置无明显特征，必须采用各种技术手段对其进行详细探测，以判明弹药的具体地点、位置和数量。

根据弹药的外观、形状、尺寸、材质、标志、状态等特征信息，分析识别弹药的种类、装填药剂、引信类型、国别、型号、年份等，逐一评估其危险程度，研究提出处置的方案。注意区分常规弹药和遗弃化学武器。

**3. 挖掘转运**

战争遗留爆炸物常位于居民区、重要设施附近，需要将其挖掘转运至安全地点再行销毁，由于挖掘运输过程危险性大，作业时要对警戒范围外附近的道路和路口实施交通管制，必须采取一定的安全技术措施，采用可靠的机械设备进行挖掘和运输。

在探测定位确定弹药位置的基础上，挖掘通常采取扩大范围四边开槽粗挖、靠近目标精细作业的操作方式，作业过程中要不断对挖掘对象进行安全分析；采取必要的防护措施以防意外发生，确保安全取出弹药。

对于装填生物和化学制剂的弹药，及时联系并移交防化部门处理；对于现场无法识别清楚的弹药，转运移交时要做好记录和情况上报；能够移动的弹药，采取防爆安全措施进行回收转运，移交到储存点。废旧未爆弹搬运时应稳拿轻放，严禁拖拉、抛掷、立放和摔箱，在运输时应单层平放在木制沙箱中，木箱横向单层置于车厢，控制车辆行驶速度，以免震动或碰撞。

**4. 检查分类**

弹药检查分类的目的，是为了查清弹药的数量和受损状况，分清种类和危险程度，以便采取相应的安全处理方法。弹药的检查应与分类相结合进行，即边检查边分类。要特别注意剔除危险品，如毒气弹和搬运移动有危险的弹药，对这些弹药，必须做好登记、贴上标签、单独按危险品进行处理。

待销毁的废旧弹药应当储存在专用库房内，禁止在办公区、宿舍区等人员聚集场所存放；根据其结构性能、危险程度、状态，分类存放。

**5. 制订实施计划**

在对弹药检查鉴定的基础上，制订弹药处置的实施计划。其基本内容如下：

（1）弹药的种类、数量及处理方法。按拟定要处理的弹药名称，分别写明数量及准备采取的处理方法。

（2）处理场地的选择和布置。根据弹药处理的相关规定，提出场地选择的具体要求和计划。

（3）实施时限。根据弹药的数量、处理方法、作业人数和设备技术条件等，预计完成处理任务所需的时间。

（4）人员组成与职责。确定参加处理弹药的工作人员（包括作业人员，搬运人员、辅助人员及保障工作人员）的人数、分组、分工，明确任务与职责，并设立专职安全员在现场负责安全值班。

（5）实施步骤，操作方法与安全措施。炸毁或烧毁作业要拟制准备阶段和实施阶段的实施步骤，规定操作方法、技术要求和安全注意事项。

（6）所需车辆、机具及爆破器材的名称和数量。

**6. 准备工作**

按照实施计划，组织弹药处理人员进行必要的学习与训练，选择和布置好处理场地，做好物资的准备工作。

**7. 实施销毁**

销毁方法及措施应确保在现场处置过程中和处置后不发生意外的燃烧、爆炸和环境污染事故，做到安全彻底销毁。

对单个未爆弹药，若处于空旷场所，周围没有需要保护的目标，或其状态不稳定、移动风险大，周围重要目标采取防护措施可保证安全的，可采取就地销毁或就近现场销毁。达到一定数量的可集中销毁。应制定销毁实施方案和安全应急预案，并通过专家论证和主管部门审批后方可实施；应建立组织指挥体系，随时进行技术指导和安全检查；作业人员应具有相关的作业资质；销毁使用的爆破器材应选用正规产品，并事先进行质量检查；根据销毁对象，选择爆炸销毁法、燃烧销毁法、化学分解销毁法，分类分别组织实施；根据销毁方法，选择和布置销毁场地，确定销毁区域、起爆位置、人员隐蔽位置，并规划人员进出和紧急撤离路线，必要时构筑掩体；根据销毁数量和影响范围，确定安全距离和警戒点，作业时实施安全警戒。

**8. 销毁现场检查**

起爆或燃烧结束 20min 后进入现场检查处置效果，确认销毁完全。同时清理现场，撤销现场封控。

## 7.6 水下爆炸物处置行动

这里的水下爆炸物处置，主要是指 5m 以下水深中的简易爆炸装置、水雷等爆炸物的处置，通常采用装备排除和人工排除两种方法。装备排除方法是指使用各类扫雷机具、水下排爆机器人、水下切割设备和聚能弹药等装备器材排除水下爆炸物；人工排除方法是指蛙人采取爆炸销毁、打捞转移等方式排除水下爆炸物。分队在处置水下爆炸物时应综合运用人工排除与装备排除两种方法，确保水下爆炸物处置彻底。

**1. 封控与警戒**

处置组到达作业水域后，指挥员立即指挥班组占领作业出发位置，派出警戒组封控作业现场，实施观察警戒。封控警戒的范围应以水下排爆作业安全距离为半径进行确定。

现场封控与警戒的主要内容包括：

（1）封锁作业水域周边交通道路。

（2）封锁桥梁、渡口等水上交通设施。

（3）封锁堤岸。

（4）实施对空警戒。

（5）实施对陆警戒。

（6）实施对水警戒。

警戒组兵力有限，在封控警戒时可请求友邻进行支援。封控警戒的主要方法如下：

（1）警示标带封围。警戒组在主要交通道路路口、水上设施等位置布设警示标带，阻止人员车辆进入封控现场内。

（2）警示牌警示。警戒组在主要交通道路路口、堤岸、水上设施等位置设置警示牌，提醒人员车辆不得进入封控现场。

（3）火器警戒。封控警戒范围较大或敌情顾虑较大时，警戒组可占领有利地形，建立观察点，利用观测器材和火器实施封控警戒。

**2. 爆炸物搜索与标示**

爆炸物搜索与标示作业是处置水下爆炸物的重要步骤。警戒组封控警戒到位后，指挥员立即指挥搜索标示组入水进行水下搜爆与标示作业。搜索标示组根据工程侦察和现地勘察获取的爆炸物情报信息，进一步确定水下爆炸物位置、类型、数量情况，并标示水下爆炸物具体位置。爆炸物标示主要采取浮标标示，也可使用水下定位器材记录坐标方位。

**3. 识别爆炸物**

排爆组入水到达爆炸物位置后,应对爆炸物进行分析识别,主要内容如下:

(1) 识别爆炸物类型。

(2) 识别分析爆炸物起爆方式。

(3) 分析爆炸物当前状态。

(4) 确定爆炸物危险等级。

**4. 确定排除方法**

排爆作业通常采取水下炸毁法,不便于水下炸毁时可采取人工拆解和打捞转移方法。

(1) 水下炸毁法。水下炸毁法是指在水下设置销毁装药,通过爆炸产生的爆轰产物和冲击波使水下爆炸物起爆组件动作从而引爆爆炸物或者破坏水下爆炸物结构使其失效。

(2) 人工拆解法。当水下爆炸物结构简单、状态稳定,无反能动装置时,为达到隐蔽排除,缩小破坏范围的目的,可采取人工拆解法进行排除。人工拆解是指将爆炸物战斗部与起爆组件分离或恢复起爆组件的保险机构,使爆炸物失效。

(3) 打捞转移法。当水下爆炸物状态稳定,起爆组件结构复杂,装药量较大不便于水下炸毁和人工拆解时,可采取打捞转移上陆,尔后再进行处置。打捞转移法需要使用专业的打捞机具,对潜水技能、水下打捞技能要求较高,一般用于处置非触发式水雷等爆炸物。

**5. 水下炸毁作业**

若排除水雷、水下未爆弹等大药量爆炸物,则应逐一炸毁,防止起爆药量过大产生安全威胁;若排除药量较小的水下简易爆炸装置时,可同时起爆销毁。

(1) 定起爆位置。排爆组作业手在水下确定诱爆装药的起爆位置,通常为起爆组件与战斗部结合部。

(2) 确定起爆药量。根据水下爆炸物药量和尺寸,确定起爆药量,诱爆装药应能有效起爆组件和战斗部。

(3) 确定起爆方式。根据水下爆破作业环境和排除水下爆炸物任务要求,确定水下起爆方式。水下起爆主要方式有点火管起爆法和电起爆法,特殊条件下也可采取遥控起爆。

(4) 确定安全距离。在实施水下炸毁法排爆作业前,要确定水下安全距离,并计算撤离到安全距离外所需时间,确保作业手安全。

(5) 制作加工诱爆装药。根据爆炸物自身装药量和尺寸以及装药设置位置,诱爆装药可制成集团装药和直列装药。在制作诱爆装药时要对装药火具进行防水处理。点火管起爆法起爆作业前,要对雷管等火具进行水压拒爆和误爆测试,防止产生安全隐患。

(6) 敷设起爆线路。水下爆破作业通常在水上连接好起爆线路,尔后由作业手带入水下。起爆线路下水时应用支撑杆支撑并缓慢敷设,防止作业手用力过猛拽断线路。作业手携带起爆线路入水时应小心缓慢行动,避免线路与潜水装具、信号绳发生纠缠。采用非电传爆时,要确保连接部位连接可靠,防止水下敷设时松脱造成拒爆;采用电起爆时,应当用浮标系在线路上,使导电线头浮在水面并短路,防止水下漏电导通电路造成安全事故。

（7）设置装药。诱爆装药应靠近爆炸物设置，但应避免接触碰撞爆炸物，防止触发爆炸物。受水流和水下生物活动影响，装药在水下位置容易发生改变，因此，在设置装药时要采取措施固定装药位置，通常采取支撑杆方式进行固定。首先将装药捆绑在支撑杆上，尔后将支撑杆靠近爆炸物放置，使诱爆装药贴近爆炸物，并将支撑杆底端插入水底泥土下进行固定。

（8）撤离。采取非电传爆和电起爆时，起爆线路敷设和装药设置完毕后，作业手应立即撤离至安全距离外并出水，选择有利地形隐蔽准备起爆作业；采取点火管起爆方法时，作业手拉火之后再撤离，导火索燃烧时间应大于作业手撤离至安全距离并出水隐蔽所需时间。

（9）起爆。采取非电传爆和电起爆时，指挥员在确认所有作业手安全出水及作业水域周边安全，检测线路正常后下达起爆或拉火命令，点火作业手实施起爆作业；采取点火管起爆时，作业手完成作业准备后，在水下报告准备完毕，指挥员下达拉火命令，作业手拉火后迅速撤离至安全距离并出水隐蔽。

**6. 人工拆解作业**

人工拆解必须在确定爆炸物状态稳定、完全掌握起爆组件结构和动作原理、确定作业水域周围环境安全的前提下，使用专用无磁拆解工具进行拆除爆炸装置。

**7. 打捞转移作业**

打捞转移通常首先使爆炸物上浮至水上，尔后使用抓斗、渔网或绳索将爆炸物转移至陆上。

（1）连接爆炸物。使用绳索连接爆炸物，并固定住。

（2）安装浮体。在绳索和爆炸物上安装浮标和浮筒。

（3）爆炸物上浮。剪断爆炸物自身固定装置，在浮标和浮筒协助下上浮至水上。

（4）转移。使用抓斗抓取或渔网、绳索拖移爆炸物至陆上。

（5）陆上处置。根据爆炸物类型和特点，选择合适的陆上处置方法进行排除。

水下排爆作业中的注意事项：

（1）应逐一排除爆炸物，排除药量较少的多个水下简易爆炸装置时可以采取同时起爆方法，但应确保不会相互影响。

（2）搜索和排爆作业时，作业手均应穿戴无磁潜水装具，使用无磁工具，避免触发磁控起爆装置。

（3）水下爆破危害主要考虑水下冲击波作用，应准确计算水下排爆所需安全距离。

（4）使用水下炸毁法排爆时，在作业前应对火具、起爆线路进行水压性能测试，防止因水压过大造成拒爆或误爆。

（5）水下使用点火管起爆法作业时，应对火具进行防水处理。

**8. 检查撤离**

爆炸物处置完毕后，分队指挥员应及时收拢人员，对物资器材进行清点，对周围场地进行清理，撤回警戒人员。同时，应详细收集各组执行任务的情况，进行归纳、总结，以口头或书面形式向上级报告。其内容包括：执行任务的经过；完成任务的情况；销毁爆炸物的数量和方法；爆炸物销毁效果；爆破器材的消耗情况；车辆、装备、器材消耗情况；主要经验和教训；装备器材调整、补充意见；请示尔后行动。完成任务后，分队指挥员应迅速组织转移，撤离现场，到上级指定的地域隐蔽待命，按上级指示执行新的任务。

## 思 考 题

1．爆炸物处置行动准备工作主要有哪些？
2．简易爆炸装置处置行动实施的一般程序是什么？
3．"五定一爆"销毁训练未爆弹的作业步骤具体指的是什么？
4．战场未爆弹处置的应急行动如何实施？
5．未爆弹药处置"十个严禁"的内容是什么？你还了解哪些爆炸物处置的相关规范或安全规程？

# 第 8 章 爆炸现场勘查救援

爆炸事件一旦发生，除了爆炸现场处置、抢险救援之外，另一项重要工作是现场勘查。爆炸现场勘查主要是收集爆炸物证、爆炸装置残片和爆炸痕迹，检验炸药种类，推算炸药量，分析爆炸原因，判定事件性质。

## 8.1 爆炸现场勘查要点

爆炸现场勘查是一项专业性要求很高的工作，涉及许多具体的技术方法和内容，主要包括现场调查访问、炸点勘查、爆炸作用范围勘查、爆炸残留物勘查、爆炸伤勘查等。

### 8.1.1 调查访问

现场调查访问是爆炸现场勘查的首要步骤，并贯穿于全过程。其主要目的是掌握爆炸前、爆炸过程及爆炸后的情况，并与现场技术勘查情况结合起来，相互印证和补充，使勘查工作更加全面细致，使爆炸原因分析更加准确可靠。

现场访问要依照规定程序进行，同时要做好访问或讯问笔录，把被访问人所谈的主要情况如实记录下来。笔录中应写明：被访问人姓名、性别、年龄、职务、住址、工作单位、访问时间、被访问人反映的具体情况以及所述情况的来源、时间、地点等条件。被访问人对访问笔录阅后或听读后，要由本人签名盖章。

现场访问，应通过目击者和当事者，重点了解爆炸的现象和爆炸发生的过程。

（1）爆炸现象。爆炸现象是指爆炸时产生的声、光、火、烟、味等。由于爆炸的物质不同，爆炸现象也不一样。

① 声：要了解爆炸声音大小、响声次数及时间间隔，声音传播距离。如 TNT 及高级炸药爆炸时，发出的声响较清脆；黑火药或低级硝铵炸药爆炸时，发出的声响较沉闷等。

② 光：要了解爆炸时是否有闪光。如有闪光，要查问看到闪光的方向、高度、亮度、颜色和在空气中的形状。发光的强弱与炸药爆炸的反应速度有关。爆速快，反应完全，发光也强；反之，发光弱。弄清光的颜色，可帮助区别何种炸药爆炸，如 TNT 爆炸时产生红棕色光，RDX 爆炸时产生黄色光等。

③ 火：炸药爆炸要产生火焰和高温。火可引起炸药爆炸，爆炸也可引起火灾。因此，爆炸时如有起火现象，要了解是爆炸前起火还是爆炸后起火，火势的蔓延经过等。

④ 烟：爆炸后往往有烟雾升起。要了解烟的颜色、升起高度、形态变化、扩散范围等。如 TNT 爆炸产生浓黑烟；硝酸酯类炸药爆炸产生黄色烟；硝铵炸药爆炸产生灰白色烟；黑火药爆炸产生白云状烟。

⑤ 味：爆炸发生后，现场附近的人可以闻到一定气味。要了解什么性质的气味，如

苦、酸、涩、硫化氢味或汽油、油漆味等。

（2）爆炸发生过程。

① 了解发现爆炸的时间、部位，是否有可疑人出入现场，爆炸前是否有烟雾、异常气味、声响或振动等现象，以及在场人员当时所在位置。

② 了解现场原状和爆炸后变动情况。向熟悉现场环境状况的人了解现场存放物品的种类、数量、摆放位置，有无自然起火和爆炸的物品，以及爆炸后物品变动情况和抢救时对现场物品所做的变动。

③ 了解生产、储存或使用爆炸物品的情况。如爆炸发生在生产工序，则应索取生产、工艺和设备的资料。

④ 了解事主经济、政治和社会关系、生活作风等情况，以查明爆炸的因果关系。

⑤ 了解炸伤人员的伤势、炸伤部位，爆炸时所处位置及岗位与炸点的距离等。

⑥ 向周围群众了解爆炸时看到和听到的异常现象，可疑人行动和言论。

⑦ 了解爆炸的因果关系及发生的条件。

## 8.1.2 炸点勘查

炸药爆炸时产生的巨大能量，可将与其接触的介质炸得粉碎、熔化或明显变形，形成破坏的集中部位，称为炸点。炸点是炸药爆炸现场最基本的特征，是现场勘查的重点。

由于炸药性能、装药形状和作用介质不同，爆炸形成的炸点形状、大小、深浅、烟痕颜色、气味等也各不相同。按炸药放置方式，炸点可分为地面炸点（裸露）、埋入炸点和悬空炸点。按炸点的几何形状，炸点可分为锥形炸点（炸坑、爆破漏斗）、洞形炸点（口形炸点）、分离炸点、悬空炸点等。

炸点是爆炸产物压力直接作用到接触介质所形成的最主要的爆炸痕迹，炸点勘查要求反映爆炸的威力和爆炸物构成的有关情况。因此，炸点勘查要查明：爆炸作用介质的性质；炸点的形状、直径和深度；爆炸痕迹特征，如炸点范围内的起始作用痕迹（压缩区或粉碎区）、抛掷作用痕迹、烟痕和气味等。

**1. 锥形炸点**

炸药在土壤、岩石、水泥等地面或地表下爆炸时形成的炸坑，称为锥形炸点，如图 8-1 所示。

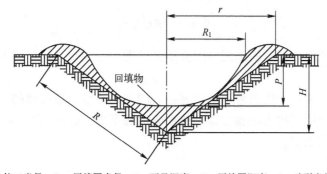

$r$—坑口半径；$R_1$—压缩圈半径；$P$—可见深度；$H$—压缩圈深度；$R$—破裂半径。

图 8-1 锥形炸点

炸坑中心部位常常被爆炸后的回填土（物）所掩盖，不易被注意，只有将坑内的回填土（物）仔细清扫后，压缩圈才能暴露出来。压缩圈有光滑平整的压缩壁或粉碎区，并有在高温作用下形成的痕迹和变色现象。炸坑的测量方法如下：

(1) 将炸坑的初始直径、深度及炸坑周围介质被破坏的情况，即破坏圈，测量准确，并将回填物品的种类、名称，所处的状态进行拍照、录像和记录。

(2) 将炸坑内及附近的散落松土清除，直至露出地平面及炸坑底部，并确定炸坑内压缩圈的范围。

(3) 测量压缩圈的半径 $R_1$，即压缩圈中心轴线与压缩圈上口外壁间的水平距离。

(4) 测量压缩圈深度 $H$，即压缩圈中心轴线底部至压缩壁上口水平线交叉点的距离。当药包在地表面爆炸时，炸坑的深度就是压缩圈深度。

(5) 测量炸坑半径 $r$，即炸坑中心轴线与炸坑上口外壁间的地面水平距离。

(6) 测量炸坑深度 $P$，即炸坑口地平线中心点至炸坑底部的垂直距离。

当药包在坚硬介质上爆炸时，介质则被粉碎，但炸坑较浅。同样要测量粉碎区的半径 $R_1$ 和炸坑半径 $r$。在清理和测量炸坑时要特别注意提取爆炸残留物。

**2. 洞形炸点**

当药包在屋顶、墙壁、车厢、楼板、沟盖等处爆炸后，可形成炸洞，即洞形炸点。它由炸洞直径，介质性质、厚度和破裂范围等要素构成，如图 8-2 所示。

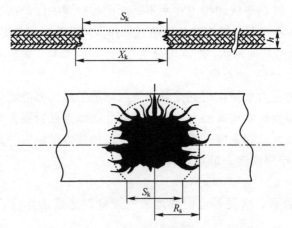

$S_k$—炸入口；$X_k$—炸出口；$R_s$—破裂圈；$h$—介质厚度。

图 8-2　洞形炸点

洞形炸点压缩粉碎痕迹的范围，因介质条件而较难发现，这是因为粉碎介质被抛散所致。

洞形炸点的测量：主要测量炸洞的直径，洞壁的厚度和破裂圈的范围，并尽可能从抛散的炸洞介质中用拼接方法找出炸洞的粉碎痕迹范围。区分爆炸作用力的入口和出口，通常炸入口小于炸出口。

**3. 分离炸点**

木材、人体、座椅等有一定韧性的介质，受爆炸作用常形成断离，其完全粉碎而被抛散掉的范围，即为分离炸点。分离炸点的大小需通过被炸介质整体复原来发现。

分离炸点的特征：被粉碎的介质不停留在炸点部位上，而且断口两端或一端在爆炸作用下产生移位或抛离。这种情况的炸点测量，首先应找回被炸抛散的介质，经过拼接复原，发现炸点的原来形状，才能测量到较为准确的压缩圈和破坏圈的范围，如图 8-3 所示。

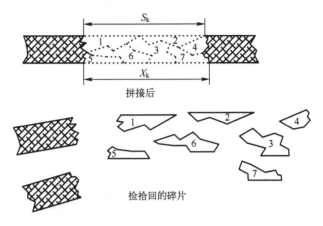

图 8-3　分离炸点

**4. 悬空炸点**

爆炸物在离开地面或在建筑物的空间中爆炸后，现场上没有明显的炸点痕迹，称为悬空炸点。

由于炸药悬空，爆炸作用主要由空气冲击波引起，因而现场具有气体爆炸的特征，需要根据抛出物和爆炸产物作用方向仔细勘查现场，找到爆炸能源起始点。

悬空炸点的测量一般有两种方法：

（1）周围介质复原法。炸点附近的介质被炸产生移位、靠近药包最近的介质常残存一定痕迹，如高温作用痕迹和变形等，通过对现场复原，发现药包原来的位置。

（2）爆炸痕迹对角连线法。爆炸残片或爆炸产物作用于周围介质上，生成一定的作用痕迹，把上下，左右，前后等对角线连起来，数条连线的交叉点即为药包中心部位。根据散落物分布和爆炸作用痕迹确定爆炸中心的地面垂直点，如图 8-4 所示。

悬空炸点测量也要尽可能找出爆炸作用的起始痕迹、抛出痕迹和爆炸产物直接作用的范围。

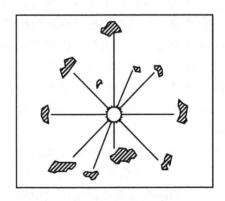

图 8-4　爆炸中心的地面垂直点

### 8.1.3 爆炸作用范围勘查

**1. 爆炸产物作用范围**

在炸点附近，爆炸气体产物又进一步膨胀，爆炸作用力逐步减弱，可使介质质点发生位移，产生破裂、穿孔、剥离等痕迹，这种爆炸痕迹体现了爆炸气体产物直接作用的最大范围，也称为爆炸气体产物极限（直接）作用范围。爆炸产物极限作用范围勘查，是判定炸药量的重要途径。

TNT 球形装药（半径为 $r$）爆炸后，爆炸产物极限作用范围在半径为 $10r$ 的球形体积内，爆炸冲击波单独作用范围在半径为 $11.7r$ 的球形体积内，半径为 $10\sim 11.7r$ 之间为爆炸产物与冲击波共同作用范围如图 8-5 所示。

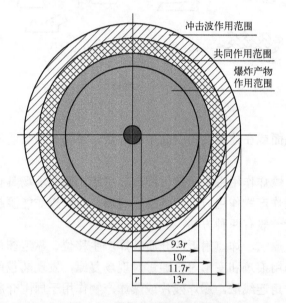

图 8-5　爆炸作用范围示意图

由于爆炸产物的压力和温度比空气冲击波大，因此爆炸产物和空气冲击波对人体的损伤程度、形成的燃烧痕迹等特征不同。

人体的损伤作用：在爆炸产物直接作用范围内，对人体的杀伤作用表现为炸碎伤，人体衣服呈粉碎或穿孔状。在冲击波作用范围内，表现为因其血管破裂致使皮下或内脏出血、内脏器官破裂、肌纤维撕裂等，人体衣服呈撕裂或大块状。

燃烧痕迹不同，如烟痕、烧伤的人体与炸点的距离等。譬如依据烧焦的草，某炸药库爆炸，在 350m 半径内树木及草全部被烧焦，爆炸产物没有作用到的树木只有折倒、落叶现象，没有烧焦现象，体现了产物和空气冲击波作用的明显区别。

**2. 空气冲击波破坏范围**

空气冲击波造成的破坏，主要表现是门窗玻璃、建筑物、地面构筑物等的破坏，人员伤亡等。空气冲击波破坏范围，随爆炸药量的增大而增大，随与炸点距离增加而减弱，勘查要客观表现破坏物体与炸点的距离、破坏程度以及所处方位与冲击波作用的角度等情况。

空气冲击波对建筑物的作用，由于建筑物的强度不同，抗爆能力大小也不同，所以能承受的空气冲击波超压也不同。

**3．爆炸抛出物**

广义上，凡爆炸物及周围介质、物体，受到爆炸作用被击碎从原始位置抛掷出去，散落在炸点周围的物质或物体，统称为抛出物。爆炸抛出物，主要有介质抛出物和爆炸残留（遗留）物两类。勘验抛出物的分布、形状，痕迹等对判明爆炸物状况，爆炸发生情况等有重要意义。

通过对抛出物的勘查，可以拼接找到爆炸作用的起始痕迹，判断药包体积和炸药量；抛出物上的烟痕和燃烧、熔化、冲击等痕迹，可以判明炸药的种类；抛出物的抛出方位，可以指明爆炸物设置的位置，爆炸残留物分布的方向等。并由此判明爆炸事件的性质。

通常抛出物的抛出方向基本呈辐射状，其原始位置总在现场位置和炸点之间，在炸点附近碎而多，在离炸点较远处，抛出物则大且数量少。以地面爆炸时为例，抛出物位置的分布规律如图 8-6 所示，$O$ 点为爆炸中心，在地面爆炸将形成炸坑，$O'$ 为地面炸点中心，其他如 $A$ 为抛出物原始位置，$A'$ 为爆炸后现场位置。

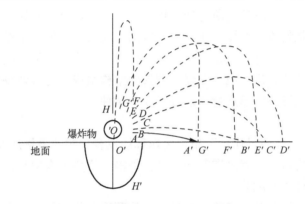

图 8-6 地面爆炸抛出物位置分布示意图

在现场上，有时抛出物和倒塌物混在一起，有的比倒塌物飞离爆炸中心还要远。寻找抛出物可以从炸点开始向外分段进行查找，查找范围要注意扩大。对具有证据作用的代表性抛出物，必须注意妥善包装。抛出物勘查的要点如下：

（1）严格定位，定向，定距离，不可互相混杂成堆。

（2）有代表性的重要抛出物，必须照相，录像，制图，并在现场勘查笔录中作好记载。

（3）在走向、定位、定距离的基础上，对抛出物进行类别的同一认定，并进行复原，搞清它原来的形状、位置，判定爆炸作用痕迹的性质和炸药的种类等。

（4）对抛出物的勘查，必须注意抛出物的物质性质、分布密度、体积和重量等。

（5）要正确区分介质抛出物和爆炸装置残片的不同，一时区分不了的必须进一步分析研究或进行模拟爆炸试验。

### 8.1.4 爆炸残留物勘查

爆炸残留物,是指爆炸装置爆炸后分布于爆炸现场上的爆炸装置残片和炸药残留物。

**1. 爆炸装置残片**

爆炸装置残片,是指爆炸装置爆炸后分布于现场上的起爆装置、外包装以及填充物等残片。爆炸装置残片是分析判定炸药种类、引爆方法,以及爆炸装置构成的重要线索和依据,也是分析爆炸过程、判断爆炸发生原因的主要依据。

爆炸装置残片一般散落范围较大,提取爆炸装置残片需要按照一定的方法进行。

(1) 平面坐标分区提取法。以发现的最远抛出物距炸点距离的1.5倍为半径划定的范围内,采取网格的方式提取爆炸装置残片。以炸点为中心,将现场划分为若干正方形区域,逐区编号、标记、搜索、勘验,并绘制现场分区图。

(2) 立体坐标分层提取法。针对爆炸抛出物呈堆积状态时提取爆炸装置残片,可先固定最上层,标号,拍照;清理出上层,再固定一层,标号,拍照;直至清出地面。

(3) 分区编号扫取地面物品转移提取法。对公共场所、交通要道等部位,不适宜长期封锁保护的爆炸现场,可在快速勘验后,以分区为单位将地面物品清扫集中,做好标记后逐区装袋转移,在合适的场所逐袋用过筛的方式筛选爆炸装置残片。

爆炸装置残片是物体经过爆炸作用所形成的,其形态一般呈不规则或扭曲变形状,并具有典型的爆炸特征痕迹,包括击打凹痕、撕裂、灼烧、熔融、喷溅、烟熏、变色等痕迹。爆炸装置残片的判定,应符合爆炸装置的结构组成,符合现场爆炸抛出物的分布规律,具有爆炸特征形态、爆炸特征痕迹等3个条件。

**2. 炸药残留物**

炸药残留物,是指炸药爆炸后分布于爆炸现场没有分解的微量炸药原形和分解产物。爆炸后,炸药残留物以微粒状分布在炸点及其周围,需要提取检材,通过物理化学检验鉴定,判定炸药的种类或成分。

炸药残留物在现场具有一定的分布规律。炸药残留物在炸点处及外围区域的分布,主要取决于被作用介质的硬度以及炸药的量。介质越坚硬,没有形成炸坑,炸点处炸药残留物的含量越少。例如,在坚硬介质上铵梯炸药或梯恩梯炸药爆炸,炸点处炸药残留物的含量较少或几乎没有,距炸点一定距离处炸药残留物的含量最高,随着离炸点的距离增加,炸药残留物的含量又逐渐减少,直至消失。在软介质的土地上,炸点处炸药残留物的含量最高,随着距离的增加,呈现最多—少—较多—少—直至消失。这种距炸点一定距离处,炸药残留物的含量出现峰值的现象,为炸药残留物的分布规律,如图8-7所示。峰值形成的原因是爆炸产物与空气冲击波分离,形成较大的负压区,在负压的作用下,炸药残留物迅速下落,形成残留物的高峰。

炸药残留物的分析需要提取检材。

(1) 炸点取样。在炸坑内取样,先将坑内回填土

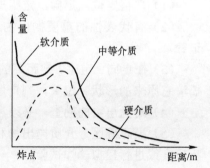

图8-7 炸药残留物分布图

取出，再刮去压缩壁上有烟痕的表皮土为炸点处样品。如炸点为极硬的介质，则可将炸点处的灰尘、碎块先行包装后，再用试纸或棉球擦拭炸点表面。如为悬空炸点，则在正对着的下方地面取样。

（2）特殊部位取样。对于爆炸装置的包装物或离爆炸装置最近的抛出物，应注意提取有熏痕的残片。

在炸点周围障碍物的阻挡处，抛出的炸药残留物在此受阻，含量较高，应注意取样。特别是火药爆炸后形成喷溅痕迹，注意刮取。

在炸点周围没有人为污染的干净平面处，如桌面、台面等，因尘土少而含量较高，应扫去整个平面浮土。

对于人体爆炸伤处、嫌疑人的双手，可用试纸擦拭提取，死伤人员及嫌疑人的指甲可通过剪切提取，嫌疑人的衣物用品可全部提取。

（3）系列爆炸尘土取样。从炸点开始，沿顺风直线方向，每隔一定距离，提取一定表面积的尘土样品。间隔距离的多少，可根据爆炸直接破坏的范围而定。取样时应把表面尘土取净，每处提取表面尘土应在 $0.5m^2$ 以上，准确记录距离与面积。

（4）空白样品取样。在距爆炸现场较远处或地表下深处，且与现场灰尘性质相似的部位采集的土样称为空白样品，作为比对试样。自然界存在着与炸药爆炸产物相同的微量成分，如 $NH_4^+$、$NO_3^-$、$Cl^-$、$K^+$、$Na^+$ 等。因此，只有将现场土样和当地空白样品比较后，才能得出炸药残留物种类的正确结论。

不同部位提取的检材应分别分开包装，避免相互干扰、污染，包装上应标注提取的相关信息。

### 8.1.5 爆炸伤勘验

**1. 勘验目的**

爆炸作用于人体而形成的损伤，都可称为爆炸伤。爆炸伤的形成一般都有明显的爆炸现象和一定的爆炸场所，由法医医学检查确定损伤的原因并不很难。但是，在进行爆炸原因调查时，则要求判定爆炸伤与爆炸发生原因的关系，尽量提供在炸死、炸伤人员中，是否有爆炸的肇事人的线索，为判明爆炸发生原因提供证据。

爆炸伤的勘验，一般需要解决的问题如下：

（1）认定损伤的性质，是直接炸伤还是间接炸伤以及炸伤的种类和程度，炸伤部位有无炸点。

（2）炸伤者有无引燃引爆动作，炸伤时的姿势，炸伤时的距离。

（3）爆炸产物及弹片等作用的方向和角度。

（4）碎尸或无名尸体的个人识别。

（5）判定爆炸，是物理爆炸还是化学爆炸。

（6）判定爆炸事件的性质，是故意爆炸还是过失爆炸或伪造的爆炸等。

（7）提取爆炸残留物，检验是何种炸药成分。

（8）对散落现场衣服、鞋、帽等进行同一认定，判定散落衣片的同一件和同一人。

（9）判定损伤衣服的损伤形成原因。

**2. 爆炸伤种类**

由于炸药的品种、性能和数量不同，以及人体与爆炸源距离和现场条件等不同，所以炸药爆炸后对人体的作用力也就不同，爆炸伤出现的特征也就多种多样。

爆炸伤形成原因可分两类：

（1）爆炸力直接作用伤。由爆炸产生的高温高压的气体产物和高速飞散的各种碎片引起的损伤，如炸碎伤、炸烧伤等。

（2）爆炸力间接作用伤。爆炸时空气冲击波作用于房屋，引起门窗玻璃和物件破碎，房屋倒塌等造成的损伤，如抛坠伤，压伤，或由于人群拥挤造成的踩伤等。爆炸伤性状可分为炸碎伤，炸裂伤，炸烧伤、超压伤、弹片伤，抛射伤，抛坠伤，摔伤，压伤，踩伤等。通常在一个损伤人体上会出现多种炸伤。

**3. 爆炸伤**

（1）炸碎伤。爆炸物紧贴或靠近人体爆炸时可将人体组织炸碎，形成炸点，产生肢体分离和抛离炸点的运动。这种造成组织炸碎，不能拼接复原损伤，称为炸碎伤。炸碎伤常常在炸点中心位置，准确测量炸碎范围和特征，关系到准确判定炸药量、爆炸物的位置、炸伤和爆炸原因的关系、爆炸的责任者等问题。

炸碎伤最基本的特征是人体组织在爆炸产物起始作用下破碎飞散，而不是破裂。测量炸碎伤时，要将分离尸体进行复原，求出身高，遗留肢体长度，进而准确测量炸碎的范围及炸出口和入口的部位。

（2）炸裂伤。炸裂伤由爆炸产物膨胀压力作用所形成，位于炸碎伤外侧，主要特征为破裂、骨折、断离等。炸裂伤分离肢体可以接合成一体，存在范围明显，易为检验时所发现。炸裂伤明显表现爆炸力作用的方向、角度、高度，并且阻挡和停滞部分爆炸残留物。炸裂伤对判定人身有无炸点和爆炸装置情况等有重要意义。人体破裂的最大范围就是炸裂范围。它的测量常与炸碎伤同时进行，因为炸碎伤包含在炸裂伤范围之中。

（3）炸烧伤。炸烧伤是距炸点一定距离范围之内，由爆炸产物直接作用，如高温、火焰的作用而形成的烧伤。炸烧伤多出现在无衣服覆盖的部位，并发生在朝向爆炸中心的一侧。可以从炸烧伤的部位、面积、程度等判明爆炸产物作用方向，作用距离等。烧伤的人体存在闭眼反应现象，即爆炸的强光首先被人眼睛所反映，产生突来的刺激，而发生反射性闭眼，主要特征是眼部周围皱纹沟内的皮肤无烧伤或烟痕附着。这种现象是生前炸伤的证明。

炸药的爆速不同，炸烧伤的程度也不同，高爆速炸药爆炸，烧伤不易出现，出现时是局部性，距爆炸中心近；而低爆速炸药爆炸，如黑火药爆炸，则多出现大面积烧伤。距爆炸中心较远的人也能出现烧伤。如在爆炸物中添加汽油、煤油、酒精等易燃剂，爆炸后引起空气中二次爆烧或起火，可使距离更远的人发生烧伤。普通猛炸药爆炸，烧伤范围只发生在爆炸产物直接作用范围的附近。

炸烧伤的检验，要分清烧伤的部位、面积和程度。烧伤程度一般可分为4度。

一度烧伤：皮肤组织没有破损，可把头发、眉毛烧去一部分，烧伤部位红肿。

二度烧伤：皮肤组织轻度破损，形成水泡、红肿明显，有液体浸出，呈炎症状。

三度烧伤：皮肤组织破损，出血。

四度烧伤：皮肤组织炭化，有油质附着。

（4）弹片伤。由炸弹、炮弹、手榴弹或使用金属材料做炸药包壳，或炸药中填加金属片、子弹、钢筋头，玻璃瓶等，爆炸后高速飞散的弹片击伤人体组织，称为弹片伤。弹片伤多数有射入口而没有射出口。由于弹片的体积，形状不一，伤口形状也各不一样。

检验弹片伤时，要求准确查明弹片射入方向、角度、弹孔走向，深度，并要求取出射入人体内的各种弹片，供判定爆炸装置使用。

（5）超压伤。爆炸冲击波超压越大，对人损伤作用越强。由超压引起的损伤，称为超压伤，或称空气冲击波损伤。一般认为超压值（$\Delta P$）大于 0.5 个大气压时，就可使人死亡。

超压伤的特征是人体完整，外表损伤轻，内部损伤重，穿着的衣服常被冲碎或剥离，有时套在一手或一脚上。有的人爆炸后神志清醒，外表损伤轻微，而内脏损伤则为严重，医治不及时因肝、肺破裂、出血休克死亡。

超压伤损伤的程度。一般可分轻、中、重 3 种：

轻度的超压伤：主要表现在耳朵内的鼓膜和眼睛部位。可使鼓膜破裂，穿孔，鼓室出血，眼底出血等。

中度的超压伤：可造成肺出血、血气胸、轻度脑震荡、皮肤挫裂伤等。

重度的超压伤：可引起肝、脾、肺破裂，多发性骨折，广泛性皮肉挫裂，重度脑震荡，颅骨骨折等。

检验超压伤要注意方向性、高度、受伤时的姿势、与炸点的距离等问题。

（6）抛射伤。爆炸时，被炸碎的介质从炸点向外抛射，击中人体而形成的损伤称为抛射伤。多发生在炸点的外围。

由于抛射物多种多样，抛射伤的轻重程度和形状也多种多样。有擦伤、挫伤，挫裂伤等。抛射伤与弹片伤的抛射方式基本相同，但抛射速度和作用力则小于弹片。因此，引起损伤的抛射物多不在伤者的体内，而在体表或在人员受伤的地点。对重要的抛射伤的致伤物应注意收集。它也可以反映一定的爆炸目的和炸药量等。

（7）抛坠伤。在空气冲击波的强力作用下，人体会被抛高几米、十几米，抛远可达十几米，几十米或上百米。当人体向下坠落时，又会撞击在地面或其他物体上，造成广泛性损伤。这种损伤称为抛坠伤。抛坠伤的轻重程度取决于人体被抛向的高度、抛出速度，以及坠落时人体接触物体的坚硬性和形状。

爆炸产物直接作用的损伤有炸碎伤、炸裂伤、炸烧伤、超压伤等。人体从空中坠落撞击地面或其他物体后而造成的损伤，称为间接作用损伤，如颅脑、胸腔、腹腔、盆腔组织结构的严重损伤。

抛坠伤者和爆炸事件往往有密切关系，由于抛坠伤的形成条件决定了他必须是处于爆炸产物冲击波冲击口处，根据损伤特征及抛落方向、位置可以判定炸前所处的位置、与炸点的距离、当时的姿势等。这些对于判定自炸、他炸还是意外事故都能提供有价值的物证。

（8）摔伤。爆炸冲击波给人体以一定的冲量，使人获得一定的运动速度，遇到障碍物而碰撞形成的损伤称为冲击波间接损伤或称为摔伤。摔伤的程度取决于障碍物的材质度，受撞击的部位，人体获得的冲量或速度大小等，也和每个人的健康情况和抵抗能力有关。摔伤者一般身体和穿着完整，无明显超压伤的症状。外表损伤形状与障碍物特征相似。

（9）压伤

在爆炸时，人体被炸塌的建筑物或构筑物挤压而造成的广泛性损伤，称为压伤。压伤的类型多样，包括擦伤、挫伤、挫裂伤、骨折、内脏破裂、肢体断离等。

**4. 炸伤者衣物勘验**

炸伤衣物勘验包括两部分，一是炸伤者仍穿着的衣服，二是炸伤人员散落在现场上的衣物与人体损伤有着同步联系，散落在现场上衣物的位置，也反映炸伤者与爆炸中心的距离。对衣物的同一认定能为个人识别和查清爆炸原因等提供有力的证据。

勘验炸伤衣物时，要区分衣物损伤原因，是爆炸产物作用造成，还是空气冲击波（超压）造成，同时要注意收集可供检验炸药成分的衣物。

**5. 炸伤勘验中爆炸残留物的采取**

爆炸伤检验的各个环节，都应十分注意采取各种爆炸残留物，如弹片，生产或运输炸药的器具残片，盛装炸药提包上的铁环和带钩，包装炸药的布纤维等。对可能是爆炸犯罪者或肇事者的双手、指甲、衣袋内的附着物，也应仔细收集与勘验。

## 8.2 爆炸现场分析要点

### 8.2.1 爆炸类型分析

研究爆炸现场，首先要分清爆炸类型。由于炸药爆炸与气体爆炸的物质不同，爆炸能量释放速度不同，能量存在的体积大小和密度不同，因而对周围介质作用的猛度和面积等也不相同，爆炸后现场上的爆炸痕迹必然形成不同的特征和遗留不同的物证。判定气体爆炸现场与炸药爆炸现场的区别依据如下：

（1）构成要素不同。炸药爆炸，除有炸药，通常还有起爆器材，爆炸不受地形地物等地点、环境限制，在地上、地下、水下、空中等都能发生。气体爆炸，除了有爆炸性的气体外，还必须有可燃气体、粉尘或易燃蒸气与空气混合达到一定的浓度，处于一定的有限空间或密封的容器内，同时还要有火焰、高温、静电火花等点火源，才能发生爆炸。

（2）炸点痕迹不同。炸药爆炸由于能量高度集中，除了空气或水中以外，都有明显的炸点或爆炸力作用痕迹。气体或粉尘爆炸，由于能量分散，没有明显炸点，爆炸压力从薄弱的部位突破，常将开容器的薄弱部位。

（3）抛出物不同。炸药爆炸能量集中，破碎力强，介质破碎明显，抛出物体积小，数量多。气体爆炸能量分散，破碎力弱，所以对介质破碎轻，抛出物体积较大，数量较少。

（4）烟痕分布不同。炸药爆炸属于化学爆炸。爆炸时有光、烟雾、燃烧和烟熏的现象，而且烟痕仅分布于炸点及某些周围介质上；燃烧痕迹也只存在于炸点附近的可燃物上。

气体爆炸有物理性爆炸和化学性爆炸两种情况。属于物理性爆炸的气体，没有火光、燃烧、烟痕等现象，如锅炉和高压气瓶的爆炸。

属于化学性爆炸的气体需要外部供氧，爆炸过程中发生化学反应，生成新的物质，一般也都有火光、燃烧和烟雾。但是由于与空气混合的比例不同，爆炸后烟痕浓淡或深浅程度也不同，如乙炔气与空气混合浓度在13%时，爆炸后无明显烟痕；混合浓度大于40%时，爆炸后烟痕明显，且分布于整个容器的内表面；当浓度在60%左右时，则只燃烧不爆炸，燃烧时有大量黑色浓烟。

（5）爆炸残留物不同。炸药爆炸，一般都可收集到炸药残留物和爆炸装置残片。气体爆炸，没有炸药残留物。

（6）受伤人员伤势不同。炸药爆炸后，受伤人员的伤势与炸点的距离密切相关，即距炸点越近，伤势越重；气体或粉尘爆炸后，在场的受伤人员的伤势几乎相同，主要伤在皮肤的暴露部位，衣服遮盖情况不同，伤势有所不同。

### 8.2.2 主爆炸点判定

进行炸点勘查，有时在爆炸现场存在两个以上的炸点，特别是生产火炸药的工厂和储存爆炸物品的库房发生爆炸后，在一定范围内存在多个炸点。在这种情况下，需要分清主发装药和被发装药。主发装药称主爆炸点，被发装药称为殉爆炸点。主爆炸点判定，对于查清爆炸发生的过程及原因、确定爆炸事件性质具有重要作用。

殉爆，是一种爆轰传递，主要是爆炸产物直接作用于被发装药的结果。从爆炸原因来看，殉爆还可由主发装药形成的金属射流、惰性介质（空气、水、土壤、金属、非金属等）冲击以及飞溅的燃烧物等引起相邻的炸药爆炸。主发装药的药量、威力、密度与殉爆距离成正比。另外，被发装药的性质、介质的性质、主发装药的传爆方向、主发装药和被发装药的位置等因素也影响炸药的殉爆。

殉爆距离与主爆药量的关系：

$$R = r\sqrt{Q} \tag{8-1}$$

式中：$R$ 为殉爆距离（m）；$Q$ 为炸药量（kg）；$r$ 为系数，与炸药密度和性质有关，炸药密度为 $1g/cm^3$ 时，$r=0.58\sim0.67$；$1.5g/cm^3$ 时，$r=0.98\sim1.23$；黑火药 $r=0.7$。

在计算殉爆距离时，还应考虑装药所处的位置，如防护土堤、屏障等影响。

主爆炸点和殉爆炸点区分时可重点分析以下3个现象：

（1）爆炸抛出物。炸药的爆炸或殉爆过程虽然是非常快速的，但主发装药和被发装药爆炸时仍会存在以毫秒计的时间差。这就使破碎介质的抛掷运动和散落顺序有先有后，由此而出现了先爆（主爆）散落物被后爆散落物掩埋的情况，先爆介质会被后爆介质覆盖。

（2）炸坑深浅。当两个炸坑同处于一个现场时，若炸药种类和数量大体相等，而且又同是在地面爆炸时，就会出现先爆的回填物多（二次回填），一般炸坑较浅；后爆的回填物少（一次回填），一般炸坑较深。

（3）炸点处烟痕。一般炸药爆炸，炸点上有一定烟痕附着。先爆的炸点周围烟痕，被后爆的破碎介质覆盖，烟痕存在不明显；后爆的炸点，破碎介质回填覆盖少，烟痕较明显。

### 8.2.3 炸药量估算

判定爆炸现场炸药量的方法，可以应用爆破的基本原理和一些经验公式进行估算。但由于爆炸事件是在未知条件下发生的，且爆炸方式的多样性、爆炸装置的多变性和炸药性能各异等因素，因此估算的结果只能达到近似的准确。

爆炸现场炸药量的估算，主要是依据爆炸作用生成的介质痕迹。炸药的爆炸作用是有一定范围的，一定品种和数量的炸药在一定的介质条件下爆炸，形成一定范围的爆炸痕迹。炸药量大，爆炸作用范围也大，爆炸痕迹的范围也大，炸药量与爆炸痕迹之间呈正比关系。

爆炸痕迹，是指爆炸作用于一定介质上，使其发生结构破坏、粉碎、压缩、熔化、变形、位移等现象，它由爆炸产物、爆炸作用的介质和爆炸作用力3个基本要素所形成。依据爆炸的作用过程，爆炸痕迹可以分为爆炸产物起始作用痕迹、抛掷作用痕迹、极限作用痕迹、间接作用痕迹4种。按照不同的爆炸产物作用痕迹可以估算炸药量。

**1. 按爆炸产物起始作用痕迹估算**

爆炸产物起始作用痕迹，是指炸药爆炸瞬间产生的高温、高压气体产物，使其与炸药接触的介质受到强烈的压缩、破碎，形成压缩区。可塑性介质被压缩成坑，称为压缩痕迹；坚硬介质被粉碎，称为压碎痕迹。压缩区的半径（$R_1$）一般为原药包半径（$r_0$）的1.5～6倍。

利用爆炸产物起始作用痕迹估算炸药量，其实质是把起始作用痕迹的体积换算成球形药包体积，然后乘以炸药密度，即得出炸药量$Q$为

$$Q = \frac{4}{3}\pi r_0^3 \rho \tag{8-2}$$

药包半径$r_0$与压缩区半径$R_1$之间的关系为

$$r_0 = \frac{R_1}{K_1} \tag{8-3}$$

因此，由爆炸产物起始作用痕迹估算炸药量的公式为

$$Q = \frac{4}{3}\pi \left(\frac{R_1}{K_1}\right)^3 \rho \tag{8-4}$$

式中：$Q$为炸药量（g）；$R_1$为起始作用痕迹半径（cm）；$\rho$为炸药密度（g/cm³）；$K_1$为爆炸作用系数，一般取1.5～6。

$K_1$值的选定主要与爆破作用的介质有关，坚硬介质可选1.5～2，可塑性介质可选取

2.5~3，炸药埋入地下则 $K_1$ 值增大一倍。

**2. 按爆炸产物抛掷作用痕迹估算**

爆炸产物抛掷作用痕迹，是高温高压气体产物迅速膨胀破坏介质并将粉碎介质抛出形成的，呈明显的炸坑、炸洞、炸口、截断等痕迹。如形成炸坑，则在压缩区之外，称为抛掷区。

利用爆炸产物抛掷作用痕迹估算炸药量，可参考爆破漏斗理论计算，其经验公式为

$$Q = \frac{4}{3}\pi\left(\frac{R_2}{K_2}\right)^3 \rho \quad (8-5)$$

式中：$Q$ 为炸药量（g）；$R_2$ 为抛掷区半径（cm）；$\rho$ 为炸药密度（g/cm³）；$K_2$ 为爆炸作用系数，一般为 7~10。

**3. 按爆炸产物极限作用痕迹估算**

爆炸产物极限作用痕迹，是指爆炸产物在膨胀过程中，压力迅速下降，其力可使介质发生位移但不能产生抛掷运动，介质表面或表层有撕裂、破裂、缺损、变形、硬化等现象，但整体基本完整。从炸点中心到爆炸产物作用边缘的距离即是爆炸产物极限作用范围，也可称为破坏区。

利用爆炸产物极限作用痕迹估算炸药量，原理相同，也是将爆炸产物极限体积换算成装药体积，经验公式为

$$Q = \frac{4}{3}\pi\left(\frac{R_3}{K_3}\right)^3 \rho \quad (8-6)$$

式中：$Q$ 为炸药量（g）；$R_3$ 为爆炸产物极限作用半径（cm）；$K_3$ 为系数，一般取 12~14。

**4. 按空气冲击波超压破坏距离估算**

爆炸产物间接作用痕迹，是指爆炸产物压力作用于空气，使周围空气被压缩为冲击波，冲击波以超声速向炸点外围高速传播，可造成人、畜等生物死亡和建筑物破坏，或因产生抛掷运动的介质下落引起的打击伤、砸伤等破坏现象。

爆炸冲击波的破坏作用，主要是超压引起的，对于一定结构的介质造成一定的破坏程度。冲击波超压和距离、药量之间的关系为

$$\Delta P = f(\sqrt[3]{Q}/R) \quad (8-7)$$

$$R = K\sqrt[3]{Q} \quad (8-8)$$

式中：$\Delta P$ 为超压（kgf/cm²）；$K$ 为系数，一般取 2~30；$R$ 为离爆炸点的距离（m）；$Q$ 为炸药量（kg）。

由上式可得计算炸药量经验公式为

$$Q = \left(\frac{R}{K}\right)^3 \quad (8-9)$$

$K$ 值可由表 8-1 中依据 $\Delta P$ 值即破坏程度查出，$R$ 值可由现场勘查测出。

表 8-1　空气冲击波破坏程度和 $K$ 值

| 破坏等级 | 破坏特征 | $K$ 值（地面爆炸） |
|---|---|---|
| 次轻度破坏 | 玻璃呈大块破坏，屋瓦少量移动，顶棚及隔墙抹灰掉落 | 12～30 |
| 轻度破坏 | 玻璃呈小块破坏，门窗扇破坏，砖墙裂小缝（小于 5m），屋瓦大量移动，木屋面变形，顶棚及隔墙抹灰大量掉落 | 8～12 |
| 中度破坏 | 玻璃破碎，门窗扇大量破坏，砖墙裂大缝（5～50mm），房屋倾斜，木屋面板、檩条折断 | 6～7 |
| 严重破坏 | 门窗框完全破坏，墙裂缝大于 50mm，房屋严重倾斜部分倒塌，木屋盖部分倒塌 | 3.5～5 |
| 特严重破坏 | 房屋完全破坏，钢筋混凝土建筑破坏，钢架桥破坏 | 2～3 |

由式（8-9）计算出的药量为 TNT 的药量，必要时需换算成其他炸药的药量。在爆炸事故，特别是在爆炸案件中，常见的是 2 号岩石铵梯炸药。常用炸药的 2 号岩石铵梯炸药当量系数可参见表 8-2。

表 8-2　几种常用炸药的 2 号岩石铵梯炸药当量换算系数

| 炸药名称 | 换算系数 | 炸药名称 | 换算系数 |
|---|---|---|---|
| 1 号煤矿铵梯 | 1.03 | 62%胶质炸药 | 1.27 |
| 2 号煤矿铵梯 | 0.88 | 黑火药 | 0.69 |
| 铵油炸药 | 0.83 | 梯恩梯 | 1.06 |
| 1 号岩石铵梯 | 1.23 | 苦味酸 | 1.10 |
| 2 号岩石铵梯 | 1.00 | 黑索今 | 1.50 |
| 1 号露天铵梯 | 1.06 | 太安 | 1.44 |

普通炸药在空气中爆炸，冲击波致人死亡的距离（$R$）计算，经验公式为

$$R = 1.1\sqrt{Q} \text{ (m)}（Q < 300\text{kg}）\tag{8-10}$$

据此，也可以估算炸药量，经验公式为

$$Q = \left(\frac{R}{1.1}\right)^2 \text{ (kg)} \tag{8-11}$$

**5. 炸药量的综合判定**

在一个现场上，可能出现一种或几种可供估算炸药量的爆炸痕迹，一般选择认为误差最小的方法作为推算炸药量的依据，也可采取几个较接近的估算结果取平均值。由于炸药一般不是球形装药，加之爆炸装置壳体、介质等因素，炸药量的估算结果可能产生较大的误差。

## 8.2.4　爆炸装置构成分析

分析爆炸装置的构成，是分析研究爆炸现场必须解决的核心问题，包括分析炸药的种类和炸药量，起爆机构和触发方式，爆炸装置的包装物、填加物等。根据分析判定的情况，必要时可进行爆炸装置复原和模拟爆炸试验。

对于简易爆炸装置起爆方式的分析，主要依据爆炸现场勘查获取的爆炸装置残片。在爆炸现场找到导火索残段以及点火器材残片，如火柴、打火机、拉火管等残片，可初步判定为火发火起爆方式。在爆炸现场找到电雷管脚线残段、导线残段、电池或蓄电池

等残片，或电引火头、电珠钨丝、电阻丝等残段，可初步判定为电发火起爆方式。

## 8.3 爆炸现场抢险救援

重大爆炸袭击事件发生后，军队、武警、公安和应急管理部门应及时组织力量，利用各种工程技术手段开展抢险救援。本节简要介绍爆炸现场抢险救援的主要器材、技术和方法。

### 8.3.1 抢险救援特种器材

爆炸现场抢险救援装备器材，除了必备的挖掘机、装载机、吊车等大型工程装备，防化、医疗、通信、爆炸物探测处置等装备器材，以及搜救犬外，还包括生命探测仪、破拆工具、切割工具、支撑器材、救生器材等特种器材。特种救援器材，广泛应用地震救援、消防救援、军警特战行动中，早期以美国、德国、以色列等国家的产品性能优势，其市场占有率较高，我国在2008年汶川地震后加强了该类器材的研发力度，发展和进步很快。

**1. 生命探测仪**

生命探测仪，主要用于在不便于直接观察的场所进行搜寻，以确定生命活体的位置。针对人体的生命特征，采用声波、振动、红外、雷达等探测技术研制的生命探测仪，目前主要有声频、光学、红外、雷达生命探测仪等多种类型。

（1）声频生命探测仪。采用声音/振动传感器、微电子处理器和两级放大技术，探头内置频率放大器，接收频率范围为1~4000Hz，主机收到目标信号后再次升级放大，通过探测地下微弱的诸如被困者呻吟、呼喊、爬动、敲打等产生的音频声波和振动波，并将非目标的噪声波和其他背景干扰进行过滤，进而判断生命体及被困者的位置。由于声频生命探测仪是被动接收声频和振动信号的，救援时需要在废墟中寻找空隙伸入探头，容易受到现场噪声的影响，探测速度较慢。

（2）光学生命探测仪。有些称"蛇眼"或"鹰眼"生命探测仪，是利用光的反射传导原理，类似于光纤软管窥镜。仪器前面配置细小的光学或红外摄像探头，可深入极微小的缝隙，将图像信息传送回来，以观察判断生命体的存在特征。

（3）红外生命探测仪。利用人体与背景红外辐射的差别，分析红外热像搜索人体位置。人体红外辐射波长为$3\sim50\mu m$，其中$8\sim14\mu m$占全部人体辐射能量的46%。红外探测仪，可在浓烟、大火、黑暗等环境中搜寻生命。

（4）雷达生命探测仪。融合雷达探测、生物医学工程技术于一体。由于人体生命活动（呼吸、心跳、肠蠕动等）的存在，被人体反射的回波脉冲序列周期等发生变化，通过信号分析处理，可得到人体生命特征相关参数，并可测量生命体的距离深度等位置信息。目前，超宽谱雷达生命探测仪，因其灵敏度高，穿透力和抗干扰能力强，探测距离可达30~50m，穿透实体砖墙厚度可达2m以上，得到了广泛应用。

**2. 破拆器材**

破拆器材，主要用于对遭破坏建筑设施中的梁柱门窗或其他金属或钢筋混凝土构件等进行快速破坏、拆除、扩张、剪断等作业。该类器材主要包括组合工具、切割器、多功能钳、扩张器、剪断器等。

**3. 支撑器材**

支撑器材装备主要用于支撑梁板等遭受破坏的构件，使压埋人员能够脱险。支撑器材包括支撑顶杆、顶升气垫、千斤顶等。

**4. 攀登与缓降器材**

爆炸现场抢险救援中，尚需要一类快速攀登、缓降的器材装备。

（1）伸缩冲锋梯。主要用于突击、救援等行动，具有强度高、重量轻，展开、收合速度快等特点。

（2）便携式快速折叠梯。适用于突击队行动、现场搜查、特殊环境作业，具有快速、轻巧、坚固、耐用、紧凑和便携的特点。

（3）救生软梯。用于营救和撤离被困人员的移动式梯子，可收藏在包装袋内，在楼房建筑物发生意外事故时，楼梯通道被封闭的危急情况下，是进行救生用的有效工具。

（4）缓降器。由挂钩（或吊环）、吊带、绳索及速度控制等组成，是一种可使人沿（随）绳（带）缓慢下降的安全营救装置。它可用专用安装器具安装在建筑物窗口、阳台或楼房平顶等处，也可安装在举高消防车上，营救处于高层建筑物火场上的受难人员。

（5）救生袋。两端开口，供人从高处在其内部缓慢滑降的长条形袋状物，通常又称救生通道。它以尼龙织物为主要材料，可固定或随时安装使用，是楼房建筑火场受难人员的脱险器具。

此外，还有救生绳、救生网、救生垫等。

**5. 其他装备器材**

除上述器材外，下述装备器材也是必不可少的。

（1）防护器材。主要用于实施救援队员的防护，通常有防割耐磨手套、破拆用头盔、破拆保护靴、正压式空气呼吸器、防护镜等。

（2）照明器材。包括发电机组合强光照明系统、手提强光照明灯等，主要用于救援时的现场照明。

（3）救援装备。主要有挖掘机、吊车、发电机、救援车、自卸车以及医疗救护车、直升机等。

（4）其他就便器材。如三脚架、担架梯子、绳索等。

### 8.3.2 抢险救援实施方法

爆炸袭击一旦发生，就会造成人员伤亡和经济损失，如建筑倒塌、人员被困、现场燃烧、漏气、断水、断电等。爆炸现场抢险救援实施，主要是利用工程技术手段进行抢险救援。

**1. 抢险救援任务特点**

（1）基本任务。军队、武警、公安和应急管理部门是救援分队的重要组成，是进行反爆炸救援的主要力量，在爆炸现场救援中，各救援分队担负的主要任务如下：

① 搜爆排爆。运用技术手段迅速搜查爆炸现场，排除未爆的爆炸物，防止二次爆炸。

② 排除险情。对爆炸现场的各种险情进行有效处置,如对危楼(房)断电、漏气、断水、灭火等进行处理,防止次生灾害的发生。

③ 探测搜寻。利用各种探测设备及其他手段,寻找和发现爆炸现场、废墟中有无被困人员,有无具有重要价值的物品和危险品等。

④ 救援救生。利用现行装备器材,采取破、拆、撑、吊等多种技术手段抢救被困人员。

(2)救援特点。

① 事发突然。爆炸破坏,事发突然,难以预料。在实施救援时,接受任务时间、地点都具有不确定性,而且爆炸现场的具体情况短时间内无法得知,受领任务到作业实施时间紧迫,要求指挥员和救援队员要有过硬的专业技术和良好的心理素质,做到快速反应,立即出动。

② 危险性大。在救援过程中,时刻面临着二次爆炸、倒塌、触电、起火、中毒等威胁,作业人员必须具备严格的纪律观念和高度的安全意识,避免造成不必要的伤亡和损失。

③ 时效性强。爆炸袭击破坏通常发生在人员密集、影响较大的场所,一旦发生爆炸,严重影响着人民群众的生活秩序和社会稳定;更主要的是不可避免有人员受伤受困,必须在最短的时间内实施救援。

④ 作业量多。突发性的爆炸事件,往往伴随着人员伤亡、建筑破坏、设施损毁,在进行救援时,需要使用大量的装备器材和人力作业,且作业的连续性强,要求救援人员人有良好的体能素质和精神意志。

⑤ 协同复杂。在救援实施中,有军队、武警、应急分队人员,还有当地政府、公安、医疗等部门人员参加。现场参与救援的部门人员多、指挥层次多、协同复杂,要求各分队指挥员必须与友邻单位进行密切联系与协同,共同完成好救援任务。

(3)救援基本要求。爆炸现场救援是一项紧急复杂而又要求很高的任务,对于参与抢险救援的分队,其基本的工作要求如下:

① 预有准备,反应迅速。爆炸现场情况往往比较复杂,任务紧急,部队、公安和应急管理部门平时应制订周密细致的行动预案,并结合预案反复进行演练。充分做好人员、装备、器材准备,保证一声令下,能快速出动,到达现场后迅速展开作业。

② 集中力量,保障重点。救援工程作业量大,种类多,作业连续性强,各分队指挥员要根据上级的部署和要求,按照各分队各类作业人员的职能和专业技术特长,以及所担负的任务性质和装备器材情况,对人员进行优化组合,科学编组,合理分工。把综合素质好、专业技术精、保障能力强的分队及人员,使用在主要方向上,并合理地编配装备器材,最大限度地发挥其技术性能,确保救援任务的圆满完成。

③ 密切协同,确保安全。救援是一项整体行动,单位多,人员杂,因此要牢固树立全局观念,严格执行上级的批示规定,遵守纪律,服从全局,与友邻单位主动配合,密切协同。作业过程中,稳中求快,确保自身的安全,尤其是使用工程机械时,必须加强管理,派专人进行观察,发现不良征候立即停止作业,防止因强挖硬拉而造成人员、机械的损伤或误伤被困人员。

④ 救人为急，救命为先。爆炸现场破坏严重，各种危险因素多，有时有大量的人员被困，同时还会有二次爆炸的可能。要求作业人员必须坚持以人为本，争分夺秒，迅速抢救；坚持科学发展观，合理分工，科学施救。分队指挥员，应根据现场的情况，审时度势，区分轻重缓急，沉着地组织抢救行动，作业中应先易后难、先浅后深、先人员后物资，先救人员密集区，后救人员分散区，特别是有生还可能的人必须首先救援。合理地运用人机结合的方法，充分发挥机械和救援器材的作用。

**2. 救援准备**

抢险救援分队，必须时刻保持高度的思想准备和充分的物质准备，做到有备无患。准备工作分两部分：一是预先准备，二是行动前的准备。

（1）预先准备。预先准备是指平时备战情况，主要包括：人员的思想状态、反爆炸抢险救援预案、救援训练、救援器材、医疗救护、救援保障等准备工作。反爆炸救援人员在平时要明确反爆炸救援的重要意义、反爆炸救援的紧迫性、艰巨性，强化勇敢顽强、吃苦耐劳、不怕牺牲的精神。针对常见爆炸事件背景制定完善、细致的反爆炸救援预案，并结合各种爆炸事件进行模拟训练，做到技术熟练、业务精通、指挥灵活、保障有力。一旦接受任务，立即出动，一举成功。反爆炸救援队应对所装备的救援器材性能、用途、使用方法熟练掌握，灵活运用，对救援器材的一般故障能进行排除和修理，确保器材始终处于最佳状态。成立专门的医疗救护小组，学习一般的救援常识，掌握常用的救援手段；健全完整、畅通的救援保障体系，保证反爆炸救援队出得去、拉得动，能遂行基本的反爆炸救援任务等。

（2）行动前的准备。反爆炸救援队接到救援任务后，应迅速、周密、细致地做好组织准备各项工作。由于反爆炸救援任务的紧迫性，决定了行动前的各项准备工作通常是边行动边准备。

① 了解任务。救援队队长应重点了解爆炸发生的具体时间、地点及爆炸发生后造成的破坏程度，爆炸现场的实际情况和周围环境情况，分析反爆炸救援的有利条件及不利因素，明确救援的重点任务等。针对反爆炸救援队的实际情况，结合上级的要求和指示，分析估计完成任务的时间和救援中可能出现的困难等。

② 下达救援任务。救援行动是一种特殊的任务，下达救援任务时，可在开进途中进行，也可在爆炸现场进行。主要内容有：爆炸现场的主要情况、主要救援任务、人员的分工、器材分配情况、联络协同的方法、发生意外情况后的应急措施。通常在下达任务时，指挥员应对反爆炸救援队进行简短的政治动员，保证参加救援的人员有旺盛的精神面貌和昂扬的斗志。

③ 周密组织，密切协同。由于参加救援的人员多、器材多，加之现场遭受破坏后往往比较混乱等情况，指挥协同比较困难，要求反爆炸救援队队长，应随时与现场总指挥保持联系，明确本分队所担负的主要任务和负责的主要区域及周围环境和友邻单位，迅速指挥和调动分队人员和装备器材进入救援地点，准备实施救援。

**3. 救援实施**

爆炸现场救援的实施过程是一个艰苦、复杂的过程，诸多意外情况时有发生，指挥员应根据实际情况灵活进行指挥，树立救援为先，人民群众生命、财产为重的指导思想，确保安全，顺利完成救援任务。

（1）疏散人员，封控现场。爆炸发生后往往会造成交通堵塞、断电、断水、漏气、火灾等事故，如果在居民区还会有大量的人民群众生活在周围或造成众多的群众围观，为了避免现场混乱和便于展开救援，应及时进行疏散群众和无关人员，对爆炸现场周围一定范围内进行封锁和控制，并预留和控制好输送路线，保持随时畅通。要设置醒目标志，严禁无关人员进入，保持救援现场秩序稳定，便于迅速展开救援作业。

（2）搜索侦察，处置爆源。在进行救援过程中，指挥员应根据上级要求或地方政府的意图，在指定的区域内进行检查，通过人工检查、搜爆犬、技术检查等方法，对爆炸现场及周围进行周密细致的搜查，搜查的范围通常不小于爆炸破坏目标周围 100m。当发现有可疑物品时，借助电子听音器、X 射线探测器等技术器材对可疑物品进行检查，查明内部结构后进行安全处置。同时，在救援过程中，要注意观察爆炸现场倒塌物的破坏程度，有无再次坍塌的可能，防止发生其他不必要的伤亡；指派专业人员检查有无漏电、漏气、漏水及其他意外情况，要积极协同地方有关部门，及时对现场断电、断气、断水情况进行处理，并及时扑灭爆炸引发的火灾。

（3）消除险情，排除隐患。由于爆炸现场受到严重破坏，特别是未完全倒塌的建筑物、漏电、漏气、起火等因素，可能对救援人员造成伤害，在救援之前首先应检查电源情况，及时切断电源，扑灭火灾。对于有再次可能倒塌的建筑物，应迅速采取有效方法加固支撑或进一步处理，防止造成不必要的人员伤亡。对于现场的可疑物品或爆炸物应及时进行转移或销毁，确保人员的安全。

（4）搜寻探测，救生救援。救援过程中，要重点对被困人员进行抢救，抢救被困人员时，必须首先弄清被困人员的位置和数量，只有先寻找到，才能救得出、救得快。指挥员应组织探测组在现场主要方向进行探寻，并将探测的情况及时报告，以有重点地进行救援，救出被困人员。进行搜寻探测时，广泛询问现场知情者或被炸单位的人员，并根据其提供的情况，有目的地进行搜寻；要仔细倾听倒塌体内有无呼叫声和呻吟声；查看倒塌体内有无血迹，可顺血迹仔细搜寻；同时可利用经过训练的搜救犬寻找被困人员；还可以使用生命探测仪进行探测。根据现场搜寻的情况及对被炸物体的结构、层次、破坏程度的综合分析判断确定被困人员的位置，然后有针对性地重点救援。

救援时，要采用先进的装备和器材，以最简捷、最有效的方法，尽快地救出被困或受伤的人员。对于被水泥柱或楼板压住的人员，要采取吊、顶、撬、抬、锯相结合的方法，顶起或吊走卡压物，将被压人救出；对于埋压在瓦砾堆中的人员，要采取用锹挖和手扒相结合的方式进行救助；对于因门窗变形而遭困的人员，要利用破拆工具进行破拆，可采取撬门、切割、剪断等方法，强行破拆救人；对倒塌物较为集中的地段，要使用机械作业，作业时要从倒塌体的顶部逐层向下，将坍塌的楼板及其他混凝土梁柱用吊车或其他机械清除；对于作业难度大，一时难以救出的人员，应先开口通风、送食给水，防止被困人员窒息死亡。

救援救生中，其他各救援小组同步展开，对救出的受伤人员要积极协同医疗单位进行伤情甄别、救治或转移。保障组必须紧紧围绕抢救行动，本着"急需先行"的原则，边保障边补充，边补充边完善，及时保障行动之所需。

### 8.3.3 工程支援方法

以工程技术手段为抢险救援分队提供特定的工程保障任务，包括核化紧急救援、快速开辟通道、水下特种作业、重要目标防护、提供决策咨询等。实施工程支援的基本要求是：预先准备、快速反应；严密组织、灵活指挥；隐蔽突然、安全接敌；协同配合、准确高效。

**1. 工程支援的基本任务**

（1）核化应急救援。利用筑城分队的装备，在反恐怖行动中以铲除、覆盖、封堵、掩埋等工程手段，应急消除较大规模放射性和化学沾染后果。

（2）快速开辟通道。利用筑城、道桥、地爆分队的装备，以及特种装备器材，在反恐怖行动中以破门、破墙、破障、架桥、修路、渡河、构建地下通道和高层通道、跨越高层建筑等工程手段，保障反恐怖分队安全、隐蔽、快速接敌或救生。

（3）水下特种作业。利用筑城分队的装备，以及特种装备器材，在反恐怖行动中实施水深 5m 以内的搜索、探测、打捞、切割等特种工程作业。

（4）重要目标防护。利用工程兵筑城分队的装备，以及特种装备器材，在反恐怖行动中以快速设障、工程加固等工程手段，保障重要目标安全。

（5）提供决策咨询。利用筑城等专业的技术优势，建立工程支援专家组，为反恐怖行动提供决策咨询。参与拟定工程支援方案、快速评估建（构）筑物毁伤程度和提供临时加固方案等。

**2. 工程支援技术**

（1）工程支援技术手段。

① 破障。运用特种作业或工程手段破门、破墙、破障，可使应急分队队员在瞬间突入目标。

② 防护。运用工程手段进行核化防护和对重要建筑物进行加固、快速设障、毁伤评估，实施重要目标防护。

③ 跨（穿、攀）越。运用特种作业或工程手段进行跨越江河、沟壕和高层建筑、地下掘进、攀越高楼等，为反恐怖行动开辟通道。

④ 抢修抢建。运用工程手段对被恐怖分子炸毁的道路、桥梁进行抢修、恢复，必要时快速构筑道路，架设桥梁，保障反恐怖行动的顺利进行。

⑤ 水下特种作业。运用特种作业手段对水下障碍物进行搜索、探测、打捞、切割等。

（2）破墙技术。

① 切割爆破技术。用长条形聚能装药（线性切割装药）爆破切割的方法称为切割爆破，切割爆破技术广泛地运用于战时破坏作业（如各种桥梁、管道的破坏）及平时金属板材（如拆船）、管材、钢筋混凝土材料的切割作业。与一般的爆破法、机械或火焰切割法相比，具有速度快、工效高、成本低、耗药少等特点。切割爆破所用聚能装药可以是制式的，也可以用塑性炸药等在现场制成任意形状的简易聚能装药代替，同样能达到切割效果。

② 液压射流破碎技术。液体几乎不能压缩，施加给液体的压力可以有效地传递出去。

根据这一性质，将液体加压后由一束小孔（喷嘴）喷出形成不同形状的高速流束，射流的流速取决于喷嘴出口截面前后的压力降。高速水射流作用在材料上，射流的动能转变成去除材料的机械能，当它具有足够的能量时，就可以对材料进行清洗、剥层、切割。射流领域出现了一个引人注目的新动向，即从单一提高水射流压力开始转向研究如何提高和发挥水射流的潜力这一方面，相继产生的新技术有：脉冲射流、高温射流、磨料射流和振荡射流等。这些射流与同等压力下的普通连续射流相比，作业效率显著提高。针对砌体结构墙体，高压水射流钻孔设备，能够实现局部破坏以及小震动，低噪声及无粉尘污染的要求。

（3）掘进技术。

① 静态破碎技术。利用装在孔内的静态破碎剂的水化反应，使晶体变形，产生体积膨胀，从而缓慢地将膨胀压力（30～50MPa）施加给孔壁，经过一段时间后达到最大，将介质破碎。经过合理的参数设计（孔径，孔距等的确定）及钻孔，将静态破碎剂装入炮孔，数小时后，岩石（拉伸强度为5～10MPa）或混凝土（拉伸强度为2～6MPa）自行胀裂，破碎。优点：在破碎过程中不产生爆破震动、冲击波、飞石、噪声、有毒气体和灰尘等有害作用。缺点：使用范围具有很大局限性，其破碎能力、破碎效果、抛掷能力和经济效果等都不如爆破方法。

② 机械掘进技术。利用岩石掘进机、土层盾构机进行掘进。

**3. 目标防护及加固方法**

恐怖分子对目标袭击时，选择爆炸部位具有一定的规律性，但不同部位的爆炸对建筑结构产生的作用效应不同，其破坏范围、破坏程度、易损部位等也不同。因此，研究重要目标的评估方法，可以为建（构）筑物在遭受爆炸袭击前采取防护措施和在爆炸袭击后进行快速加固提供依据。目前，主要的评估方法是：利用建筑结构设计、系统分析等理论通过建立模型，选择具有一定规律性的爆炸部位，模拟或仿真爆炸对重要目标袭击产生的破坏，从而确定目标的破坏范围、破坏程度、易损部位等，寻找现有建筑结构的薄弱部位，在遭受爆炸袭击前采取一定的防护措施，减弱爆炸对目标的作用效果。同时，了解建筑物在爆炸袭击后的破坏程度，为进行快速加固提供相应的依据。

（1）爆前重点防护方法。在遭受爆炸袭击前，建筑结构面临的首要问题是如何以最快的时间实施防护，尽量以最小的代价阻止爆炸，避免造成较大损失。爆前重点防护的主要方法如下：

① 设。就是在重要目标外围一定距离预先设置阻止汽车炸弹袭击的障碍物，以减弱汽车炸弹对重要目标的破坏威力。

② 挂。就是在重要目标外墙的内侧预先挂置一种高强度织物，并与建筑物的地板和天花板固定，以有效抵挡汽车炸弹爆炸产生的碎石砖块飞起，避免伤及建筑物内的人群和物品。

③ 贴。就是对重要目标的窗户进行防护，贴上可使玻璃碎片保持在一起的窗膜，同时采用横木栅栏挡住贴膜玻璃和把玻璃挡在空档内，以防止玻璃碎片伤人。

④ 固。就是对重要目标内的主要承重构件——梁、柱事先进行加固，即在梁的周边和柱的四边粘贴钢板或碳纤维布，涂覆聚脲防爆材料等，以提高主要构件的抗爆能力，

避免房屋倒塌。

（2）爆后快速加固方法。

建筑结构在遭受爆炸袭击后面临的首要问题是如何以最快的时间实施救援，避免房屋迅速倒塌，恢复房屋应有的功能。爆后快速加固的基本方法如下：

① 撑。就是采用快速支撑器材或就便器材将建筑结构中的主要承重构件——梁迅速托起，避免房屋直接倒塌。

② 喷。就是把混凝土用喷射枪在高压下喷射到需要修复的部位，由于掺有快硬剂，一般不需要振捣，即可得到需要的强度。

③ 压。就是把液态的环氧树脂或黏稠度不大的环氧水泥或环氧细砂浆用液态氮或液态空气压入裂缝中，也可以把掺有水玻璃的薄水泥砂浆压入砌体墙裂缝内，从而可以在 6~10h 内使结构恢复功能。

④ 粘。就是指粘贴钢板或碳纤维布，因为喷、压两种方法主要是恢复材料的内聚力以达到修复目的，但由于爆炸可能导致构件要害部位受损，单靠喷、压还不能满足要求，这时可用粘贴钢板或碳纤维布加固。

## 思 考 题

1．什么是炸点？爆炸现场炸点的分类方式？

2．什么是爆炸残留物？什么是爆炸抛出物？

3．某广场发生爆炸事件，经化验证实装药为 2#岩石硝铵炸药，现场记录如下：在距炸点 12m 处一建筑，门窗大部分破坏，砖墙产生裂缝，整个结构受到中等破坏。计算爆炸的装药量？（$K=6$，2#岩石硝铵炸药与 TNT 炸药当量换算系数为 1.06）。

4．简述爆炸现场抢险救援的基本任务、特点和基本要求。

# 参 考 文 献

[1] GJB 102A—1998．弹药系统术语[S]．
[2] GB/T 14659—2015．民用爆破器材术语[S]．
[3] GB/T 37522—2019．爆炸物安全检查与处置通用术语[S]．
[4] 郭仕贵．地雷军备控制/地雷行动术语汇编[M]．北京：军事科学出版社，2015．
[5] 吴腾芳，丁文，李裕春，等．爆破材料与起爆技术[M]．北京：国防工业出版社，2008．
[6] 吴腾芳，乌国庆，陈叶青，等．爆炸物识别图册[M]．北京：国防工业出版社，2017．
[7] 尹建平，王志军．弹药学[M]．2版．北京：北京理工大学出版社，2012．
[8] 李向东，钱建平，曹兵，等．弹药概论[M]．北京：国防工业出版社，2004．
[9] 倪宏伟，房旭民．地雷探测技术[M]．北京：国防工业出版社，2003．
[10] 谢兴博，周向阳，李裕春，等．未爆弹药处置技术[M]．北京：国防工业出版社，2019．
[11] 李金明，雷彬，丁玉奎．通用弹药销毁处理技术[M]．北京：国防工业出版社，2012．
[12] 齐世福，方向，高振儒，等．反恐防排爆技术与运用[M]．北京：解放军出版社，2011．
[13] 王旭光，郑炳旭，张正忠，等．爆破手册[M]．北京：冶金工业出版社，2010．
[14] GB 6722—2014．爆破安全规程[S]．
[15] 齐世福，方向，王希之，等．军事爆破工程[M]．北京：解放军出版社，2011．
[16] 钱七虎，徐更光，周丰峻．反爆炸恐怖安全对策[M]．北京：科学出版社，2005．
[17] 赵步发．爆炸物处置实用技术[M]．北京：中国人民公安大学出版社，2001．
[18] 王凤鸣，夏洪志，李慧智，等．反恐战法[M]．北京：人民出版社，2003．
[19] 李慧智．反恐学[M]．北京：人民出版社，2003．
[20] GB/T 37524—2019．爆炸物现场处置规范[S]．
[21] 孙光．涉爆现场处置[M]，北京：群众出版社，2007．
[22] 孙光．反爆炸学[M]．2版．北京：群众出版社，2019．
[23] 吴腾芳，陈叶青，方向，等．常见易燃液体性能特性及应急处理方法[M]．北京：国防工业出版社，2013．
[24] 娄建武，龙源，谢兴博，等．废弃火炸药和常规弹药处置与销毁技术[M]．北京：国防工业出版社，2007．
[25] GJB 5120—2002．废火药、炸药、弹药、引信及火工品处理、销毁与储存安全技术要求[S]．
[26] GJB 7181—2011．聚能销毁器材处理常规哑弹技术要求[S]．
[27] 李国安，刘金星，张先福，等．爆炸犯罪对策教程[M]．北京：中国人民公安大学出版社，2003．
[28] 张国顺．民用爆炸物品及安全[M]．北京：国防工业出版社，2007．
[29] 胡杰，何文卿，史伟，等．典型作战场景下排爆机器人性能评价方法[J]．火力与指挥控制，2021，46(2)．
[30] 伍尚慧，李晓东．2021年新概念武器装备技术发展综述[J]．中国电子科学研究院学报，2022，17(4)．
[31] 杨夫礼，于润清，王朝辉．水下未爆弹现状和排除方法研究[J]．防护工程，2021，43(6)．
[32] 任云燕，温瑞，陈放．水射流冲击销毁简易爆炸装置仿真研究[J]．兵器装备工程学报，2023，44(1)．
[33] 邱婧,吴国栋,邢军.国产高性能纤维在机场排弹个体防护装置中的应用探析[J].军民两用技术与产品,2021(11)．
[34] 陈沫衡，张典堂，钱坤，等．防爆墙材料与结构研究进展[J]．工程爆破，2021，27(5)．
[35] 杨夫礼，于润清，王予东，等．不可预见作战下排弹抢修力量编配分析[J]．国防科技，2021，42(6)．
[36] 张亮永，卢强，肖卫国，等．土质场地地面爆炸当量预测方法[J]．中山大学学报，2022，61(6)．